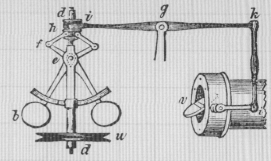

引力 Gravitation

＊ 行星与卫星或其他太空物质之间存在着引力。探索太空，有时候得向行星借力，比如"引力弹弓"。

＊ 如果没有受到地球的引力，国际空间站将沿切线方向飞入太空。

＊ 水力发电站中的涡轮发电机和海洋潮汐发电站中的发电机，正是利用了引力。

弹力 Spring

＊ 长尾夹本质上是一个弹簧，它的主要部件是一个用拇指和食指压迫长尾夹的把手时，我们能抗弹力。

＊ 设计眼镜时，会在贴近太阳穴的眼镜腿中加弹簧，它可以让眼镜腿更舒服地贴合头侧。

＊ 网球拍上的弦本身也是弹簧，在冲击过程中，了，它们想恢复到正常的绷紧状态，就会产生向前运动。

磁力 Magnetism

* 将声波传入话筒中的膜片产生的不断变化的力，已
  而产生变化的电信号，最后再转换回声音。

* 地球本身就是一块庞大的磁体，周围有它自己的
  就是一块小磁体。

* 埃隆-马斯克倡导的超回路技术，其核心正是强大
  超回路技术展示了超声速陆地旅行的前景。

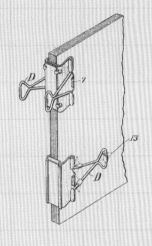

力，让我们改变

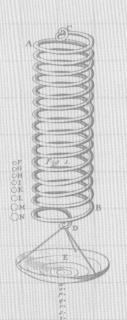

有弹性的钢条，
感受到很强的对

不易令人察觉的

手拍上的弹簧变长
击球的力，驱动球

应力 Stress

* 高强度的结构应力会造成
  样，其他弦乐器如果在弹奏

* 福斯桥被列入世界遗产名
  的工程师通过多方试验研

* 魁北克大桥在建造过程中钢
  最终导致大桥崩塌。

改变了耳麦的磁场，进

磁场，指北针的指针

的电磁铁产生的力，

摩擦力 Friction

* 如果没有摩擦力，我们将无法穿衣服，

* 足迹化石能够记录已灭绝的物种留下
  这些记录将不会存在。

* 汽车轮胎在雪地或冰上打滑，是因为
  法驱动车轮前进。

世界！

风力

* 飞机起飞

* 泰伊桥于1
  化为"风暴

* 埃菲尔铁塔
  向的狂风

构件断裂，如绷得太紧的吉他弦。与吉他一
时用力过猛，弦就会断。

录，是铁路桥梁史上的里程碑之一。福斯桥
，为大桥的设计规定了容许应力。

构件受到过应力，而钢构件的刚度不足，

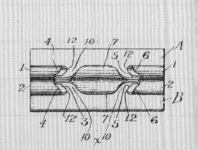

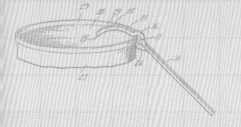

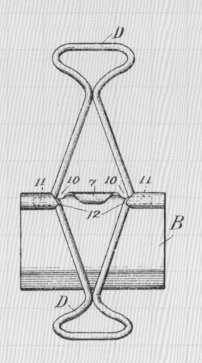

无法将脚塞进鞋里，也无法走路。

下的痕迹。如果没有摩擦力，所有

路面与车轮之间的摩擦力太小，无

Wind

为过程利用了风力。

379年崩塌，风力是使其崩塌的罪魁祸首，人们将风力拟人

之灵"。

素优雅的外形是通过数学分析得到的，使它能够抵抗各个方

袭击而保持屹立不倒。

湛庐 CHEERS

与最聪明的人共同进化

HERE COMES EVERYBODY

CHEERS
湛庐

改变世界的6种力

Force

[美] 亨利·波卓斯基 著
HENRY PETROSKI
李永学 译

浙江科学技术出版社·杭州

测一测

你了解力的世界吗?

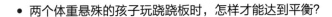

- 两个体重悬殊的孩子玩跷跷板时,怎样才能达到平衡?

    A. 两个孩子都靠前坐

    B. 两个孩子都靠后坐

    C. 较轻的孩子靠后坐,较重的孩子靠前坐

    D. 较重的孩子靠后坐,较轻的孩子靠前坐

- 躺在钉子床上和站在钉子床上,哪种疼痛更强烈?

    A: 躺着

    B. 站着

- 在飞机降落的过程中,根据牛顿第一运动定律(惯性定律),乘客将会感受到何种力?

    A. 向后推到椅背上的力

    B. 向上的力

    C. 向下的力

    D. 向前推到安全带上的力

扫描左侧二维码查看本书更多测试题

亨利·波卓斯基
HENRY PETROSKI

"科技的桂冠诗人"
美国国宝级科普写作大师

古根海姆奖获得者
拥有 6 所大学的荣誉学位

亨利·波卓斯基，1942 年出生于纽约市布鲁克林区，在布鲁克林区的帕克斯洛普和皇后区的坎布里亚海茨长大。孩童时期的波卓斯基就对周围物体的结构和起源充满强烈的好奇心。

1968—1974 年，波卓斯基在得克萨斯大学奥斯汀分校任教；1975—1980 年在阿贡国家实验室工作，担任该实验室断裂力学研究和开发工作的负责人；1980 年开始在杜克大学工作，研究结构工程、设计、工程和技术史等。波卓斯基是杜克大学 Aleksandar S. Vesic 特聘荣誉教授、土木与环境工程荣誉教授。在学术界和工程界都享有极高的声望和地位。

波卓斯基曾获得古根海姆基金会、美国国家人文基金会和美国国家人文研究中心的奖学金。他的研究还得到了美国陆军工程兵部队、美国国家科学基金会、斯隆基金会和其他组织的赞助。此外，他还获得了克拉克森大学、剑桥大学三一学院、瓦尔帕莱索大学、曼哈顿学院、密苏里科技大学和麦吉尔大学等 6 所大学授予的荣誉博士学位。

美国国家工程院院士
享誉世界的工程学传播者

波卓斯基是美国艺术与科学院、美国哲学学会和美国国家工程院的院士，美国机械工程师学会和爱尔兰工程师学会的研究员，也是美国土木工程师学会的杰出会员。作为一位专门从事故障分析的工程师，在其职业生涯中，波卓斯基的兴趣从高度理论化的数学连续力学，逐渐转变为超级实用的工程设计领域，并专注于研究工程设计中的失败问题。

2004年，受时任美国总统小布什任命，波卓斯基担任美国核废料技术审查委员会委员，并于2008年连任。2006年，荣获美国历史悠久且最负盛名的工程奖项之一——华盛顿奖（Washington Award）；2014年，荣获约翰·麦戈文科学奖（John P. McGovern Award for Science）。

他获得的荣誉还包括：美国机械工程师学会颁发的拉尔夫·科茨·罗奖（Ralph Coats Roe Medal）、 美国土木工程师学会颁发的历史和遗产奖（History and Heritage Award）、 梭罗学会颁发的沃尔特·哈丁杰出学术成就奖（Walter Harding Distinguished Achievement Award）。

"科技的桂冠诗人"
用文字传递科学之美

除了精通技术，波卓斯基还具有极高的写作天赋。在学校文学杂志的启发下，他开始写诗和短文。在阿贡国家实验室工作期间，他开始在《麻省理工学院技术评论》（*MIT Technology Review*）上发表有关科技政策的文章，并在《纽约时报》（*The New York Times*）上发表专栏文章。波卓斯基擅长采用以小见大的研究方法，通过一些经常被人们忽视的小物件，富有创造性地阐释设计的基本问题。从分析桥梁的设计以提高其安全性，到深入探讨航天飞机悲惨的失事故事，波卓斯基以极具感染力的文字和深刻独到的见解，被《柯克斯书评》杂志誉为"科技的桂冠诗人"。

波卓斯基一生共出版了20本著作，其中《日用器具进化史》（*The Evolution of Useful Things*）、《设计，人类的本性》（*To Engineer Is Human*）、《铅笔：设计与环境的历史》（*The Pencil: A History of Design and Circumstance*）、《请原谅设计》（*To Forgive Design*）

等已在中国出版。

自1991年以来，波卓斯基一直在美国科学研究荣誉学会（Sigma Xi）的《科学美国人》（*American Scientist*）杂志上撰写工程设计与文化研究专栏，专栏文章收录在《重塑世界》（*Remaking the World*）和《挑战极限》（*Pushing the Limits*）两本书中。因对《科学美国人》杂志的贡献和在工程设计与文化研究领域的杰出成就，2021年，波卓斯基被授予"Sigma Xi研究员"称号。除了为《科学美国人》和《ASEE棱镜》（*ASEE Prism*）等杂志撰写专栏文章，他还为《纽约时报》《华盛顿邮报》《洛杉矶时报》《华尔街日报》等报刊撰写了无数非工程类文章和随笔。

献给西奥多·詹姆斯

于无声处听惊雷——力学藏于生活之中

王永健
江苏省首席科技传播专家
南京农业大学副教授
科普自媒体"力学 Nerd 王小胖"博主

2013 年搞笑诺贝尔奖的"24/7"环节，哈佛大学物理学教授梅莉萨·富兰克林（Melissa Franklin）用 7 个大众都能理解的单词概括了什么是力："Equal opposite attractive repulsive bang ding crash ow!"[1]。在此之前，她已经即兴在 24 秒内完整并专业性地描述了什么是力。富兰克林教授的 7 个单词（实际上是 8 个），包含了力的一些性质和效果。对于专业从事力学研究的学者来说，更

---

[1] 中文为：相等的、相反的、吸引的、排斥的砰叮咣嘟！——编者注

侧重于探究力的性质，从而预测出力的作用效果。而对于普通大众来说，更关心的则是力的作用效果。本书原名 "Force: What It Means to Push and Pull, Slip and Grip, Start and Stop"[①]，讲述的正是生活中常见的力的作用效果，在不同的力的作用下，物体发生了推或拉、滑移或抓握、启动或停止。

力学是物理学最古老的一个分支，经过几百年的发展，现如今早已自成一脉，独立发展成一棵参天大树。也正因为力学较为古老，发展时间较长，人们总是认为力学已经非常成熟了。事实上，也确实可以这么说。在一些高精尖领域，神舟飞船可以上天、嫦娥可以探月、蛟龙可以深潜，较为成熟的力学，让我们可以自由自在地探索星辰大海。然而，当年笼罩在物理学上空的乌云，对于力学来说依然存在。力学的基础构架相对完善，但是顶层"设计"仍需探索。除了上述高精尖领域，顶层"设计"的探索，也存在于我们普通人生活中的方方面面。我们可以吃营养更丰富的食物，穿更舒适的衣服，开安全的小车，来到我们温暖的小家。通过不断探索力学，我们可以无忧无虑地自在生活。

我们总是对身边的人和事熟视无睹。用筷子夹起食物，送入嘴中咀嚼，吞咽后消化；手穿过袖子，整理领口，并拉起拉链；坐在驾驶室，手握转向盘，自动驾驶缓解了我们的疲劳；躺在舒适的床上，有安全可靠的房子遮风挡雨，我们可以放松一天的心情。这些日常的衣食住行，普通得再普通不过，我们会认为这是理所当然的。衣食住行的每一个过程，其背后都有力学的影子。但是，又有多少人真正关注过这背后的力学呢？

《改变世界的 6 种力》关注的正是我们日常生活中衣食住行的方方面面。作者亨利·波卓斯基是美国国宝级科普写作大师，被誉为"科技的桂冠诗

---

① 直译为"力：推与拉、滑移与抓握、启动与停止的含义。"——编者注

人"，同时他也是一位资深工程师。得益于工程师的身份，以及平时对力学的思考，他才写出了这本通俗却不普通、深入却不深奥的力学科普读本。正如作者所说，全书侧重的不是难懂晦涩的力学理论，而是力的相互作用，也就是力的作用效果。本书通过对身边的力进行介绍和分析，试图引起读者对身边事物的感知。

全书分三大部分，第一部分直接点明主题，通过生活中的例子，介绍了推力、拉力、引力、磁力、摩擦力以及共振，帮助读者建立力与世界的联系；第二部分，通过对瓦楞纸、桥梁、卷尺等众多常见事物的分析，帮助读者理解力如何改变世界；第三部分，通过华盛顿纪念碑的建造，航行在大海中船只的"唠叨"等实例，帮助读者理解力的边界。全书旁征博引，让读者不仅能了解到生活中的力及其作用，更能了解事物的发展趋势，这种发展趋势正是人类对力的认知不断深入的过程。

希望读者能够同作者一样，对日常生活中的事物具有敏锐的感知力，相信这份感知力能让读者受用终身。我们很难使机器人具备人一样的日常生活能力——精细的操控力，因为即便是最简单的日常动作，其背后的力也非常复杂。人类熟练的日常动作，是从婴幼儿时期开始不断练习的结果，通过不断的失败、感知、改进，才能做到灵活、适度地控制力。这种失败、感知和改进，就是当下流行的人工智能的特点，它可以让机器人越来越像人。这是未来的发展趋势，而力学是其基础之一。

力，让我们接触世界

　　这是一本关于力的书。力是包括人在内的普通事物之间日常发生的相互作用，它可以改变物体的运动状态。人类每天都在经历着力，我们通过自己的经验感受推与拉、重力与浮力、阻力与助力、成功与失败。这就是力，我们利用力在攀登山峰时努力向上，在游泳时对抗水流，在生活中举起重物，或者打开一袋花生。这就是力，让我们能够行走，让飞机能够飞行。这就是力，我们可以在汽车颠簸、紧急转向、摇晃和转弯的时候感受到它。我们正是利用力完成一切的，无论是端起一杯咖啡，还是打开一罐果酱。没有力及其作用，我们将无法接触我们的世界。

　　想一想我们在日常生活中是怎样感受力的，我们就可以理解力的本质，明白力是怎样被控制，从而为我们所用，给我们带来快乐的。力也是人与人之间的实际联系。握手的感觉，无论对方是紧握不放还是敷衍了事，不管对方是陌生人还是老朋友，都可以告诉我们对方的性格和心情。张开的手或许会在我们背上鼓励地拍一下；攥紧的拳头或许会对着我们的腹部打上一拳。通过手指的温和触碰，胳膊的温柔抚摸，或者轻轻地一吻，我们能够向其他人传递安全的感觉和爱意。尽管接触之力或许只是机械现象，但因受到人类的控制，它们也可以成为战争或者和平的象征。

力本身或许无法通过肉眼看到，但它们与我们的生活息息相关。尽管在日常生活中，我们无数次地感受到力的作用，但我们对它们实在太熟悉，所以很少停下来思考其中的具体过程，这就是我撰写这本书的原因。我在本书中侧重的不是物理学，而是物质之间的作用。我尝试用文字描述我的感官体验。我相信人人都曾感觉到我在书中描述的那些力，我想要鼓励读者更强烈地感受它们，并在自己生活的环境中更广泛地体会它们。在许多我们参与的日常活动中，都会涉及一些我们一直不知道的力。我把这些力带到读者面前，以揭示我们在不知道的情况下经历了什么。我想要提高读者对力的敏感程度，让读者更好地理解我们与物质世界的互动。我希望，当用铅笔在小块牛皮纸上草草记下笔记时，读者能感觉到其中的力，而且会觉得，他们可以用某些铅笔毫不费力地做到这一点，而用其他铅笔则不行。我希望读者和我一起回忆填充着氦气的气球缠绕在手腕上的感觉，并重温孩童时期在沙箱和游乐园中获得欢乐的一切感觉。我希望大家意识到，我们曾发现过有关力的新感觉，无论是在青春时期的课后活动中，还是在成年之后的探险中，甚至是在年老时做一些我们从未想过自己会做的事情的过程中。我还想请读者想象一下，自己成为一根承受着拱梁和三角墙重力的古希腊神庙的女像柱，或者正在扮演横跨河流的一座现代桥梁中的重要组成部分时的感觉。

作为一名工程师，我能在一切地方看到力，在我触碰的一切物体上感受到力。这或许是因为我在大学里最喜爱工程类课程，这些课程告诉我如何认识作用在结构或者机器不同部分的力，这些力让它们保持原样或运动。学习如何从概念上将力独立出来，并用理性的方法分析力、本能地感受力，让我获得了一种新的思维方式，即将经验的不同部分结合在一起进行思考。物质之力开始变成一个让我理解周围许多事物的关键联系。我在读研究生时，对力如何在建设与破坏中发挥作用有了更深刻的理解：同样的力，工程师可将其用于建设，也可用于破坏。

当开始看到力是如何在我自己的体内和周围产生作用时，我发现人们在社会中的互动也表现为他们之间的各种力。这些力更多是心理上的，而非物理上的，但它们所引发的动态效果同样具有强大的影响力。我认为，力的概念提供了一种理解人际交往和社会行为的隐喻。对无生命的物体施加有形的力，可以使这个物体移动或停止运动，而感召力、说服力和影响力这些无形的力，则能够让公众人物在社会中起到良好的价值引领作用。

本书将帮助读者理解日常生活中物质世界的运转规律，并让读者理解，在不寻常的情况下，遇到不熟悉的力时，可能会产生与直觉相悖的结果。

洞察力来自对身边事物的感知

　　早在远古时代，人类便通过听觉、视觉、嗅觉、味觉和触觉这 5 种感官彼此交流、与世界互动。在原始时期，要想生存，必须调动这 5 种感官并时刻保持最高警惕。那时，我们的祖先必须仔细听猛兽靠近时穿过矮树<u>丛</u>的声音，必须在攻击者接近时看到它们，必须闻到空气中正在逼近的野火的气味，必须在腐烂的食物中尝出危险的味道，必须能感觉到有毒昆虫在沿着他们的脊背爬行。失去了这些防御性感官中的任何一种，在毁灭性的威胁接近时，他们所承受的风险都可能会增加。

　　社会化过程中，为争夺资源，可能会出现欺骗、战争等社会现象。在这个过程中，个体的感官得到进化，为善于接收信息的大脑服务。人们悄声密谋的话语和声音、可疑的行为表现、空气中充斥的气味、水中某种物质的味道、某种正在发生的不同寻常的事情，都会向人发出警报，让人开始警觉。我们现在称为习语或成语的词和词组便源自感官的直接经验。

工业革命让人类社会出现了各种变化，然而让我们理解世界及其功能运行的，正是我们对于世界不断发展的洞察力。当工具、装置、机器和其他人造物品与系统的数量激增的时候，人类必须调整自我的感官。使用技术设备的人应察觉到可能出现的危险情况，例如，要能听到装进了不正确燃油的发动机的砰砰响声，看到逐步损坏的机器零件上的损伤，闻到过热的垫圈的气味，尝出燃烧油料的烟味，感觉到轮胎的异常振动。能否察觉到这类迹象并理解其意义，取决于人们对相关力的作用的经验以及对状况好坏的区分。

作为现代医学发展过程中的一个目标，拓宽我们的五感所能观察到的深度与广度，与手术器械的引进和药物的研发同样重要。听诊器放大了来自心脏、肺和消化道的声音；X 射线让医生不用切开皮肤就能看到皮下的状况；对于活检组织与尸检组织的分析测试补充了鼻子对于腐烂气味的检测；化学分析让医生不需要品尝患者的尿液；磁共振和其他成像设备能够让医生获得比腹部触诊更多的信息。但发展这些技术需要时间，这个过程首先要想象，然后需要制造原型机并加以调整，直至技术精确可靠。

任何力都不可能超越科学的限制

任何新技术的发展都必须符合自然定律，因此，其中涉及的任何物质间的相互作用力、化学力、电力或者其他力，都不可能超越科学的限制。这就意味着，在牛顿物理学观点下，追求永动机是没有意义的。同时，研究与开发不能只考虑物理上的力，而应考虑更广阔的社会环境。技术的发展也受制于伦理、道德等社会条件，而这些社会条件无法轻易界定。

2020 年初，由于担心身体接触会传染新冠病毒，人们都避免做触摸动作，如不握手、不拥抱，也不做其他人类常用来表达亲善、友谊甚至爱情的动作。为了替代以上这些具有确定意义的互动形式，我们触拳、碰肘、鞋子点地，甚至臀部相碰。人们设想，在未来人们表达亲密的方式可能会有所改变。

人类可以利用五感可靠地检测空气成分。另外，五感对感染也是最先做出反应的，是症状的最早发现者。当感染者感到呼吸困难的时候，人类的耳朵可以直接听到；感染者会流鼻涕或者发冷，人类肉眼可见这些症状；即使没有失去嗅觉和味觉，感染者的这两种感官也会变弱，这让他不想吃东西，可能会导致体重明显下降；感染者会发烧，我们用手触摸他的额头就能感觉到。有时候，呼吸受到的影响实在太大，感染者将不得不借助呼吸机进行呼吸。与此同时，要进入医院或者其他医疗单位的步骤也颇为繁多。为了进入一家诊所，我不得不接受无接触温度计的体温测量，在无接触滴药装置下伸手并接下一大滴擦手消毒液，按照地板上画出的标志站立以保持社交距离，在不接触面部的情况下戴上口罩。这或许会让我们中的一些人感到，我们的触觉变得越来越不敏感了。

中世纪的人们认为，疾病是通过瘴气传染的，瘴气是指由腐烂的肉体和其他疾病来源发出的臭气。为了保护自己不感染黑死病，"瘟疫医生"戴着形如鸟喙的鼻罩（见图 0-1），其中填充着阻塞瘴气的芳香草药和花朵一类的物质。根据当时的书面描述，这些医生身穿黑色的斗篷和帽子，手持一根棍子，这样他们可以在不直接接触感染者的情况下进行检查。刻板印象中的"瘟疫医生"就是所谓的"鸟嘴医生"，他们成为死亡和疾病的一种象征。

直到 19 世纪末，医疗单位内的一些医疗工作者才开始遮盖自己的鼻子和嘴巴，但在几十年的时间里，这种做法还远远没有成为惯例。与此同时，美国和德国在第一次世界大战时开始有意识地使用口罩，但鼻子仍然暴露在外面。在研究了口罩的组成之后，人们在 20 世纪 40 年代开始使用可洗、可消毒的口罩。直到 20 世纪 60 年代，美国才首先使用用纸和羊毛制造的口罩，同时开始广泛使用一次性口罩。在 21 世纪 20 年代初新冠疫情期间的美国，双层口罩和医用外科口罩成为口鼻遮盖物的标配。

图 0-1 "瘟疫医生"

注: 17 世纪的"瘟疫医生"戴着鼻罩，鼻罩内填充着芳香花朵、草药和香料，以净化他们必须呼吸的被污染的空气；他们带着一根棍子，以此与感染者和尸体保持距离。

资料来源: An engraving by Paul Fürst (ca. 1656) via Wikimedia Commons, distributed under a CC BY-SA 3.0 license by user lfwest.

理解物质世界的运作，超越物质世界的表象

医用外科口罩是使用多层材料、沿水平方向打褶的大约 90 毫米 × 165 毫米的长方形遮盖物。医用外科口罩的制造过程固定了其大小，所以其长方

形的边缘无法拉伸，不能完美贴合大小各异的脸部形状。然而，口罩上的褶皱可使过滤材料在竖直方向上展开，确保口罩可以遮盖鼻子和嘴巴，而且这种结构能在口罩和脸之间形成空隙，使佩戴者能够更轻松地呼吸。在一种更好的口罩中，设计人员在口罩长方形的上边缘加入了一截易于弯曲的金属条或者金属片，这种口罩能大致适应鼻子的轮廓，但无法完全贴合。垂直边缘上带有弹性带子，可以拴在耳朵上，从而拉紧口罩，使口罩紧贴面部。但是，因为带子在口罩上的连接点之间的距离是固定的，所以无法拉伸口罩，只能收紧口罩，这就经常让口罩和佩戴者的脸颊之间出现缝隙。这两个缝隙和鼻子周围的缝隙，使得口罩无法完全密封，导致佩戴者呼出的气流从这些缝隙中泄漏，同时外界空气也能通过这些缝隙进入口罩内部，而不经过长方形的过滤区域。如果想要通过重新设计普通口罩来克服这些缺点，我们需要重新设计引导空气进入并通过过滤材料的力。例如，更短但更有伸缩性的垂直侧边，可以使口罩紧贴小脸的人的脸颊，同时弹性的设计可以让口罩伸展，以适应长脸形的人。

　　如果标准口罩无法适合所有成年人的面部大小，或者没有改进措施来解决口罩上力的重新分配问题，那么我们就应该在市场中提供不同大小的口罩。在疫情期间，我进入的所有医院、医疗中心或者医生的诊所，都只提供统一规格的口罩。尽管戴大小不合适的口罩很可能比不戴口罩要好，但如果有不同规格的口罩，哪怕只有有限的选择，如小号、中号、大号，也会大大提高口罩的作用。这也有可能消除单一规格带来的另一个明显瑕疵，即口罩时常会从佩戴者的鼻子上滑下来，而这会让口罩失效。我们可以很容易地找到口罩滑落的原因，即物质之力在起作用。

　　如果口罩无法沿垂直方向有效遮盖从鼻子到下巴之间的区域，那么在弯曲下颌以便有效地说话、使劲咬东西或者张大嘴打呵欠的时候，我们的下巴就会紧贴口罩的底部，并进一步将它拉到鼻梁下面。如果套在耳朵上的绳环无法拉紧口罩，使之紧贴鼻梁，就不会有多少力让口罩贴合人脸，口罩就会沿着鼻梁下滑，一直滑到鼻尖下面，暴露鼻孔。为解决这个问题，医务人员和其他人发明了一些聪明的方法，以使口罩能够拉紧，并紧贴面部。其中一个方法是把弹性带子扭成 8 字形，或在耳朵后面给带子打个结，这样可以进一步有效地拉伸弹性带子，增加拉住口罩的力。也可以用另一种方法解决问题，即重新设计口罩，例如，从一开始就用较短的带子，让口罩的边缘变短但具有更强的伸缩性，或者增加褶皱数量，让口罩更容易沿垂直方向拉伸，并在更大程度上运动，这样能适应长脸形的人并满足更大地张开嘴巴的要求。目前，对于医用外科口罩所做的一些大受欢迎的改进确实做到了更好地符合脸部形状，但其他的力学问题尚未得到解决。

当口罩无法在鼻子周围紧密贴合时，那些戴眼镜的人会遇到特别的问题。嘴里呼出的气流温暖、潮湿，这些气流会沿着口罩的上边缘露出的缝隙逃逸，并使镜片起雾。这会让口罩佩戴者暂时无法视物，对于正在横过马路或者进行精细加工的人来说特别危险。口罩如果遮盖了眼镜的下边缘，它与脸部的贴合效果会更差，因此我们一定要让眼镜遮盖口罩的上边缘。长期以来，眼镜起雾一直是手术室外科医生的苦恼。抗雾镜片膜能在一定程度上解决这个问题，但它们很容易被擦伤、脱落。一些聪明的外科医生使用手术胶带或黏性绷带，把口罩的上边缘固定在眼睛下面的脸上，这样做可以防止镜片起雾。但这种做法无法在手术室外广泛应用。佩戴隐形眼镜的人也会遭受来自面部和口罩上边缘之间缝隙的气流的困扰。这种温暖、潮湿的环境会促进细菌生长和加剧细菌对眼睛的感染。一次性软性隐形眼镜尤其容易干燥，并会引起眼睛疼痛，佩戴者甚至需要寻求眼科医生的诊治。

职业发明家与业余发明家总是在寻找新的挑战，其中许多人甚至因为对最普通的装置做出的改进而获得了专利。我们几乎可以肯定，在下一次疫情出现之前，将会有人对医用外科口罩做出重大改进。而且，这些新的改良型口罩很可能通过控制与利用物质之力，确保将口罩牢牢地固定在适当的位置。许多发明家被寄予厚望，毫无疑问，他们会对标准口罩中存在问题的部分，即整体形状、无法伸展的边缘、褶皱、套耳圈进行重点研究和改进，然后设计出改良型的口罩。一些发明家则更富探险精神，他们或许能够找出过去尚未发现的设计缺点，设计出革命性的模型，这些新设计的制造成本与价格都将更低。这也是所有发明家的梦想。

　　一般有两种接种疫苗的方式。其中一种方式似乎是那些不习惯为病人打针的医务人员采用的，即将针头放置在将要接受注射的位置上，然后抵住皮肤并缓慢地将其推进去，此时手臂上会产生一个看得见的碗状凹陷，人们可以清楚地看到开始时皮肤是怎样对抗穿刺，然后又在针头的力的作用下屈服并随后反弹的。另一种方式则是更有经验的护士采用的，她们迅速而又从容不迫地把针扎进胳膊。她们做得很迅速，皮肤表面没有发生肉眼可见的变化。当针头扎进去时，它在皮肤上施加了一个强劲的力，在皮肤尚未产生任何可以注意得到的变形之前便刺穿了皮肤。

　　本书的主题是机械力，它既能让一只口罩紧贴在脸上，又能让一只口罩滑动并产生缝隙。给某人接种疫苗时，力能够让针筒把疫苗从一个小瓶中吸出来，并通过针头把疫苗推入肌肉，而且针头本身也是通过力的作用刺穿皮肤的。而在机械世界中，力是一个关键的赋能因素，力在很大程度上依赖接触和触摸。**将我们的其他感官聚焦在触摸上，能赋予我们感受与理解世界的新途径。**

　　美国思想家、文学家爱默生在题为《自然》（*Nature*）的论文中，呼吁人类形成"与宇宙之间的天然关系"。在为先验论打下基础的同时，爱默生认为，研究自然将加深人们对于一切事物的理解。工程师或许没有开创全新的哲学运动的抱负，但他们相信，**通过研究自然之力及其作用，可以拥有更**

广阔的视野来理解物质世界的运作方式，并由此延伸出超越物质世界的表象，深入理解其中的社会和文化结构，以及人类情感与物质世界的联系。尽管另一位先验论者梭罗曾断言，他"生来不会受到力的支配"，但在瓦尔登湖畔，当为了拼装房屋而用力挥动锤子砸钉子时，他也绝对不会手软。和超越自然表象、研究其内在微妙之处一样，思考钉子和使钉子发挥作用的原理同样具有启发意义，也同样能获得令人满意的结果。

推荐序　　于无声处听惊雷——力学藏于生活之中

王永健

江苏省首席科技传播专家

南京农业大学副教授

科普自媒体"力学 Nerd 王小胖"博主

前　言　　力，让我们接触世界

序　言　　洞察力来自对身边事物的感知

第一部分

推与拉，理解我们与世界的联系

第 1 章　　推与拉，力的认知起点　　　　　　　　005

第 2 章　　引力，行星的拥抱　　　　　　　　　　017

第 3 章　　磁力，童年玩具的回忆　　　　　　　　027

第 4 章　　摩擦力，跑鞋与冰刀　　　　　　　　　　　　037

第 5 章　　失控的力，共振与打滑　　　　　　　　　　　049

第 6 章　　杠杆，能撬起地球，也能打开罐头　　　　　057

第 7 章　　生活中的力，行住坐卧皆是禅　　　　　　　077

第二部分

把握与放开，理解我们如何改变世界

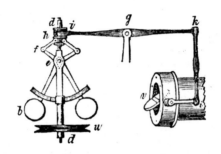

第 8 章　　惯性，加速、转弯与急停时的小烦恼　　　　　　097

第 9 章　　魔术般的力，不可能中的可能　　　　　　　　　121

第 10 章　　从理论到现实，让世界更精彩　　　　　　　　　143

第 11 章　　斜面上的力，不平坦的游乐场　　　　　　　　　153

第 12 章　　弹力，变形的弹簧和充气的薯片袋　　　　　　　161

第 13 章　　应力，为什么蛋糕盒用薄板纸而比萨盒用瓦楞纸　181

第 14 章　　卷尺，家家都有的"变形金刚"　　　　　　　　197

第 15 章　　压缩力与拉伸力，桥梁变形是坏事还是好事　　　205

第 16 章　　看不见的手，风的破坏力　　　　　　　　　　　225

第 17 章　　拱桥与拱顶，集体大于个体之和　　　　　　　　239

第 18 章　　金字塔和方尖碑，用工具四两拨千斤　　　　　　255

第三部分

开始与结束，理解我们力量的边界

第 19 章　与大地一起脉动，怎样的结构能够抵御地震　　　279

第 20 章　感受与倾听，终结的序曲　　　295

结　语　力，让我们准备好拥抱未来　　　307

致　谢　　　311

无论何等庞大之力
都无法将最细小的绳子
拉成一条完全笔直的线

——胡威立（William Whewell）

《初等力学教程》（*An Elementary Treatise on Mechanics*），1819

推与拉,
理解我们与世界的联系

Force

What It Means to Push and Pull,
Slip and Grip, Start and Stop

第1章

推与拉，力的认知起点

力是什么

力是什么？我们需要通过科学来为它下定义吗？还是说，只要我们感觉到力就能知道它是什么？但感觉到力又是什么意思？力的存在仅仅是由感觉来确定吗？或者说，感觉一个力，是否唤起了我们对于自己在宇宙中位置的内在感受，并让我们觉察到与宇宙中其他一切事物的联系（无论这些事物何等遥远）？力，为我们更好地理解自身与物质世界之间的联系提供了一种方式，这个世界是我们的家园，是我们日常活动的场所。

从物理学的意义出发，触碰某个事物就是对它施加一个力。交响乐队中的音乐家们一直静坐不动，直到演出进行到乐谱中他们应演奏的部分。这时，随着音乐家们的推和拉、拉弦和击打、拨动和敲击，琴弦、簧片、管乐器和打击乐器都"活"了；音乐家们时而让自己的乐器静音，时而猛烈地敲击乐器，引发并控制乐器的振动，无论是单根小提琴弦还是一大片鼓面，都随着振动发出声音。这些动作是为了将力转变为运动，转变为共鸣，转变为绝妙的声响。即使在我们离开音乐厅之后，交响乐的余音仍然在我们的头脑中久久回荡。力的效果能长时间、持续地感染着我们。

人类的喉咙发出的声音也依赖机械力。由肺部呼出的气流穿过声带，引起声带的振动并产生声波，就好像风吹过电线会让电线嗡嗡作响一样。当声音通过说话者的口腔向外传播时，舌头、嘴唇以及鼻子的形状和位置会让声音有所改变，就像管乐器的音调可以通过改变空气振动来进行调节一样。

声音和力经常相互伴随，如牛奶洒了的声音、锤子的砰砰声、气球的爆裂声总与力相关。如果我们仔细倾听，就能听到更轻柔的声音，比如我们做事情时发出的刮擦声、滑动声和摩擦声。无论是在纸面上推动一支铅笔，将一本书从书架上的另外两本书中间抽出来，还是让手指划过某人脸颊上的胡茬，都会发出声音。在静静的夜晚，我们甚至可以听到我们的呼吸和心跳声。

力能让我们发出韵母和声母的声音，将它们组合起来，可以形成音节、词语和句子。我们将这些句子组织起来进行交流，如点一份汉堡加薯条，或者为主队喝彩。组织得很好的演讲是一种有效的语言交流方式。古代典型的例子包括柏拉图的《对话录》（*Dialogues of Plato*），它保留了苏格拉底的思想，以及通过启发式的提问诱导听众做出深思熟虑的回应的方法。在文艺复兴时期，伽利略运用了苏格拉底的这一方法，他的《关于托勒密和哥白尼两大世界体系的对话》（*Dialogues Concerning the Two Chief World Systems*）分析了行星围绕太阳的运动，而他在《关于两门新科学的对话》（*Dialogues Concerning Two New Sciences*）中，考察了材料如何在外力作用下抵抗断裂，以及物体如何向地球运动。

学者们眼中的力

5 ～ 15 世纪，教师站在班级前面朗读权威文本，学生们则在笔记中记录其中的内容，这就是当时大学教育的主流课堂模式。这一模式至今仍然在研讨班与讨论会中存在，尤其是人文学科和社会学科的研究生和教授，他们会直接将自己的论文读给听众听。与此不同的是，在自然科学与工程学课堂中，传统的授课方式是由教师脱稿进行的，他们同时在黑板上画图表、推导公式。

在历史上，与讲课相关的图像也可以通过幻灯片投影演示，这也就是今天的演示文稿软件（PPT）的前身。尤其在 19 世纪，在阐述与解释科学原理的公众演讲中，演讲者身后的实验台上会同时进行实时演示与实验。

在 19 世纪后半叶至 20 世纪初期的英国，学术场合以外的演讲变得非常受欢迎，热切的观众来自各行各业。1868 年，生物学家、人类学家赫胥黎曾在诺里奇向一批工人观众发表演讲，他是达尔文提出的进化论的坚定支持者。在他著名的演讲"一支粉笔"开始时，他手拿一块木匠用的粉笔，逐步探讨英国的地质历史，包括多佛的白色绝壁的性质和英国与法国之间的英吉利海峡下的白垩泥灰岩地层。一个世纪后，实验心理学家戴尔·沃尔弗利（Dael Wolfle）称赞赫胥黎的这一演讲，说它是"以引人入胜、易于理解的词语解释科学本质的艺术"的一个杰出样本。赫胥黎认为，这"只不过是井井有条、组织严密的常识"，所以，有关科学的演讲应该是普通观众能够理解的。有关工程学的演讲同样可以如此。

赫胥黎并不是唯一的科学普及者。英国科学家法拉第对电磁学做出了奠基性的贡献，他也因 1825 年开始在英国皇家研究院的一系列公众演讲而为人称道（见图 1-1）。除了在第二次世界大战期间暂停，这些圣诞节演讲一

直持续至今 [①]。

图 1-1　法拉第在英国皇家研究院的圣诞节演讲

注：法拉第在演讲时利用了各种道具和器件。本图为苏格兰肖像画家亚历山大·布莱克利（Alexander Blaikley）的一份速写，这次演讲时值 1855—1856 年圣诞节假期。前排中间就座的是英国维多利亚女王的表弟和丈夫阿尔伯特亲王以及他们的儿子（14 岁的爱德华和 11 岁的阿尔弗雷德）。

资料来源：©Royal Institution/Bridgeman Images。

① 在英国皇家研究院的诸多活动中，历史最为悠久和最有影响的就是圣诞节演讲。法拉第创建了这个影响深远，至今仍然在继续的系列演讲。该活动的主要目的是通过形式多样和场面壮观的演示和讲演向青少年和成年人介绍科学知识。——编者注

　　法拉第本人曾 19 次发表这种演讲，包括从 1851—1860 年的历次演讲，内容涵盖化学、电学与力学。伦敦的男女老少都是这些演讲的热情观众。1848 年，他就蜡烛的化学历史发表了著名的六讲课程，其中讨论了在他和观众之间燃烧与闪烁的蜡烛火焰的本质。他详细讲述了蜡烛的蜡、烛芯和烟，以及不同颜色的火焰区域。在 1859—1860 年的圣诞假期中，法拉第做了"有关物质的各种力及其相互关系的六讲课程"的演讲。在讨论引力的第一讲开篇致辞中，他以"一位脆弱老人"的身份，特别寄语观众中的年轻人。法拉第告诉他们，准备这份演讲，让他得以"再次回到童年，与年轻人在一起，仿佛重新变得年轻"。

　　法拉第对化学、电学和磁学做出了重大贡献，他牢固地掌握着科学家的能力与技巧。在上述每个领域中，他都非常依赖实验，这些实验必然需要一些实验室装置。如果他没有某种特定器件，他就会自己发明。在 1824 年的一次实验中，他需要一个能够方便提供氢气的装置，他便用一种叫作"生橡胶"的天然橡胶制造了一个囊状物，这种橡胶是一种"弹性极强"的材料，今天我们称为"乳胶"。因为这一特殊装置，法拉第斩获了发明玩具气球的殊荣。当对公众发表演讲时，法拉第站在一张桌子的凹处（见图 1-1），桌子上放着各种道具和器械，它们看上去并不复杂或吓人，它们的用途也不一定显而易见，但它们与演讲息息相关，在演讲过程中，它们的功能以及与主题的关系将逐步显现。法拉第利用这些物理学器具来介绍、演示并支持他用语言表达的想法。他深入浅出的演讲风格吸引了热忱的观众，让他们听得如醉如痴。

　　在整个有关物质之力的演讲中，法拉第有时会交替使用力（force）和能量（power）这两个术语。他认为，热和水具有能量，因为它们能够引起变化，但力则是更普遍的术语。法拉第强调，需要掌握的力没有多到难以计数的程度，并指出："令人惊叹的是，支配一切自然现象的力竟然如此之少。"

而且他并不需要一大批道具来证明自己的观点。法拉第用来解释"引力"的道具,只有一个单摆、一台天平、一只烧杯和一个"有一天刚好见到的"玩具,但这些道具足以让观众直观地理解"引力"这一概念。

为了解释"重心",法拉第丢下了一把小球,人们看到,这些小球都受到了地球的引力,并最终散落在桌子上。他把这些小球收集到一个瓶子里,聚集成一个整体,然后解释说,这个整体内有一个点,各个小球所受的一切引力都集中在这个点上。为了让大家对这个概念有更直观的感受,他问观众:"如果想用一条腿站立,我要怎么做?"他用自己的身体做示范,回答了这个问题。他左腿站立,同时解释道,他正在让自己的身体向左侧倾斜,并让右腿弯曲到某个位置上,让竖直的引力线穿过他的左脚并经过身体的重心,而左脚是他的支撑点。法拉第知道,仅仅用语言描述这一点是不易理解的,但通过伴随语言的现场演示,他把这个概念转化为观众可以在晚上回家后亲身体验和尝试的实际行动。

再次双脚站立之后,法拉第让观众转而注意他不久前得到的一个不倒翁(见图1-2)。不倒翁的上半部分是一个女人的身体,下半部分则是个半球,看上去像童谣中说的蛋形矮胖子。他为观众演示:即使把不倒翁摁倒,让它侧面着地,它也不会就此躺平。如果它的各部分组成"均匀",它当然应该"躺平"。法拉第解释说,用不着看它的内部,我也可以知道,人们把某种重物塞进了这个不倒翁靠近底部的地方,让它的重心接近它站立时卵形底部的最低点。基于这个几何特性,一旦这个不倒翁侧面倒地,它的重心就被提高了。而当摁住它的力消失时,重心就可以自由地降到较低的位置上,这时它就站起来了。

接着,法拉第向观众演示,很难让不倒翁在大头针或者牙签这样尖锐的点上保持平衡。然而,只要在这个不倒翁身上装上一种装置,即一个两端带有铅弹的下垂金属丝，类似工人挑着的担子或者走钢丝者可能用的长杆，这时让不倒翁在一个点上保持平衡就很容易了。这是因为，不倒翁和它身上的重物组成的系统的重心变了，现在重心位于不倒翁和金属丝的接触点下方，如果系统失衡，它将向一个角度倾斜，使重心与轴上的某一点重合，达到平衡。在本书中，我希望能够以法拉第为榜样阐述力。在第一次演讲结束时，法拉第在他身后的黑板上写下了标题"力"，并"按照我们考虑它们的顺序"，在标题下写下了"我们将要考虑的那些力的名字"。这一清单中的第一个词是"引力"，这就是他希望在下次演讲中进一步考察的力。

图 1-2　法拉第演讲时展示的不倒翁

注：在一次有关引力的演讲中，法拉第用一个不倒翁做了演示。一旦不倒翁的侧面倒地（左图），位置较低的重心就会让它恢复直立状态（右图）。

资料来源：Faraday, *The Forces of Matter*。

　　20 世纪以色列物理学家、科学哲学家马克斯·雅默（Max Jammer）意识到"经典物理学的力的概念与引力吸引的概念之间有着密切的历史渊源，尽管前者的终极来源是与推和拉相关的肌肉感觉"。**的确，由人类肌肉力量**

引发的每一种可以想象的行为，如行走、奔跑、弯折、扭曲、旋转、翻滚等，都可以解释为一系列的推与拉。例如，打开一罐果酱这一日常行为，我们已经可以不用看也不用想就能做到，但如果真的仔细观察这个过程，我们就会看到，开罐者先用一只手握紧玻璃罐把它固定，再用另一只手抓住盖子将它拧开。拧盖子的动作是由大拇指和其他手指抓紧盖子边缘，并在盖子两端沿直径方向向内挤压（推），同时沿圆周的切线方向逆时针推动。当盖子不再受到罐头瓶的螺纹限制时，通过一个向上拉的动作便能拿起盖子。

英国化学家、物理学家威廉·克鲁克斯（William Crookes）编辑出版了法拉第有关力的演讲的文稿，文稿的记录者是一位"仔细而且技艺精湛的记者"。克鲁克斯认为，这些文稿是"原汁原味的法拉第原话"。他还指出，因为这些演讲是针对年轻人的，所以尽可能不涉及技术细节，因此观众听演讲前不需要具有该学科的任何相关知识，但演讲传递的确实不是浅薄的概念。

在该书前言的开篇文字中，克鲁克斯提出了一个问题和一个命题："先有物质还是先有力？如果考虑这个问题，我们将会发现，我们既无法在没有力的情况下构想物质，也无法在没有物质的情况下构想力。"确实，物质与力是通过运动相互联系的。**当一个合力作用在一个物体上时，我们能看到物体在运动；当这个力让我们做非匀速直线运动时，我们可以感觉到作用在我们身上的力。**这本质上就是牛顿发现的牛顿第二定律，该定律通过加速度的变化将力与物质联系起来，这一自然现象可以通过 $F = ma$ 这一简洁的公式进行解释。

当法拉第向普通观众传达力这一概念时，他既没有也不需要使用数学符号，我也同样如此。然而，似乎应该指出的是，在 $E = mc^2$ 中，爱因斯坦通过光速将能量与质量联系起来，如同英国诗人亚历山大·蒲柏（Alexander Pope）有关等价性的诗意陈述"人非圣贤，孰能无过"一样，爱因斯坦的这一标志性方程也已经为人熟知。牛顿的 $F = ma$ 也应被视为一个伟大理念的浓缩。方程与公式是交流的简单变形。我们可以认为，$F = ma$ 只不过是用另一种方式表达"力等于质量乘以加速度"。如果将工程学视为力与数字的结合，这一定义或许可以表达为 $E = Fn$。要理解力和运动，并不一定要使用方程，但方程确实是一种很好的表达方式。对于那些觉得方程的意义如同象形文字一样很难理解的人，我想说的是，方程只不过是一种以尽可能少的符号表达普遍概念的方式。

在《希腊古瓮颂》（*Ode to a grecian Urn*）中，英国浪漫派诗人济慈认为真理（truth）与美好（beauty）等价，在工程师眼里，他可以简单地将这一理念总结为 $T = B$。但必须承认，浓缩了一个深刻思想的 $T = B$ 无法承载这一经典诗作的情感力度，诗的词语与韵律也让这一思想更为深邃。$F = ma$ 这个公式也同样如此，其完整含义，只有通过例子来阐述才能全面展示出来。可以简单地将方程和公式视为对概念的概括，而不是复杂的数字计算或者解决问题的挑战。这与济慈的做法极为相似，他将渗透在他的四十行颂歌中的所有意象、明喻、象征、隐喻、韵律、韵脚以及其他文学手法的含义总结在最后两行："美即为真，真即为美——这就是你知道的地球上的一切，也是你需要知道的一切。"

我童年时感受到的力

我也会像法拉第一样回顾我的童年，因为我也是在童年时第一次体验到力，感受到它的作用。人们告诉我，当我还是婴儿时，我的母亲经常用婴儿车推着我去布鲁克林的普罗斯佩克特公园。她在那里与其他新妈妈相遇，一起闲谈、聊天、交换看法。在路上，躺在摇篮车上的我只能够抬头向上看，而且，在行进过程中，尽管我看不到外面的人行道和街道，但我一定能够感受到在道路裂缝上通过或上下马路边台阶的感觉。正如我看到的婴儿的表现一样，我小时候也一定很喜欢在开裂了的混凝土上摇摇晃晃。当摇篮车必须倾斜才能通过马路边的台阶时，我或许曾经见过我的母亲在车把手上推推拉拉，但要到我长大了一些，能在别人推着我弟弟的摇篮车而我在一边跟着走时，我才能够看到运动与力之间的关联。当我年纪更大些时，我可以在走路时离我的母亲更远些，此时我开始对世界有了新的认识。有时候，我会从大树的上层枝丫向下看，并和那些与我一起爬树的小伙伴交换看法。

当我只能自己玩的时候，我可以和一个想象中的朋友一起玩，我把他想象为一个伙伴，我在秋千上时他推着我，我坐着车下山的时候他拉着我，有的时候这个玩伴会让我跌跌撞撞地摔倒。父母知道这是由推、拉、引力等基本力的作用造成的现象，而我长大后也将意识到这一点。孩子们也喜欢童谣，并且可以在多次听到一首童谣之后将其背下来。随着年龄的增长，我们或许会想，童谣里的这些朗朗上口的词语究竟是什么意思？蛋形矮胖子是被人从墙上推下来的还是拉下来的？是什么让杰克摔了一跤，让吉尔也跟着摔了一跤？伦敦大桥又怎么了？为什么不管用什么方法重建，它还是会倒下来？[①] 我们经常通过回想自己的经历回答自己的问题。我是孩子的时候也可以做到这一点，但我的问题总是比答案多。

我记得，我曾在初中学过算术，但没有学过物理。就连最简单的机械，比如地理课上将地图拉下来的机器，老师们都没有对我们做过直观演示，也不会给我们布置任何涉及锤子或者杠杆、滑轮或者轮子、推或者拉这类项目的家庭作业，他们不要求我们制作与走路、跳高、爬山或者拉扯这类普通行为相关的力的示意图。老师们显然认为，知道南达科他州的首府和我们的家

---

① 蛋形矮胖子、杰克和吉尔、伦敦大桥，均来自英国传统童谣，即"矮胖子，坐墙头，栽了一个大跟斗""杰克和吉尔上山打一桶水；杰克摔了一跤，跌破他的头，吉尔跟着骨碌骨碌滚下来""伦敦大桥倒下来，倒下来，倒下来"——编者注

乡州有哪些工业产品，比知道为什么要生产这些产品以及如何生产这些产品重要得多。老师们引导我们接受事实、死记硬背，而不是引导我们去理解物质世界的运转，就算物质世界总是通过力帮助或阻碍我们。

随着家中孩子的增多，我的父母搬了家，我们从普罗斯佩克特公园南入口附近的公寓搬到了公园坡的一所房子。我喜欢和朋友们一起沿着山坡走去公园，然后翻过石头围墙进入公园。我们很少直接进入公园，因为我们都勇于接受在围墙顶上走一段距离的默认挑战。我需要努力一番才能爬上围墙，而且在有些地方，我需要有一个朋友在下面帮忙推，才能爬上围墙。一旦爬上围墙，我就会尽可能地在墙头上走，尽情享受自己在想象中的绝壁上保持平衡的纯粹欢乐。有时候我没法从一个入口走到下一个入口，因为我就像蛋形矮胖子一样从墙上摔下来了，大部分时候摔下来是因为精力不集中。蛋形矮胖子也是这样摔下来的吗？童谣完全没有告诉我们。或许童谣的魅力就在于，它们留下了许多悬念，促使我们这些孩子发挥自己的想象力。

公园里似乎有无尽的山峰和草地。在看到这些的时候，我想到了杰克和吉尔，不知道他们当初为什么要爬到山顶取一桶水。公园里的池塘和湖泊似乎总是位于地形的低洼处。在附近的小路上，水会在六边形铺路砖石缺失的地方形成的空洞中涌出。当在公园坡的排水沟里玩耍时，我们可以亲眼看到水从那里流下山坡。在公园里，我们看到自动饮水器中流出的水流是弯曲的，轨迹如同抛向一位朋友的一个篮球，接着，水流在排水管周围打着旋，好像一个没有被接住的球掉进了泄洪下水道一样。或许，我们应该在学校里学到，我们这座城市的水源来自河流和位于上游的溪流，而"上游"（upstate）不仅指大都市区域以北，它还指海拔较高的地方。这些水通过地下沟渠向下游流往纽约市，只有到了储水池和屋顶储水罐时，才会由机械泵提升上去，再从那里流向各家各户，以不低的压力从房间里的龙头流出。但这是什么力？答案肯定是推力，因为谁能想象怎样才能"拉"水？好像不大可能。

实际上确实还有一些力，它们不像推和拉那样必须通过实际接触才起作用。在这些力中，我们最熟悉的或许就是神秘的引力。就连牛顿都因为引力的概念和两个互无接触的物体之间的力的传递方式而苦苦思索。宇宙中天体之间普遍存在的引力与两个碰撞小球之间的推力在本质上是否相同？无论是或者不是，就我们所知，正是引力，让我们留在地球的表面上而没有飘荡而去，但它却无法阻止拴在绳子上的气球离开孩子的小手飞走。

第 2 章

引力，行星的拥抱

维修屋顶时与引力的相遇

缅因州的承包商建议我们，当他手下的工作人员在我们的屋顶上安装新的木瓦时不要待在家里。他提醒我们，锤子的声响会在整座房子里回荡，听上去可能就像我们正在遭受棒球大小的冰雹袭击一样。但我和妻子凯瑟琳都没有采纳他的建议。凯瑟琳的书房在顶层下面两层，她觉得自己戴上降噪耳机就不会受到影响。我的书房在阁楼里，屋顶就是书房的天花板，安装那天屋顶将成为被擂响的鼓面，而我的个人空间就像是一个共鸣的鼓腔。因为我总是愿意观看与感觉一切事物中的力，所以很珍惜这样一个在新环境下感受力的效果的机会。

我无法直接看到外面正在进行的工作，但通过声音能够大致描述他们的每个行动以及其中涉及的力：首先，两辆卡车驶过外面的沙砾车道并停在房子旁边。然后，根据他们关上的车门数量，可以判断出至少有 4 个人从车里走了出来。金属与金属之间的滑动声和棘轮的声响说明，他们从卡车支架上拿下了两张折叠铝梯子，然后将其展开并靠着屋檐支了起来。摩擦声说明，梯子正因一个负重男子的体重而产生弯曲。缓慢、沉重的脚步声移向屋脊，说明工人们正带着 20 多千克重的木瓦向上运动。一声响亮、干脆的撞击声，让我想到一位肌肉发达的大汉正猛然将另一位大汉摔在弹簧摔跤垫上。更轻柔、快捷的脚步说明，这位工人正在沿着梯子向下走，准备将另一捆东西带上去，送到屋顶上需要安装木瓦的地方，锤子正在那里叮当作响。一切就这样进行着。

在整个过程中，我从力的角度思考每一个行为。伴随着这些重复的声响，还有一个伙伴在默默放大这一效果。引力本身是一个无声无息但占主导地位的力，无一例外，梯子、锤子、木瓦以及人的重力都是引力赋予的。引力也是工人们的肌肉必须一直对抗的力。正是引力，随时都会让工人们和未曾固定的木瓦滑动，并沿着斜面向下移动。但在引力的作用下，木瓦捆也可以停留在它们被放置的地方，人也可以停留在他们站立的地方，因为木瓦的纹理和厚厚的鞋底牢牢地抓住了斜坡。

在一段安静的休息时间过后，真正的工作开始了，房子开始振荡。如果这些工人打算使用装着钉子弹匣的枪，我们或许就会听到"啪嗒嗒（暂停）-啪嗒嗒（暂停）"这样令人厌烦的连续不断的声音，其中的暂停仅仅是因为补瓦工人必须把另一块瓦片放置就位。即使是一位力的狂热爱好者，也很快便无法忍受这种"韵律"。

这些工人遵循的是传统作风。他们扎着的腰带上带有放工具的环，口袋里装满大头瓦楞钉，而且他们使用木把锤子，一次敲击一根钉子。要做到这一点，他们就必须在口袋中摸索，从杂乱的钉子里拿出几根，握住其中一根，让它尖端朝下地对准木瓦。这只需要几分之一秒即可完成，其余时间则用来挥动锤子砸钉子。

在州集会或者募捐活动中，像在我家屋顶工作的这些工人很可能会参与一种流行的技能或者娱乐活动。这些活动有一种形式，即要求人们以尽量少的敲击次数，用锤子把一根钉子砸进木头。它还有一个变种竞赛，即要求参与者在特定时间内打进尽量多的钉子。打进去的标准，是钉子顶盖碰到木板表面。这种竞赛活动会吸引许多人围观，因为每位竞争者的风格都略有不同，每个人都想看看，有哪位强人能够一锤就把钉子精准地敲进木头里。

由于在我们屋顶的工人不是几个机器人，所以每个人都以他自己的不同节奏工作，因此他们的工作不会完全同步。于是，锤子的响声永远不会是一成不变的"啪嗒嗒"，而可能是"啪－嗒嗒"或者是"嗒嗒－啪"，或者其他重复但并非千篇一律的声响。作为一名工程师，无论采用何种模式，这一工作过程都让我很感兴趣。这一过程是先由人体施加机械力，即人在举起沉重的锤子时对抗引力的控制，然后又利用引力，轻松自如地让锤子落下。

引力作用在生活里的体现

从我们诞生的那一刻起，地球母亲的引力就伴随着我们，诗人阿尔弗雷德·科恩（Alfred Corn）称之为"行星的安慰之拥"。我们可能没有意识到，这种无所不在的力如同一条令人安心的毛毯，让我们确信自己是世界的一部分、是宇宙的一部分，实际情况也确实如此。引力让我们蜷伏在父母的怀抱里，引力让我们的头躺在父母的手上。微风吹拂之间，引力帮助我们在树干间的吊床里摇曳。无论我们在成长的时候做些什么，引力总是与我们同在，帮助我们练习。**引力为我们选择正确的位置，同时教导我们、提醒我们、警**

告我们，让我们清醒地认识到成功之前会经历困难的残酷现实。正是引力激励我们飞翔，却又让我们脚踏实地。引力无所不在、无处不有，它既是忠实的朋友，也是善变的对手。

尽管我们小时候可能不明白，但正是大地的引力，让我们能够从桌子或者椅子上跳下来，并按照预定的位置着地。我觉得，引力是强有力的、寂静的、秘密的游戏伙伴，它不知疲倦地向上推着我的秋千，然后又拉着秋千沿着优美的弧线向下返回。引力间接地让我能够行走、奔跑或突然停下，因为它强大的力量可以把我抬起的脚向下拉回。引力让我免于像聚酯橡胶气球一样飘入更稀薄的梦幻空气中，就像航天员在太空行走时一再证明的那样。引力总是在我周围，帮助我在冬天享受雪橇，在夏天享受滑梯。

但引力的黑暗一面总是像个大恶霸一样隐藏在附近。我不再把这种力视为一种无忧无虑的自然现象，而是开始将其视为一位活生生的"铁血暴君"。它的拉扯会突然转为推搡，让我从墙上、篱笆上、柱子上、树上、攀爬架上摔下来，毫无怜悯地让我摔在坚实的大地上。引力似乎永远不知疲倦。无论我去哪里，它都会在一旁静候。当我爬上山岗或者围墙时，它会把我的整个身子拉下来，让我知道我并非孤身一人。当我从围墙顶上跳到另一面的地上时，它骑在我的肩上，让落地的感觉更为强烈。当我骑着自行车上下坡时，它总是和我一起骑行，因为我喜欢在上上下下崎岖盘旋的小路上的感觉，那里的速度随着高度和加速度的变化发生改变。当我拉着一辆货车上坡时，它隐身坐在车上，让车子变得比记忆中更重；当我坐上车下坡时，它跑到前面拉车，让车子越来越快。引力或许是一个看不见的朋友，但永远不是只存在于想象中的朋友。引力是真实的，永远都必须考虑到它。

当周围没人时，正是引力与我一起玩球。我可以把球高高地扔上天空，我知道它会让球在到达最高点后掉回来；而我最好做好准备，因为它的快球刁钻古怪，它的下沉球具有致命的威胁。在长成大男孩之后，我学会了沿着一个角度向上扔球，这时它就会像"镜像"一样把球向下传。如果抛球的角度与速度正确，我就可以跑过去把球接住。如果我判断错误或者接球失误，我经常怪罪引力，但我在心底知道，其实错误是我犯的。

当我向一面墙或者门廊投掷球时，接触点总是会传来一声响，告诉我球将会以它的方式向我反弹。这与将球直接向上抛向空中不同，向上抛出的球在达到最高点并开始返程向下时没有清楚地发出信息。所以，当以比较平直的轨道对着墙投球时，球身上发生了某种特殊的事情。声音是运动物体和静止表面之间的动态力造成的。这与一卷报纸掉到订阅者家中门廊地板上发出的声音类似，或者与掉在空荡荡的存钱罐中的硬币发出的声音类似。它们是物体之间相互作用的声音。它们是我们能够听到但无法感觉的力，我们无法准确地把握它们，因此无法完全理解或者完全控制它们。

也有一些我们可以在听到它们发出的声音之前就感觉到的力。第二次世界大战期间，当雨点般的 V2 火箭以超声速的速度落在伦敦时就是这种情况。美国小说家托马斯·平钦（Thomas Pynchon）称它们的轨道弧线为"引力彩虹"。这实际上是个错误命名，因为彩虹是阳光受到球状雨滴折射与反射形成的圆弧，它将白色光拆解为彩色光谱。受到引力作用的抛物体的路线不是圆形，而是抛物线形。

驯服引力的尝试

正是引力这一普遍力的"黑暗面"，让一位马萨诸塞州格洛斯特地区的第 10 代本地居民罗杰·沃德·巴布森（Roger Ward Babson）（见图 2-1）的想象力插上了翅膀。作为一个 19 世纪 90 年代在麻省理工学院学习的工科学

生，他成功地游说该院院长开设了一门名为"商业工程学"的课程，并及时
发表了他的非正统股票市场理论，将商业周期归因于牛顿第三运动定律，即
任何作用力都有一个与之大小相等、方向相反的反作用力。后来他将自己的
自传命名为《作用力与反作用力》（*Actions and Reactions*），巴布森相信，股
票市场的运动是引力的结果，上涨的股票必定会下跌。尽管这一有关股票市
场的观点十分奇特，巴布森还是正确地预言了 1929 年的股市大崩盘并因此
暴富，他也因远见卓识而成名。

图 2-1　巴布森

注：在麻省理工学院学习工程的
巴布森成了一位商业理论家，并
利用牛顿的作用力与反作用力大
小相等、方向相反的原理，预言
了 1929 年的股市大崩盘。20 年
后他建立了引力研究基金会，用
以促进开发反引力装置。

资料来源：Library of Congress, Prints
& Photographs Division, photograph by
Harris & Ewing, LC-H25-31581-B。

　　巴布森以某些异乎寻常的方式使用自己的金钱。在大萧条期间，他帮助
失业的芬兰石匠，资助他们在位于格洛斯特的狗镇公园附近的巨石上刻上如
"找份工作""不要举债""帮助母亲"一类激励人心的话语。这些镌刻着警
句的石头至今仍在巴布森巨石步道娱乐街及其附近。1940 年，巴布森作为

候选人竞选美国总统，结果排名第四，位居富兰克林·罗斯福、温德尔·威尔基（Wendell Willkie）和诺曼·托马斯（Norman Thomas）之后。

当巴布森的姐妹因游泳事故淹死时，他将这一悲剧归咎于引力，并认为引力"跳了出来，像一头恶龙一样抓住了她，带着她沉到水底"。当他的孙子于 1947 年遭遇类似的厄运时，巴布森"丧失了理智"。他把"引力"视为敌人而不是朋友，并将从骨折到飞机失事的一切罪过都归咎于引力。巴布森后来一心要做点什么来对抗引力，或者至少让人们不至于遭受它的伤害。这时，利润丰厚的巴布森报告公司（Babson Reports）的总裁乔治·M. 莱德奥特（George M. Rideout）提议建立一个基金会。1949 年，引力研究基金会成立，并很快发表了巴布森的宣言《引力，我们的头号敌人》（*Gravity—Our Enemy Number One*）。引力研究基金会开始为开发反引力技术的研究提供资金，并赞助了一次论文竞赛。

对于职业物理学家来说，驯服引力似乎与追求永动机和其他异类科学相差无几，所以他们没有投稿参加竞赛。后来，莱德奥特说服巴布森，将论文竞赛重新定向为更广泛的引力主题，这时，即使引力研究基金会遭受人们的嘲笑，但一等奖丰厚的 1 000 美元奖金也足以吸引斯坦利·德泽（Stanley Deser）和理查德·阿诺德（Richard Arnowitt）这样的青年研究人员，他们都是素负盛名的新泽西州普林斯顿高级研究院的成员，爱因斯坦加盟该院令其更广为人知。德泽与阿诺德两位博士后不怎么认真撰写的论文《高能核粒子与引力能》（*High-energy nuclear particles and gravitational energy*）出人意料地赢得了这次竞赛，这引起媒体争相报道，对此该研究院院长罗伯特·奥本海默（Robert Oppenheimer）十分不以为意。然而，当争议过去之后，许多著名科学家也接受了撰写获奖论文的挑战。随后的获奖者包括斯蒂芬·霍金（Stephen Hawking）、弗里曼·戴森（Freeman Dyson）以及其他著名物理学家，这让这个每年一度的竞赛声名远扬。巴布森于 1967 年去世，但在基金会的继任总裁小乔治·M. 莱德奥特（George M. Rideout Jr.）的领导下，这一论文竞赛仍旧是巴布森遗产的一部分。

尽管巴布森对找到使人免遭引力负面影响的方法的梦想已经破灭，但他并没有放弃向大学校园捐赠反引力提示纪念物。20 世纪 60 年代初，塔夫茨大学接受了一笔用于支持反引力研究的 5 000 美元款项，并在该校物理大楼旁设立了一座约 1.52 米高的粉红色花岗岩"引力纪念碑"。在这座形如墓碑的纪念碑上镌刻的字迹表明，它的用意是"让大学生们牢记，一旦科学明确了引力的本质、引力的运转原理以及如何控制引力之后，幸福就会来临"。这座纪念碑成为人们恶作剧的对象；它被捆绑了起来，以免飘走，而且有人不止一次故意掉进它前面挖掘的一座坟墓中，仿佛被引力拖入深渊。它也不止一次地得到重建，塔夫茨大学宇宙学研究所的博士毕业生还参加了一次模拟毕业典礼，在这一典礼上，他们跪在引力石碑前，让一位教授向他们头上丢下一只苹果，大概是想借此让他们铭记牛顿阐述的引力的真实存在。这一活动的盛行，压倒了巴布森的反引力梦想。2001 年，因为与雕塑家野口勇展出的一件艺术品有美学冲突，这座纪念碑被封存。科尔比学院、埃默里大学和明德学院也接受了这类纪念碑。

与引力和平共处

巴布森将引力视为一种自由能力来源的观点在本质上是正确的。正如英国诗人迪伦·托马斯将生命本身视为"通过绿色引信驱动花朵的力"一样，引力确实驱动了水力发电站中的涡轮发电机和海洋潮汐发电站中的发电机。巴布森或许在追求反引力机器方面过于极端。零引力实际上是一个幻想。宇宙是一个宏大的系统，其中每颗恒星、行星、卫星（无论是天然的还是人造的）、小行星、流星、彗星和太空垃圾，都是通过引力相互关联的。在行星和它们的卫星之间的引力或许强于在行星与最遥远的外太空物质之间的引力，但无论何等微弱，它们毕竟在相互吸引，它们是通过引力这个看不见的纽带相互联系的。

国际空间站每隔 1.5 小时便围绕地球旋转一周，但它并非不受引力影响。如果没有地球无时不在的拉力，空间站将沿切线方向飞入太空。"零引力"纯属用词不当，因为尽管引力仍然无情地把空间站及其一切附属物、仪器和航天员拉向我们的行星，但它（他）们围绕地球的轨道速度和与地球之间的距离（二者之间是相关的）相结合，产生了对抗引力的离心力。这种力有效地抵消了引力的作用，因此让航天员感到失重。工程师和科学家并不把空间站内的这种条件称为失重或者零引力，而是称为"微重力"。这是一个理想的环境，科学家可以在这种接近失重但仍有重力存在的特殊环境中进行实验。餐具这类东西在我们家里会乖乖地待在餐桌上不乱跑，但在空间站中则不同，除非用尼龙搭扣这类东西将其拴住，否则它们就会在航天舱中飘浮。航天员坐下来用餐时必须用脚环一类东西固定自己，否则他们也会飘浮起来。在地球上，只要把泡腾片药剂丢进一杯水里，它就会吱吱作响地溶解开来，但在微重力情况下就不同了，水不会待在玻璃杯里，未加固定的桌子也不会老老实实地留在原地。太空旅游者必须像地球上的新生儿学习在地球重力下生活那样，学习在微重力下生活。

第 3 章

磁力，童年玩具的回忆

电话的演进，与磁力的不期而遇

技术可以改变一个需要直接应用多种不同接触力的装置，电话就是一个绝佳的例子。在 20 世纪的许多年中人们一直在应用烛台式电话，使用它们通常需要两只手。在那个时代，很多电影中都有这样的场景：画面分成两部分，一位走来走去的男子对着手里拿着的基座讲话，同时用分开的耳机倾听对方的声音；而一位女子则在线路的另一端做同样的事情。最早的电话不需要拨号，只要将耳机从挂钩上拿起，一位真人接线员就会得到提醒，知道有人想要通话，这时她就会提出问题："请问您要的号码？"随着电话使用者的人数增加，这样的系统便不实用了，由此引入的拨号盘能让通话者自己连线。

20 世纪 20 年代，烛台式电话被一种看上去像蹲在桌面上的电话机取代，这种电话机将耳麦和扬声器整合在一个听筒里。因为只需用一只手拿着听

筒，另一只手便有了空闲，可以做笔记或者乱写乱画。就像亨利·福特的 T
型轿车一样，虽然桌面电话可以采用任何颜色，但当时的电话都是黑色的。
20 世纪 40 年代，贝尔系统①电话的外部是由它的制造伙伴西方电器公司生
产的，其间经过了亨利·德雷弗斯（Henry Dreyfuss）的重新设计，德雷弗
斯是新近兴起的工业设计行业的早期从业者。但这种装置的基本元素基本未
变，而且操作它仍然需要人力，即仍然需要一只手抓住电话机，另一只手
拨号。

第二次世界大战之后，电子技术革命不仅将电话的内部结构从电动机械
改为电子机械，而且通过使用固体态原件，人们可以用键盘代替转盘拨号，
并发明像公主电话②这样的紧凑型产品。拨号需要的力由转动力变为平移力。
触音（touchtone）这个术语强调了力与声音之间的联系。早期手机的大小相
当于克里奈克斯纸巾（Kleenex）盒，但它们最终缩小为翻盖式移动电话和
智能手机，还可以选择非触摸语音拨号功能。在智能手机上浏览互联网的操
作也出现了类似的变化，例如，以前在黑莓这类手机上必须点击机械键，现
在在 iPhone 这类手机上只需要点触屏幕上的图标即可。谷歌助手是一种互
联网操作方式，它既没有实际键盘，也没有虚拟键盘。人们再也不需要触摸
它了，因为它是按照声音指令工作的。

在所有这些涉及电话及其相关装置的形式和使用的革命性变革中，都有
一个不可或缺的因素，与在电动机、数据存储系统和其他科技奇迹中的情况
一样，磁体发挥着至关重要的作用。正是将声波传递给一台电话的话筒中的
膜片产生的不断变化的力，改变了耳麦的磁场，进而产生变化的电信号，最

---

① 贝尔本人创立的贝尔电话公司曾形成庞大的贝尔系统（Bell system），并垄断美国的电信
　事业达百年之久。——编者注
② 1959—1960 年，贝尔系统正式宣布推出"公主电话"（princess phone），从此，固定电
　话进入了少女们的闺房，成为她们的生活必需品。——编者注

后在通信接收端另一个磁体的帮助下，这些电信号被转换回声音。我们在使用这些装置时或许没有直接感觉到磁力，但在某些场合下可以直接感觉到它。

"狡猾的狗"

我小时候知道的唯一的电话，是一台固定在墙上的黑色德赖弗斯（Dreyfuss）。这是一个笨重的装置，更容易让人想到引力而不是电磁力。

对于小时候的我来说，吸引与排斥这对神秘的无名力体现在一对"狡猾的狗"（见图 3-1）上，它们是我在街角小店花几十美分购买的。这一对苏格兰小㹴犬的塑料微模型包装在盒子里。包装盒打开时，它们就像一个整体似的同时掉了出来，而且紧紧地连在一起，就像马戏团里的一对杂技演员。它们的前后腿锁在一起，就像无框轮胎一样绕着中心环滚动。我试图把这两只狗分开，但通过自己的手指、手腕和手臂，我感觉到了将它们结合在一起的大得惊人的力。开始时，把它们连在一起的力似乎难以克服，但接着，伴随着一种突然出现的类似挣脱皮带的感觉，我感觉到它们分开了。我抓着两条狗的后颈把玩着它们，时而让它们紧靠在一起，时而让它们远远地分开，感受它们之间的推力与拉力。我意识到自己必须紧紧地抓住这两只狗，否则其中之一甚至两只会突然从我手中跳出去。它们之间靠得越近，我就越不容易抓紧它们，而且如果让它们接近到某一点，它们就会跳到一起，再次锁定。尽管当时还是孩子，我也逐渐习惯了一切事物都会因为引力而下落，也会因为手指、拳头、带子和绳子的推与拉而向左、向右或者向任何方向运动，但在物体之间没有明显接触力作用的情况下，看到在水平表面上的运动则是完全不同的另一件事了。这种力或许会造成相互接触，但并非来自接触。

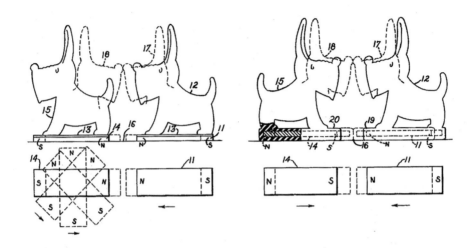

图 3-1 "狡猾的狗"

注：图解来自发明家沃尔特·布雷克（Walter Brake）1941 年的一个专利，这个专利与一种"有磁性的、新奇的"物品有关，这些图解释了两只装有条形磁体的塑料苏格兰小㹴犬之间的吸引力与排斥力。

资料来源：U.S. Patent No. 2,249,454。

当我得到这对"狡猾的狗"时，我发现我的玩伴们已经将其他的狗玩具训练得很好了，而我也想让我的狗取得同样的成功。事实上，每只 2.54 厘米高的小㹴犬都被安装在一个条形小磁体上，小磁体就是它一切行为背后的原动力。一只狗下面的磁体的北极在头下面，南极在尾巴下面，而另一只狗则与此相反。由于异性磁极相互吸引而同性磁极相互排斥，因此我们就可以把一只狗移动到另一只狗的附近而让力发生作用，从而让这两只狗要把戏。我知道，如果我把这两只狗放到光滑平坦的表面上，无论是油毡地板、胶木柜台还是玻璃桌面，我都可以通过移动一只狗，让另一只狗做出可以预测的反应。当它们相隔一段距离遥遥相对时，左右摇晃一只小㹴犬，便可以让另一只加以模仿，这种模仿不仅仅是跟着摇晃尾巴，而是整个身体都跟着摇晃。当一只狗在安全距离上做圆周运动时，另一只也会同步运动，好像它被链子拴在地上的一根桩子上，眼睛死盯着让它坐立不安的家伙。只要不破坏规则，这两只小狗就会小心翼翼地一起玩。但如果其中一只缓慢地潜行到另一只后面很近的地方，后者就会闪电般地转身，直面自己的对手，就像即将展开生死搏斗一样。

我学会了教这两只狗玩一些对我来说很新颖但对它们来说是老生常谈的把戏。我在幼童和耐心的成年观众面前经常表演的魔术之一，就是将一只狗放在一块硬纸板（就是那种新衬衣的包装袋里起到支撑作用的那种纸板）上面，将另一只狗倒挂在纸板的底部。

如果我能藏起通过操纵下面的狗来引导上面的狗的那只手，上面的狗看上去就好像自己在运动。如果能让观众喊出他们想要这只狗向哪里运动，然后看到它准确地服从命令，这个魔术会更有趣。

“狡猾的狗”背后的物理原理

1941 年，因为这个“有磁性的、新奇的”物品，通用电气公司的绘图员、印第安纳州发明家沃尔特·布雷克被颁发了一项美国专利，他向该公司转让了专利权。正是因为布雷克参与了广泛应用磁体的电子工业，他才敏锐地意识到磁体的工作原理，以及如何在一款孩子们可以用几十美分购买的玩具中利用磁体之间的相互作用。

根据专利内容可知，布雷克的发明旨在生产“用于娱乐的磁力玩具”和“带有魔幻或者神秘色彩的磁力新颖玩具，它们能在没有明显原因的情况下到处运动”。除了磁力驱动的小狸犬，布雷克还设想了其他好玩而且具有欺骗性运动能力的玩具。在专利中他还介绍了一只狗和一只猫组成的一对玩具，它们可以自然地面对面或者相互追逐。

　　磁力看起来像是超自然的，但对于像布雷克这样的发明家来说，它们具有极大的使用价值。为了让玩具中的这些力取得最吸引人的效果，布雷克专利的很大一部分用于描述他对于使用那些"永磁铁具有的相对高的吸引力"的偏爱，他指的永磁铁是磁场强度几倍于普通钢的磁体。布雷克指出，使用这样的磁铁，不仅可以减小磁铁的体积，而且能够"几乎无限期地保留它们的磁性"，这让它们成为在玩具中使用的理想材料，让这些玩具能够对孩子们有无穷的吸引力，另外，这种磁铁还可用于需要长期保持稳定性能的装置。

　　如果某人生活在布雷克之后半个世纪，他或许会选择用稀土材料（如钕或者钐）制造的磁体。稀土磁体的磁力明显强于铁磁体，有些能够提起重量高达其本身重量的 1 000 倍的物体，但稀土磁体非常脆且易受腐蚀。因此，对于某种特定应用来说，材料的选用可能并不容易。对于设计测量地球磁场的卫星这种复杂技术的工程师来说，选用材料的困难程度则会提高数百倍。那些小时候曾经玩过哪怕最简单的磁性玩具并对它们的行为方式进行过实验的工程师，在想象星际空间探测器在到达银河系的边缘并继续穿越宇宙的无垠空间会有何种表现时，将会具有明显的优势。

　　小时候，各种类型的磁体都让我神往。我知道有电磁铁的存在，它的磁场大小与金属芯周围缠绕着的金属丝上通过的电流相关，它能让门铃和电话铃鸣响，让收音机歌唱。但在大多数时候，我还是玩那些不需要电流操纵的磁体。我最珍视的一个藏品是一块双色蹄形磁铁，它的一半喷着红漆，另一半喷着蓝漆。我可以用它吸起一串串互不相连的纸夹，并把它们悬挂起来，它们就像一组荡秋千的杂技表演者。但在大多数时间里，我最喜欢的还是逗弄一对磁体，就像那两只苏格兰小猎犬，让它们相互逼近或者远离，感受它们之间的力随着距离变化的增大与减小，但两者之间力的变化并不是线性关系。

后来，我在高中物理学中学到，磁力、引力和其他物理现象都遵循平方反比定律，即两个物体之间的力与其距离平方的倒数成正比。我小时候对于变化的量化不那么好奇。磁体会吸引什么物质？我会轻轻地拿着一块磁体，移动它，让它越来越靠近一块钢制品，看我是否能够在它被吸走之前把它拉开，不让它被拉走，我确实很享受那种吸引力增加的感觉。我觉得磁力非常有触感，我也会控制两块距离非常近并且强烈地相互排斥的磁铁但不让它们接触，我很喜欢它们相互排斥、左右摇晃的感觉，这时两块磁体处于很不稳定的状态。最重要的是，我喜欢感觉那种我能够觉察但无法看到的真实的力。

事实上，我们无法看到任何力本身。当一只狡猾的小狗引起另一只小狗的运动时，我们观察的并不是它们之间的力，而是围绕着每一块磁体周围的那些看不见的磁场的影响。根据物理学知识，我们知道如何让这个磁场可见：只要在磁体上面铺上一张硬纸板，然后在纸板上撒上铁屑即可。这些铁屑将在纸板上揭示磁场的磁力线排列，沿着这些磁力线，每一粒铁屑的行为都如同微型磁体，像一根根排列有序的"胡须"。如果能够把那块主磁体移动得足够快，我们就可能让铁屑的绒毛如同正在飞行的一大群鸟那样改变方向。我们可以把地球本身视为一块庞大的磁体，周围有它自己的磁场，它能让指北针的指针通过指向磁北极揭示这一磁场，但要注意，磁北极的方向不同于正北方向，后者指的是地理上的北极方向。指北针的指针本身是一块小磁体。如果我们有办法将数以百万计的小指北针分散在整个地球上，它们的指针将通过与铁屑相同的表现方式，形成看得见的磁力线图。

我孩子的童年玩具

利用狡猾的狗、铁屑和指北针指针获得经验的年代是我的童年时期，它处于过去那个更为简单的时代。今天，孩子们在一个充斥着电子玩具、无线通信装置和计算机模拟的文化环境中成长。智能手机上有指北针应用软件，这样，当进入野外时，人们便没有必要携带一个我所说的真实的指北针。我们身处一个磁场、电场和电磁场的网络之中，这些场全都是不可见的，但也是真实的。我们时刻都在受到这些场的作用，但总的来说，这些场和利用它们制造的仪器会相互协调，让我们在当下这个时代的生活极为便利，且充满了神奇。

我的两个孩子分别出生于 1970 年之前与之后，这正是数字年代崭露头角的时候。这个时代最吸引人的玩具之一是费雪·普莱斯课桌。它是由带有小磁体的塑料字母组成的，这些塑料字母可以吸附在一个金属画架上并用来拼写单词。随着时间的流逝，玩具中的一些零件会损坏或丢失，这就会迫使孩子们想办法凑合着用。当他们的塑料字母越来越少的时候，我的孩子们经常做的一件事，就是把它们中的一些贴在冰箱门上，这样就不会弄丢。因为那些磁体只是压在每个柔软的字母背后的凹陷处，所以如果不是完全找不到，余下的磁体很容易放到其他的字母上。当然，没有磁体的字母完全无法贴在冰箱门上，而如果字母背后的磁体在凹陷处嵌入得太深，它在门上的吸力就比较弱，只要门被突然打开或者猛然关上，这些字母就很容易因为引力掉到地上，在这种情况下，引力似乎战胜了磁力。尽管有这些缺点，这些玩具还是教会了我的孩子们拼写，同时也让他们接受了一个事实，即东西是会坏的，而且这些玩具在发展他们对于力的感觉方面起到了很大的作用。

1978 年，德州仪器（Texas Instruments）将它的"说话与拼写"玩具投放至市场。这是一款突破性的玩具，它将一块集成电路板与语音同步器组合在一起。这种玩具可以说出一个单词，并让孩子用手指在键盘上点戳字母进行拼写，随后对应的字母会在显示器上亮起来，在拼写正确时会表示祝贺，错误时则会指出并给出正确的拼法。当键盘开始损坏时，我的儿子就用一根手指戳进空白处，手动按下藏起来的开关。他似乎直觉地知道，他在一个塑料键上施加的力会得到传递，从而激发下面的什么东西，而这件事现在可以通过他的手指的触动直接完成。他不仅发展了对于力的感觉，而且对于它造成某种效果的能力做出了判断。

生活中常见的磁力

玩耍促进了发现。**无论引力还是磁力都不需要实际接触即可发挥作用，这一事实让它们显得神秘莫测，也更加引人深思：引力和磁力，究竟哪一个更强？** 尽管某位久已不玩儿童游戏的家长无法回答这个问题，但在厨房桌子上，用回形针和冰箱磁体进行简单演示，便可以让我们找到答案："需要依照情况而定。"只要回形针上方的那块磁体距离它足够远，引力就会让回形针待在桌子上一动不动，这说明，磁体的吸力弱于引力。但当磁体慢慢向下接近回形针时，后者会突然向上跳起并附着在磁体上，这表明，至少在这种情况下，磁力强于引力。

在较大的范围内，非常强大的电磁铁产生的力是超回路技术的核心，这一概念是由美国火箭工程师罗伯特·戈达德（Robert Goddard）在一个多世纪之前首创的，最近这个概念得到了企业家埃隆·马斯克与理查德·布兰森（Richard Branson）的倡导。借助磁悬浮效应，超回路技术展示了超声速陆地旅行的前景，而磁悬浮正是利用磁体对于火车的排斥从而让其从铁轨上悬空的，这一现象无疑会让巴布森感到兴奋。在令超回路车辆不与隧道壁接触方面，磁斥力也得到了应用，它消除了损耗能量的摩擦与刮擦接触力。2020

年底，布兰森的维珍超回路公司（Virgin Hyperloop）成为第一家展出有人类乘客乘坐的可工作原型机的公司。参与测试的乘客发现，这次速度达到每小时 160 千米以上的 488 米的"旅行"要比乘坐飞机更加平稳。

在我们的日常生活中，绝大多数力并不会通过稀薄的空气发生作用，只有当一个物体与另一个物体实际接触时，力才会表现出来。在厨房桌子实验中，桌子与回形针之间有一个接触力，它让回形针保持原位，这个力等于回形针的重力。类似地，在磁体和将其高高举起的手指间也有一个力，这个力等于磁体的重力。与此同时，回形针以一个力压迫桌子，这就是它的重力；同样，磁体的重力向下拉着拿着它的手。对于一个工程师，他会把桌子、回形针和磁体这一组事物视为一个系统，其中几对力相互抵消，包括作用在磁体和回形针上的那些力。但是，无论是桌子的重力还是磁体的重力都没有与系统内的任何力成对，这就意味着，必定存在着系统外部的力，它们让一切事物保持原位。这些力是地板对每个桌腿施加的向上的推力和手对磁铁施加的向上的力，这两个力都被视为系统外部的力。

这些力我们全都看不见也听不到，但它们相互作用的结果表现得很清楚。当忙碌于自己的日常生活时，我们没有必要看到、听到、感觉到或者考虑这些力，但当我们想要推动桌子来改变它在地板上的位置时，就需要考虑由此产生的不同的力的情况了。

第 4 章

摩擦力，跑鞋与冰刀

生活中无处不在的摩擦力

昨天夜里我睡得很好，部分得益于引力。我梦到自己好像在太空中飘浮，但身体还是被牢牢地固定在地球上。我在床上躺了一会儿，思考着力将在我预计会是平凡的一天中扮演什么角色。没有发现任何异常，我坐了起来，两条腿跨越到床边，双脚踏踏实实地踩上了地板，这让我想起，每一种主动的作用力（这一次是我的脚向下推地板），都会存在一个相等且相反的反作用力（即地板向上反抗我的脚的推力），如果情况不是这样，那么我或许会穿过地板坠落，或者受到地板的推动，飞向卧室的天花板，具体的运动方向取决于地板的力更大还是脚的力更大。如果我回归梦乡，也许我会想象自己在房间各处飘浮，就像马克·查格尔（Marc Chagall）的油画中的人们那样，因为画中不存在引力的作用。

　　我用脚摸索着找到床边的那双拖鞋。我的脚似乎一下子就塞了进去，这个动作其实也全靠力的作用。如果脚伸进去的动作过分轻柔或者过分用力，就可能让鞋子偏离正确的方向，或者被推到脚够不到的地方。为了最有效地穿上鞋子，我必须让脚同时在鞋内底上向前和向下移动，而且用力刚好合适。刚好合适取决于许多因素，其中包括制作拖鞋各部分的材料；我的光脚上是否有汗，是否肿胀或者结了茧子；还有拖鞋放置位置的地面状况，以及我将穿着拖鞋行走的地面状况。

　　让我的脚塞进拖鞋这个动作成为可能，却又导致过程有点麻烦的这个机械力叫作摩擦力。从微观的角度，我们可以这样想象摩擦力，即物体的表面形状多种多样，有的像帕卢斯的起伏群山，有的像落基山脉犬牙交错的山峰，当一个物体表面的高点与另一个物体表面的低洼处相互啮合时，两个表面之间的相对运动会受到阻碍，就像高尔夫球手的鞋钉被插入发球区一样。这种阻碍的持续时间取决于接触表面的性质，具体来说就是这些高点和低洼处的形状、它们的啮合方式以及它们在相互滑动时施加的力。

　　摩擦力是一种短暂且难以捉摸的力，因为它只有一个作为先决条件的力和一个潜在条件同时存在时才会出现。作为先决条件但并非充分条件的力，是两个物体之间的接触力，例如，这两个物体可以是我的一只脚和一只拖鞋的内底。潜在条件是物体具有相互运动的趋势，在上述情况下就是我正在把自己的脚塞进拖鞋里。为了走路，我的拖鞋和地板必须分开，此时摩擦力必定会出现。而正是拖鞋鞋底和地板之间的水平摩擦力，让我的行走成为可能。

　　当我站起来时，每只脚大约各自承受我一半的体重。如果我为了走路抬起一只脚，那么另一只脚将独自承受我的全部体重（至少暂时承受）。正如法拉第在他演讲时必须做的那样，我也必须调整我的身体来补偿这种不平衡的支撑方式，以免向一侧摔倒，而如果我不能在短时间内将抬起的脚在身体前侧放下，从而在向前移动另一只脚之前将我的体重转移到这只脚上，我就很有可能摔倒。通过交替做出这些动作，可以形成一种走路的步态，而推动我前进的力就是作用在拖鞋鞋底上的摩擦力，因为那里是我与静止地面唯一接触的地方。这个摩擦力也在一只脚向前迈进的时候帮助另一只脚保持位置。如果没有摩擦力，迈出一只脚就会让另一只脚向后滑，这就是动量守恒，该原理也是步枪击发时有后坐力的原因。当我迈出的脚向下踩在地上时，我的体重转移到了这只脚上，这就产生了摩擦力，它让这只脚不会滑动。一旦这只脚踩上了地面，我就可以迈出另一只脚，重复这种做法，我就可以走下去。除非地板非常滑，否则我就可以相当快地移动我的脚，因此，我们几乎无法分辨那些非常熟悉的接触力与摩擦力，甚至不会去注意它们。

最大摩擦力的大小既取决于我用多大的劲踩地板，又取决于我的体重和我走路时下脚的轻重。摩擦力也取决于接触表面的状况，以及打破其中一个表面对另一个表面的控制所需的力。这个力总是我们在所有表面上的压力的一个分数，因为它会影响高处与低处之间啮合的效率。工程师称这个分数为相交表面的摩擦系数。用于制造拖鞋鞋底的材料五花八门，皮革、橡胶……而地板的材料也是如此，硬木、地毯……每一种不同的材料组合，比如皮革与木头、橡胶与地毯，都可以形成不同的摩擦力强度，而每一对接触表面都有与之结合的特定的摩擦系数。如果摩擦系数等于 0.6，则人的拖鞋与地板之间的最大摩擦力可以达到压迫地板的压力的 60%。如果一个 45 千克重的人站立不动，这时的摩擦力为零，因为他没有做出任何努力来打破表面之间的结合。但当此人用腿部肌肉抬起了一只脚开始走路时，在另一只脚上的拖鞋最多可以形成 270 牛的驱动力。[①] 这个力是推力，它推动走路者运动。

---

① 将重力加速度取为 10 米²/秒，则此时摩擦力为 $f=umg=0.6\times45\times10=270$（牛）。——编者注

走路时，我们的脚掌和地板之间的接触的性质与我们站立不动时有所不同。首先，除非我们正在快速地跺地板，否则在我们的拖鞋和地板之间的压力需要一定的时间才能达到最大值，这就意味着，摩擦力也需要时间达到最大值。与此同时，除非我们对腿部肌肉具有异乎寻常的控制，否则，每当我们迈出一步，我们的脚就不可能完全不在地板上向前滑动。一旦表面之间发生了滑动，与压力相关的摩擦比例将显著下降。从技术上说，摩擦系数将由静态数值变为动态数值。这就解释了为什么当我们站在潮湿的地板上时会觉得很稳定，但在它上面行走时会觉得稳定程度下降。事实上，在潮湿的地板上行走时，哪怕我们没有真的滑倒，也会觉得差不多就要滑倒了。如果水结了冰，就会出现一个非常滑溜的表面，因为鞋和冰之间的摩擦系数大约为0.2。这就是人们把沙子、煤渣和猫砂撒在结了冰的人行道上的原因，它们能够增加摩擦，让人更加安全地通过。

减小摩擦力在生活中的作用

在有些情况下我们希望减小摩擦力。试想一个 45 千克重的运货板条箱，我们希望推着它滑过一条绝对水平的仓库地板。如果箱底和地板之间的摩擦系数是 0.5，那么它们之间会产生最高为 225 牛的摩擦力。[1] 在我们开始推的时候，摩擦力会一直等于我们的推力，这时板条箱纹丝不动，直到我们用上225 牛的力时它才会动。一旦我们突破了这个障碍，箱子将开始滑动，并发出噪声，同时沿着地板滑行。我们将会清楚地感觉到箱子的滑行并且听到声音，同时，让箱子保持运动所需的力将显著小于让它开始运动的力。在滑动表面之间的摩擦系数永远小于静摩擦系数。当爬山过程中突然感到自己的脚

---

[1] 将重力加速度取为 10 米 ^{2}/ 秒，则此时摩擦力为 $f=umg=0.5\times45\times10=225$（牛）。——编者注

打滑时，我们也会体验到静摩擦力与动摩擦力的不同。这种状况发生在帮助我们在山坡上前进的静摩擦力达到最大值，而较小的动摩擦力不足以将我们固定于原处的时候。在意大利的威尼斯，这种情况会发生在宪法大桥上。这是一座由建筑工程师圣地亚哥·卡拉特拉瓦（Santiago Calatrava）设计的玻璃桥面拱桥。一位在桥上行走的旅游者曾表达了他的震惊，因为他感到"凉鞋在玻璃上滑动"竟然如此容易。因为在桥面上滑倒的人实在太多了，人们只好把那些透明的玻璃板换成了粗面岩材料，也就是在威尼斯的街道上铺设的那种本地石料。

只要有像水或者油这样的液体存在，它就能够填充在一个表面的低洼处，从而让表面在某种程度上变得光滑一些。当洗澡或者冲澡时，我们的手脚自然会变得湿润，所以也就更容易在瓷砖墙和地板上滑动或者打滑。每个人手指、手掌和脚趾上的隆起都有些许不同，它们形成的花纹会产生特有的印迹，可以用来鉴定我们的身份。然而，皮肤的形貌确实会随着年龄趋于平滑，这种衰退过程会因皮炎、化学疗法和其他因素而加速。尽管具有犯罪倾向的人也许会希望他的指纹通过这种自然变化消失，但我们中大多数人都不会有这样的想法。我发现当手指变得光滑时，相互摩擦的手指之间的滑动会越来越容易。这让我没法再打响指了，就是那种让两根手指从静态构型向动态构型转变的同时发出一声脆响的动作。这也让我用拇指和食指夹住小东西并且拿起来的动作变得越来越困难。当我捻动一根手指翻书页时，手指会在光滑的纸面上滑开。

在澡盆或游泳池里浸泡之后，正常指尖的不规则表面确实会变得更加明显，但最终它们会恢复原状，变得不那么明显。在有些情况下，我们情愿让手指更潮湿而不是更干燥。因此，有些人形成了在用手指捻动书页一角翻页前先舔一下手指的习惯。在干燥纸张上的潮湿手指产生的摩擦力大于有光滑表面的干燥手指。出于同样的原因，手动清点大批纸币的银行收款员会利用保湿垫让指尖湿润，或者戴上能够增加手指与纸张之间的摩擦系数的橡胶指套，这样就会产生有效的摩擦力。另一种方法是，收款员或读者更加用力地压迫纸币或者书页，但这也增加了相邻纸张之间的摩擦力，因为这有可能把它们压在一起。有效地完成一项任务总是与使用大小合适的力有关。

神奇的手指陷阱

尽管涉及接触的一切行为最终都是推与拉这两种力的组合，但它们会以令人困惑的组合出现，这些组合很不容易解释或者说明原因。思考一下手指陷阱（见图 4-1），我第一次遇到这种手指陷阱，是一位喜欢恶作剧的家伙递给我一根竹子表皮编织管的时候，那根管子直径约 2 厘米，长约 10 厘米。他告诉我怎样把两根食指从相反的方向塞进开放的管子两端。我感到手指在管子的内壁上擦过，当指尖到达这个装置的中间位置时互相顶住了。接着他让我把手指拔出来，我开始照做，但我还没有让手指分开多远，那根管子就同时变得更长、更细。我越是使劲往外拉，管子就把我的手指夹得越紧，摩擦力让手指无法从"监狱"中逃脱。就这样，我的两根手指陷入了一场自己与自己较量的拔河比赛。这种窘况让我越来越沮丧，我不再尝试"越狱"了，而是放松了手，让手指再次在管子里靠近，这时管子不再受到拉伸，也就不再往回拉手指了。管子变短了一点，直径也变得足够大，让我能够慢慢地把手指抽出来。换言之，逃离手指陷阱的窍门就是别用蛮力。

在典型的手指陷阱中，人们使用两种不同颜色的竹条，分别按照顺时针方向和逆时针方向缠绕着编织成一根管子，竹条形成的好看的花纹很明显地展现出构造的性质，这可以帮助一位"囚徒"看清它对于施加在自己身上的力的反应。竹条很容易弯曲，易于编织，却像钢一样坚韧，不易拉伸。当"囚徒"采取行动把手指往外拉的时候，每一根竹条自然也被拉动了，但因为它们本身难以伸长，所以管子必须找到另一种不同的方式与手指之间越来越长的距离相匹配。它是通过增加纵向长度的方式做到这一点的，即让每一根竹条沿着进入的手指的方向伸展，而这样做的同时必定会让整根管子的直径缩小，所以竹条就用更大的力压紧了手指并利用摩擦力把手指缠住了。

图 4-1　手指陷阱

注：这是一根用竹条呈螺旋形编织而成的管子，我们可以轻松地把两根食指从管子开放的两端塞进去，但是用越来越大的力把手指拉出来的做法并不明智，因为这会让管子同时变细变长，更牢固地让手指陷在管内无法拔出。

增大摩擦力给生活带来的好处

为重新对齐脱臼的大拇指骨而设计的医疗装置也运用了同样的力学原理。我们可以把这种装置设想为一对在关节上接触的没有对齐的手指。它的工作原理是：病人将受伤的拇指塞进一个编织而成的袖管的开口，袖管的另一端牢固地固定在一个无法移动的物体上。当病人尝试将受伤的拇指从袖管中拉出来的时候，袖管变紧，握力增加，压紧分离的骨头周围的皮肤，形成足够大的摩擦力，拉动拇指关节，直到它猛然回到正确的位置上，这就重新对准了脱臼的骨头。这是治疗伤痛的一种独出心裁的非侵入性方法，这种方法需要的只不过是病人对于能够起作用的力的理解。

走路的时候，每当我一只脚踩在路上时，力总是成对出现。可以将脚向下推动地面的力视为作用力，将地面向上反推的力视为反作用力。我们也可以类似地分析一个弹起的球。这种情况引起了德国工程师、物理学家赫兹的注意，他早期对电磁波领域颇有兴趣并在该领域取得了成就。后来，在他短暂的职业生涯中（他 36 岁便去世了），赫兹在理解与相互压迫的弹性物体相关的力的强度方面做出了重大贡献。人们称这些力为赫兹接触应力。赫兹认为，作用力与反作用力是"相互"的，而且"我们可以任意将其中一种视为作用力或者反作用力"。然而，因为我们是通过人类的视角观察世界的，所以在世界舞台上发生的大多数场景中，我们会很自然地将自己视为主角。当然，如果遭遇类似陨石这样的袭击，我们很难否认，它是主动的作用者，而不是被动的反作用者。

在不存在陨石的情况下，如果在沙质海滩或者潮湿的原野上行走，我们会在上面留下肉眼可见的脚印，这些浅坑能够证实，脚在地面上作用的力是真实的，它们有足够的强度，能够在地面留下痕迹。冬天的一场雪过后，我们可以追踪住在附近林子里的动物的痕迹，它们的前后爪子留下的痕迹是力在其中产生作用的记录。痕迹之间的间隔说明这个动物是在走还是跑。足迹化石或许能够记录一种已灭绝的物种留下的痕迹。如果脚踩在地面上的力小于地面的承受限度，地面在反推之前没有"让步"，那么所有这些记录都不会存在。

我们运动得越快，脚和身体的其他部分感受到的冲击力就越大，因为通过运动施加的力带有强化因素，工程师称其为动态效应。我们可以通过横跨一条沟上的一块木板演示这一点。如果我们慢慢地在木板上走过，木板将在我们体重的作用下弯曲，或许还会咯吱作响；如果木板足够结实，我们将能够安全地到达对面。然而，如果我们以沉重的步伐走上去，或者走到木板中央蹦蹦跳跳，它就很可能会产生裂缝甚至折断。同样数量的物质可以产生不同的力和效果，这取决于这种物质作用的快慢，以及与作用物体关联的加速度。与缓慢移动的力相比，快速移动的力显然会造成更大的破坏。

这就是为什么我们在走过一片冰封的池塘时要轻轻地、慢慢地走。当感到摩擦不足时，我们往往会更加谨慎，比如迈出的步子比较小，并且比平时更加小心翼翼地放下脚掌。

还有许多日常活动取决于摩擦力。**正如生活中的许多事情一样，摩擦力的重要性在它不存在时体现得更明显。**铅笔在光滑的纸面上不易写字，因为此时笔尖和纸面之间的摩擦力很小甚至没有，这就不存在有效的高峰或低谷来侵蚀并抓住石墨粉末，以把它变成留在纸上的字迹。写错字的时候，我们伸手去拿一块橡皮，当橡皮在错误的字迹上交替进行推与拉的动作时，便可以产生足够的摩擦力，对石墨粉末施加推与拉的作用力，将它们从纸的缝隙中排挤出去。更用力地使用橡皮会产生更大的摩擦力，能够更快地清除错误，但这样的推力也可能影响纸张本身，甚至达到让纸张撕裂的程度。要有效地使用橡皮，就需要把力控制在合理的范围。

圆珠笔往往会在粗糙些的纸上写得更好，因为接触点是在纸上滚动而不是滑动。要让任何圆形物体真正地滚动，在该物体和与它接触的表面之间就必须有足够的摩擦力，滚动意味着在接触面上不存在滑动。

汽车轮胎在雪地里和冰上空转的原因与此完全相同，即因为没有足够大的摩擦力，无法将轮胎抬起，更无法越过它陷入的哪怕非常小的凹陷的边缘。除非摩擦力足以克服打滑与滑动，否则，任何圆的物体，无论是轮胎或者油漆滚轮或者圆珠笔芯，都无法真正地滚动。和走路一样，接触表面之间必须有某种程度的粗糙，摩擦力才能较好地发挥作用。

跑鞋中的摩擦力原理

现在让我们重新考虑走路问题。在干燥的人行道上穿着皮底鞋的效果优于光脚在釉面砖上走路。船用鞋的鞋底是带有纹理的橡胶，能够完美地保证鞋底和木质船甲板之间具有比较大的摩擦系数，哪怕是在甲板潮湿的时候。篮球运动员鞋子的设计，利用了作用在橡胶鞋底上的摩擦力，从而让他们能在急转身、高速突破和急停时运动自如。在做出这些动作时，运动员经常会体验到运动鞋和场地之间某种程度的打滑，这通常表现为伴随着竞争性比赛出现的"吱吱"的摩擦声。但鞋底与地板之间的摩擦力过大也可能会有危险，这会让运动员被自己的脚绊倒。

四条腿动物的行走方式自然与人类不同，但经历的力却大同小异。一只猫的探险故事更加说明了摩擦力对于任何运动型生物行走的重要性。霍莉是一只习惯住在室内的 4 岁玳瑁猫。某年 11 月，她的主人开着休闲旅游车，带着她去佛罗里达州的代托纳海滩参加聚会，那里距离他们在西棕榈海滩的家大约 320 千米。一天晚上，霍莉在房车营地里游荡，代托纳高速公路附近停放着 3 000 辆看上去差不多的露营车，霍莉显然在那里迷了路。而当时正在进行的一次焰火表演更让霍莉迷惑。她的主人在附近徘徊，找了她两个星期，但最后只好放弃了搜索，在没找到她的情况下回家了。两个月后，这只瘦弱、脱水的宠物猫回到了西棕榈地区，那里的一位兽医读到了镶嵌在她身上说明其主人身份的微型芯片，他们欣喜地迎接她归来。

目前暂无法科学解释为什么像霍莉这样的猫能够找回家。但有一件事可以确定，那就是霍莉走了很多路才回到了家。到家时，她的爪垫在出血，爪子被磨得凹凸不平。她的前爪还和过去一样锋利，但后爪已经被"磨平"了。这一点可以很容易地通过猫在走路时驱动自己向前运动的方式解释，猫用后脚推动前进，前脚则用于保持平衡。霍莉的后爪磨损程度说明，她曾在公路路面或者其他坚硬表面上长距离行走，这就像指甲锉刀磨平指甲一样磨平了她的爪子，造成这一后果的就是摩擦力。当猫用爪子利用摩擦力向后推时，来自地面的反作用力作用在爪子上，所以猫每走一步爪子就会被磨短一点。当然，在光滑程度达到完美的表面上，这种情况不会发生，在草地上也不会发生，但在霍莉回家途中可能走过的州际高速公路的路肩上、混凝土人行道和砾石小路上是可以发生的。当我们人类在这样的表面上行走时，脚通常有鞋子保护，鞋底和鞋跟也会因类似的原因被磨短。

第5章

失控的力，共振与打滑

生活中的共振

　　游乐园中，一架秋千前后运动的频率与是否有孩子站在上面或者他的体重是多少无关；一位催眠师的怀表的频率也与几点钟无关。这种现象与牛顿第二运动定律有关，其中的规律是任何单摆的振荡频率仅仅取决于它的长度和当地的重力。如果这位催眠师身处月球，他的怀表前后振荡的频率只有在地球上的40%。**任何物质系统，无论简单还是复杂，都有一个固有频率，在自由运动的时候系统将依照这个频率振荡。**这对拴在一条金链子一端的老古董怀表、一个没有人坐着的摇摇椅或者一把音叉来说都是成立的。一列声波可以由多种频率组成，它们与鼓面、木琴的木条、钟的本体和其他任何别的乐器发出的振动相关。有些模式的振动可以很容易被看到，比如当风吹动了电话线、松树或者特别易于弯曲的桥梁时发生的那些振动。

我们会在一些熟悉的环境下站立、行走、奔跑或者跳跃，这时我们或许不会过多考虑自己的身体表现。做出这些动作对我们来说已经得心应手，我们可以在做这些动作的同时思考其他的运动方式，如跳舞、做体操、游泳或练武术。但在设计桥梁时，如果工程师对它的固有频率和使用桥梁的人会如何与它互动考虑不足，桥梁使用者可能会有潜在危险，工程师的声誉也会受到影响。

正在齐步行走的士兵们发出的节奏声提醒人们注意，他们整齐划一的步伐会对他们踩踏的表面产生一个加强的力。如果他们的节奏与桥的固有频率一致，桥就有可能崩塌。这种情况在历史上曾发生过，因此，因其在人群压力下摇晃的方式而享有"颤抖的女子"（Trembling Lady）绰号的伦敦阿尔伯特桥上，至今还矗立着一个标牌，提醒部队在过桥时用便步走过。出于类似的原因，当布鲁克林大桥在建时，在桥面上桥塔之间的步行小道上悬挂了一块警示牌，提醒工人和来访者不要"奔跑、跳跃或者小跑"。这座桥的总工程师华盛顿·罗布林（Washington Roebling）的父亲是约翰·罗布林（John Roebling），后者曾在构想布鲁克林桥之前成功地设计与建筑了几座悬索桥。华盛顿从父亲那里学到了许多有关力和运动方面的知识，他也在桥上挂上了"不得齐步走！"的正式警告。

伦敦千禧桥（见图 5-1）是由奥雅纳工程公司、福斯特建筑事务所和雕塑家安东尼·卡罗（Anthony Caro）组成的委员会设计的。这是一座人行便桥，连接着具有历史意义的圣保罗大教堂和位于横跨泰晤士河的原河岸电站旧址上的泰特现代美术馆。这些建筑师和雕塑家强调了这座人行便桥的美学价值。正是由于这种对于美学的强调，这座悬挂得很低的悬索桥非常引人注目，而参与建设的工程师会更加警惕任何不寻常的力量，它们可能会对这座别具风格的桥造成威胁。

图 5-1　伦敦千禧桥

注：行人可以在桥上横跨泰晤士河，在圣保罗大教堂和泰特现代美术馆之间步行往
返；但当与脚步相关的力让它过分摇晃时，就不得不关闭它。

资料来源：© Daniel Imade/ARUP。

在设计千禧桥时，工程师特别留意了一个重要的问题，那就是人们步行
或奔跑时造成的上下振动的频率不能与结构的固有频率相同。如果相同，桥
面将随着脚步一起上下起伏，桥的运动幅度可能会逐渐增加，造成危险。

但工程师未加考虑的是，我们在走路时不仅用脚向下、向后推，而且当
抬起一只脚并用另一只脚支撑身体时，为了保持平衡，我们的脚也会向侧面
推。在速度滑冰运动中这种侧向运动被更夸张地表现出来，因为滑冰运动员
会沿着与前进方向构成很大角度的方向推动冰刀，并以极大的弧度摇摆他们

下垂的手臂来保持平衡。在正常情况下，鞋子在桥面上隐约的侧向推动产生的效果很小，但对于伦敦千禧桥，这座如同单摆一样悬挂着的人行便道，行人的侧向推动会产生巨大的影响，因为它的侧向运动的固有频率恰巧与步行者在它的桥面上施加侧向力的频率非常接近。当这座桥开始左右摇摆时，哪怕幅度很小，桥上的步行者也会感觉到，并下意识地开始与这种摇摆同步运动。这就进一步增加了他们施加在桥面上的侧向力，从而导致更多人本能地与这种运动同步，他们的动作产生了一个集体的推力，使桥摇晃得更厉害。迈克尔·麦卡恩（Michael McCann）是一位对动态系统特别有兴趣的工程师，有一次发生这种情况时他刚好在这座桥上，他认为："人们并不是有意识地齐步走，而是在尽力保持平衡。"他把这次经历比作"在一条颠簸的船上前后行走"。

推在秋千上的孩子时，家长也利用了同样的道理，他们会有意识地把握时间，每一次推动都符合秋千的固有频率。伦敦千禧桥的工程师显然没有想到，他们设计的桥梁的侧向运动固有频率，竟然在无意间过于接近行人对桥施加侧向力的频率。桥的共振现象震惊了所有人，为了保证公众安全，它在共振时会被立即关闭，伦敦本地人和旅游者都不得上桥。

工程师对这座出现问题的桥做了实验，然后重新对桥进行了设计，通过加装支撑结构改变了它的固有频率。对于结构的这一变更必然会影响原始设计的优美线条，虽然这种变化基本上只有在桥下通过的船上的人才能看见，不过，美学确实要在保证安全的基础上体现。桥上也装上了减振装置，它们的作用类似于汽车的减振器，即能够控制不需要的运动。这些装置中有一些很容易在修改过的结构中看到，但考虑到"老摇摆"（Old Wobbly，英国人给这座颤抖的桥起的外号）在公众面前的尴尬，这种改变没有遭到实质性的反对。

可怕的打滑

工程师最希望避免的，就是有人在摇晃的桥上因为失去平衡摔倒而受伤。即使脚下的道路没有移动，但在不平坦、有坡度的表面上行走时，我们也会感到不舒服。我的一位女邻居 70 多岁了，她曾在刚刚跨上一段人行道时被绊了一下，因为那里的路下面有树根，这导致那一段人行道比前一段高一些。她用手支地避免摔倒，结果弄伤了手腕。当然，因摔倒而骨折不算什么新鲜事。1638 年，伽利略在他的《关于两门新科学的对话》中略带夸张地问：“有谁会不知道，一匹马从三四腕尺高的地方落下来会摔断骨头，而一只狗从同样的高度落下来，或者一只猫从八到十腕尺的高度落下来却会毫发无伤？同样不会受伤的，是从塔顶落下来的蚱蜢或者从月亮上掉下来的蚂蚁。”

一个腕尺就是前臂的长度，沿着我的胳膊，从手肘到最远的指尖的距离大约为 50 厘米。伽利略的话听起来当然没毛病，一匹马确实比一只猫更容易摔断腿，哪怕猫掉下来的地方比马高两倍。当然，这一文艺复兴时期的真理，到了今天依然成立。引力没有变，骨头的强度也不会在这段时间内发生显著变化。但伽利略没有提到的是，所有生物都有一种本能，即使在较低的高度也会尽量避免摔倒。

动物们知道，它们站着往下跳的位置越高，落地时的冲击就越大。我们的橙色虎斑猫叫泰德，它喜欢在厨房里的分层柜子周围游荡，而且特别喜欢从最低的一层向下跳到地板上。它更愿意在软地毯上着地，而不是在地砖或者硬木地板上着地。这倒不是因为它担心摔断腿，而是因为它曾从高得多的地方直接跳到地板上，特别是当它遭到我们的另一只猫利昂的恐吓或者追逐而不得不逃离它所在的地方的时候。利昂是一只双色猫。我认为泰德更喜欢从比较低的高度往下跳，因为这让它在落地时感到的冲击力比较小。换言之，在其他条件都相同的情况下，它希望避免不舒服的感觉。人也一样，我们不会从一张折叠梯子的顶端跳下来，而是情愿一步步走下来；体操运动员一般会从器械上跳到柔软的垫子上。和猫一样，我们在面对可能带来疼痛和伤害的比较大的力时，会采取谨慎和理智的行动。

如同体操运动员纹丝不动地落地那样，直接在地毯或者垫子上落地意味着在垫子和脚之间会有一个绝对垂直的力。这时不会有水平力存在，垫子不会沿着地板移动。但当我们的猫向下跳到一段距离外的一块小地毯上时，它们往往是沿着一个角度着地的，因此伴有爪子和地毯的绒毛之间的摩擦力，它会让地毯略有滑动，甚至可能弄出褶皱。人类也有同样的情况，当从裸露的地板走上一块小地毯时，我们施加的作用力会向前推动地毯，也可能把它弄得有点凌乱。要想避免这一点，我们可以把小地毯放在一个软垫或者类似的防滑装置上，这就会增大地毯与地板之间的摩擦力，让它保持原位。然而，一块地毯软垫提高了地毯的高度，这会让我们有被绊倒的危险。而且，如果软垫材料碎成粉末，它就失效了。在权衡利弊之后，我和凯瑟琳不再在我们的房子里使用地毯软垫。因此，这一块小地毯的位置和状况能够告诉我们许多有关作用在它上面的力的情况。

离奇的地毯偏移事件

几年前，我每天早上都会发现，在我的书房和最近的浴室之间都会有一小段地毯变得歪歪斜斜的。我在一段时间内对此迷惑不解，因为我每天晚上上床前都会把它整理得整整齐齐的。是谁在夜里挪动了它？我知道，每当白天我在地毯上走过时都会让它微微转动一下，因为通往书房的走廊和通往浴室的走廊形成了一个直角，而在通过这一小段路走进浴室时，我必须向左大转弯。考虑到我的鞋子和地毯之间的摩擦力大于地毯和地板之间的摩擦力，我向地毯施加了一个逆时针方向的扭转力。你可能会认为，当我从浴室返回书房时，会施加一个顺时针方向的扭转力，以抵消之前施加的逆时针扭转力，但地毯上绒毛的存在改变了力的作用方式，导致无法完全抵消之前的力。为此，我每天晚上都要拉直地毯，令其保持对称。那么，是什么原因导致地毯在第二天早上偏离了原来的位置呢？

因为我不梦游，所以需要寻找别的原因。我想到了泰德。我曾见过它在后院里跑，时而在这里停停，时而在那里转转。它白天大多数时间都在睡觉，但一旦受到惊吓，就会跳起来，四脚并用地在房子里跑来跑去，活力十足地急转弯。它从一个房间跑到另一个房间，似乎没什么目的，只是单纯喜欢这样做。当在硬木地板上转弯时，它可能会因向心力不足而向外打滑。泰德会失控，因为在它的爪垫和硬木之间的摩擦力不够，无法防止这种现象发生。而在地毯上，当泰德开始奔跑或者急转弯时，爪子和绒面之间的摩擦力产生了推动和旋转作用，导致地毯滑动并被推到不同的位置，泰德的后爪也发挥了同样的作用。正是在这样一个对于泰德特别忙碌的夜晚之后，我会在随之而来的早上发现，书房外的地毯紧靠着书架并被卷了起来，而且，相比我前一天晚上离开时的位置，地毯旋转了 45°。

力与打滑

力和运动是相互关联的，它们之间的纽带是质量。科学家和工程师以公式的形式确定了这种联系，这些公式被称为运动方程。如果把某个物体的质量和加速度作为计算机 $F=ma$ 的输入，它的输出就是引起运动的力或者运动带来的力。这样的知识可以为建立假说与检验假说提供基础，同时也可以用于开展与解释实验，帮助科学家和工程师更好地理解某些现象或者事物有时令人困惑的表现，这些现象可以是天然发生的，也可以是人为造成的，前者是科学家的研究对象，后者则是工程师创造的。**正是通过使用 *F=ma* 这类运动方程，工程师迈出了开发火箭的第一步，而火箭让航天员能够登上月球，让人造卫星可以围绕地球旋转，让机器人、无人探测器和探测车可以在火星上探测，并深入外层空间探险。**如果在木星上有奔跑的猫和打滑的地毯，我们就可以利用同样的运动定律，预测猫能让地毯偏离原有位置多远。

但要见证地毯在庞大范围内的运动，我们并不一定需要跑到太阳系最大的行星上去。阿布扎比的谢赫扎伊德清真寺是世界第三大清真寺，能够容纳大约 41 000 名教徒，包括在主祷告厅中的 7 000 人，它 5 574 平方米的地板被一整条美丽的手织波斯地毯覆盖。人们或许会认为，如此庞大的地板覆盖物，一定会在初始位置上固定不动。然而，自 2007 年安装以来，数量惊人的游客和信徒在地毯上行走和祈祷，这让它在地板上发生了侧向移动，使地毯和柱子的底座之间出现缝隙，尽管人们曾经围绕底座进行精心修建，以使其达到正确的吻合。为了在某种程度上抵消这一作用，导游带领游客行走和聚集的位置经常改变。即使一个看上去不会移动的物体，也会被足够大或者重复作用的力移动。

第 6 章

杠杆，能撬起地球，也能打开罐头

"三层桨战船"中的杠杆原理

我和同学们在高中得知，许多事物是 3 个一组的。在三角学中，我们学到了由 3 条边和 3 个角组成的图形的性质，而且得知有直角三角形、钝角三角形和锐角三角形 3 种三角形。[①] 在公民教育课上，老师教导我们，美国政府有立法、行政和司法 3 个相互独立的分支。在拉丁文课上，我们将盖乌斯·尤利乌斯·恺撒（Gaius Julius Caesar）的《高卢之战》（*Gallic Wars*）的开篇句 "Gallia est omnis divisa in partes tres" 翻译为 "整个高卢分为 3 个部分"。而在物理课上，我们学习牛顿的 3 个运动定律，而且我们知道有 3 类杠杆，每一类都有 3 个要素，分别是阻力点、作用点和支点，它们的相对位置决定了类别的划分。

[①] 原文此处说的 3 种不同的三角形是 "直角三角形、钝角三角形和不等边三角形"（right, obtuse and scalene），译者在译文中做了调整。——译者注

　　根据古希腊历史学家修昔底德的说法，叫作"三层桨战船"的古代船只（见图 6-1）是由科林斯人在公元前 7 世纪发明的，由大批桨手划桨推动，桨手分为 3 组，分布于船的 3 层，战船因此得名。操纵桨的力学原理是古希腊文献《论力学》（*Mechanica*）研究主题之一，该文献由 35 个问题及其答案组成。尽管人们曾经认为该书作者是古希腊哲学家亚里士多德，但根据勒布古典图书馆版的亚里士多德的作品，学者们后来几乎肯定地认为，这本书"不是亚里士多德的著作，尽管它很可能是逍遥学派 ① 的作品"。

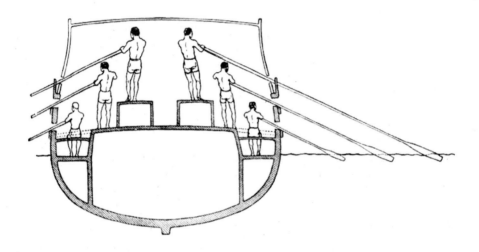

图 6-1　"三层桨战船"示意图

注：该图为桨手在三层桨战船内位置安排的概念说明图，距离船舷上缘最远的水手的杠杆臂最长。

资料来源：Elson, *Modern Times*。

　　《论力学》中问题 3 的第一句话问道："为什么通过杠杆，比较小的力可

---

① 逍遥学派（peripatetic school）为古希腊哲学学派，由亚里士多德和他的学生们建立。——译者注

以移动很大的重物？"这个问题并不是在问"这件事可以实现吗"，而是在问"它是通过什么机理实现的"。同样地，问题 4 在一开始就清楚地表明，在公元前 4 世纪，操纵三层桨战船是一个有趣的问题："为什么在船中部的桨手对船的行进贡献最大？"书中尝试给出的答案是，船桨的作用像一个杠杆，其中桨座或者桨架是支点，水是阻力，水手是克服阻力的作用力。在那个时候，人们已经认识到，力距离支点越远，划桨越有效。因为船在中部最宽，所以船中部最内层的水手对船的行进贡献最大。

生活中常见的杠杆

杠杆的力量显而易见，所以阿基米德想象自己能够用一根非常长的杠杆撬动整个地球就是合理的了。古人一直认为地球是宇宙的中心，直到哥白尼充分利用了他的思维杠杆，情况才有所改变。描绘阿基米德壮举的插图通常对他会站在什么地方语焉不详。在阿基米德提出这一想法的将近 2 000 年之后，伽利略才利用杠杆原理，解释了为什么从砌砖墙伸出的一截木梁可以承受挂在它的末端的大石头，但如果换作一块巨石，木梁就会断裂（见图 6-2）。伽利略在分析时首先假定，当木梁断裂的时候，折断点在墙上。试想用一只手（代表不动的墙）紧握一支粉笔，另一只手（代表岩石）在粉笔的自由端向下拉，这时便能清楚地理解上述假定很合理。

伽利略将木梁视为一根倾斜的（弯曲的）杠杆，即一根悬臂梁，并假定它的支点位于木梁底面与墙的边缘相交的地方。如果木梁能够围绕这个点自由转动，则岩石的重量将会把木梁远端压下去，将木梁顶部从墙上拉出来。然而，木梁是牢牢地嵌在墙里面的，将木梁聚合在一起的内聚力能够对抗这样的转动。通过平衡这些相反的作用，伽利略得出结论：当一根长的木梁（例如现代木材厂供应的 5 厘米 ×25 厘米的木梁）的横截面尺寸中较大的一面垂直放置时，木梁能够承受更大的重量，这也是地板托梁和屋顶椽子的方向。伽利略的分析为结构分析的理性方法奠定了基础，时至今日，工程专业大学生仍在学习这种分析法。后来人称伽利略问题的突出特点，表现在手握哑铃的伸出的胳膊上，此时肌肉和肌腱提供的力能让手臂保持水平位置。

图 6-2　伽利略悬臂梁的示意图

注：悬臂梁能承受的最大岩石重量取决于梁的大小和朝向。

资料来源：Galileo, *Dialogues Concerning Two New Sciences*。

以任何形式出现的杠杆都是经典的简单机械之一，它的基本原理也可以通过跷跷板体现出来。正如我们在童年时代就知道的那样，如果体重差不多的两个玩伴坐在与跷跷板支点差不多的距离上，跷跷板就会非常接近平衡。这就意味着，只要游戏者在脚蹬地面时稍一用力，跷跷板就会运动，并持续上下运动。如果两个玩伴体重相差悬殊，跷跷板也能达到平衡，这时只需要较轻的孩子坐得靠后一些，而较重的孩子更靠近中心就可以。这种方式是由杠杆的工作性质决定的，科学家与工程师很早就意识到，只要一个孩子的重量乘以他与支点之间距离所得的积等于另一个孩子对应的积，跷跷板就能达到平衡。**力和它与某个轴之间的距离的乘积叫作这个力对于这个轴的力矩，力矩越大，力造成旋转的潜力就越大。**

撬棒通常在其承重端呈现出明显的弯曲，看上去像钩子（见图 6-3）。这一形状并非为了装饰，而是为了发挥功能。当曲线的凸面贴紧地面靠近重物边缘时，撬棒就成为一个自带支点的杠杆。曲线弯曲得越厉害，作用在撬棒上的力向下移动的距离就越大，这就可以把物体的边缘抬得更高。一把羊角锤弯曲的头也有同样的作用，当用羊角锤的 V 形槽夹住钉子时，可以利用施加在锤柄顶端的力，围绕弯曲的锤头上的支点转动拔出钉子。杠杆也可以做成弯角更大的 L 形，这种形状有点类似于快递员使用的手推车，连接车轮的轴承是其支点。伽利略眼中的悬臂梁就是这样的。

图 6-3　撬棒撬重物的示意图

注：采石工可以用一根尖端明显弯曲的撬棒作为杠杆，撬棒不需要另寻支点。

资料来源：Clker.com, drawing by Dominique Chappard (@ dominiquechappard)。

我每天都会不断地使用杠杆。想要进入书房时，我按下一个杠杆把手，解开门锁。想要开灯时，我按下墙上的开关，通过手指的触动推动杠杆，接通电源。为了调整书桌上的台灯，我改变了装着电灯的悬臂和连接它与底座的杠杆的角度。每一个这样的悬臂都通过一个弹簧与其支点相连，使其保持在适当的位置上。**要想将力转变为动作，杠杆是不可或缺的，无论以何种形**

式存在，杠杆都不可能过时。我们有必要认识到杠杆是什么，杠杆在哪里（无论杠杆伪装得多么巧妙），并通过感受杠杆利用的力来理解其能量。

开罐器中的杠杆原理

在我的桌子上可能还有一罐汽水。20 世纪中叶时，我很可能会在桌子附近放一个打开汽水的专用工具（见图 6-4）。这种不可或缺的工具通常是一件长 10 厘米、宽 1.9 厘米、厚 0.3 厘米的钢片，其中一端看上去像一头猛禽的爪子。用这一端钩住饮料罐顶部边缘的下面，然后把另一端向上掀起，使用者就可以用力将爪子一样的尖端刺进饮料罐的盖子，并在其中形成一个三角形孔洞，饮料就可以从这个孔洞流出来。这种有趣的工具显然是一种杠杆，使用它是感受力和阻力的极好方法。因为在开始穿透金属的时候使用了最大的力，所以，使用这种开罐工具会带来一种熟悉的感觉，就像开始做某件事情时需要付出较大的努力，但随着事情的进行，阻力或困难会逐渐变小。这样一个"开罐器"是由伊利诺伊州埃尔姆赫斯特的德威特·桑普森（DeWitt Sampson）和纽约州布鲁克林的约翰·霍泽沙尔（John Hothersall）发明的，他们于 1935 年获得专利。开罐器是对杠杆原理的基本应用。

1962 年，施利茨啤酒酿造公司（Schlitz Brewing Company）刊登广告宣传一种创新型啤酒罐，它不再使用传统的钢顶，而是换用了新的铝制"软顶"，刺破它要容易得多。但广告附带的照片却显示出对于力和杠杆的一无所知。在一幅说明"过去的艰难方法"的照片中，一位妇女的左手看上去紧抓着一个没有标签的罐子，她的右手以令人窒息的方式使用开罐器，使杠杆的机械优势降到最低，因此确实让打开普通的罐子看起来非常艰难。而另一幅"施利茨新方法"的照片，则展示了一罐啤酒如同品茶杯被优雅地握住，而拿在手中的开罐器与罐子尽可能远离。这份广告声称："总会有一天，所有的啤酒罐都可以如此轻而易举地打开！"的确如此，但用的是与罐顶相连的一个小杠杆，而且由于其设计方式，人们只能将开罐的力施加在这个杠杆的末端。

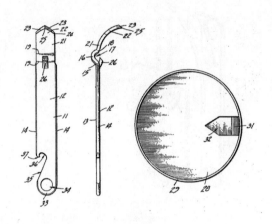

图 6-4 "开罐器"的专利图

注：本图说明了"开罐器"的造型，也说明了它是如何在刺破一个饮料罐的钢顶时利用杠杆原理的。

资料来源：U.S. Patent No. 1,996,550。

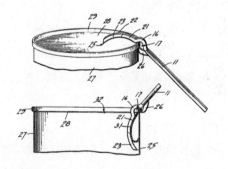

　　参加第二次世界大战的老兵们或许还记得另一种开罐器，它几乎与今天易拉罐自带的杠杆同样小巧。标号 G.I. P-38 的开罐器长 3.8 厘米、宽 1.6 厘米，折叠起来厚 0.3 厘米，P-38 在士兵中传为美谈，甚至有些士兵在服役期满以后很久还对它深情怀念。P-38 是一个值得珍藏的神奇工具（见图 6-5）。它很轻，重量还不到 6 克，放进每个士兵都绕着脖颈戴着的身份牌链子里携

带时，几乎不会让人注意到它的存在。它的活动部件之一是一个折叠刀刃，这容易让人想起微型犁头。

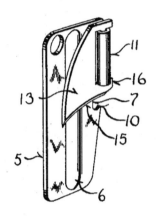
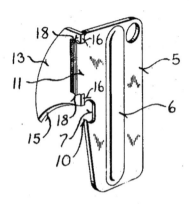

图 6-5　P-38 示意图

注：第二次世界大战期间，士兵们用一种标号为 P-38 的紧凑型装置打开配发给他们的食品罐头（C-口粮），这种装置与在有关一种"袖珍型开罐器"的专利图中的描述类似，无论它是为保证安全而折叠起来时（左），还是在打开使用时（右）。

资料来源：U.S. Patent No. 2,413,528。

　　一位老兵给我写信说，在每箱 12 罐叫作 C-口粮[①]的箱子里，经常会发现几个 P-38。一些开罐包装纸上印着的使用说明写道："扭动下去刺破罐头内侧边缘的槽。通过摇晃的方式推动开罐器向前切开顶部。一点一点地切。"小杠杆的底部有一个在一侧掏空的 C 形缺口，它可以钩住罐头顶部的周边，并提供支点，人们可以用一只手让杠杆围绕这个支点上上下下地工作，另一只手则握住罐头，让它像棘轮一样转动，如同一份专利在描述其操作时说的

---

① C-口粮（C-ration）是一种罐装预制的湿式口粮。——编者注

那样"迎接切割刀刃"。当然，这些事情是士兵用手指做的。

据说，需要开罐器进行"38 次穿刺"或者说"切 38 次"，才能把一个金宝汤罐头大小①的 C-口粮罐头的盖子完全打开，因此这个小型机械得到了 P-38 这个名字。无论究竟需要多少次杠杆运动，施力的手指无疑每次都会感受到这种力。另一种说法是，这种装置的名字来自它 38 毫米的长度。有些海军陆战队队员称它为"约翰·韦恩"（John Wayne），因为这位演员曾在一部军事训练电影中使用过一个 P-38。老兵们特别喜欢讲这些故事，但它们很可能就像下面这个长期流传的故事一样未必可信。这个小小的开罐器是由一位名叫梅杰·托马斯·丹尼希（Major Thomas Dennehy）的人在 1942 年夏天发明的，历时 38 天，发明于芝加哥的美国陆军研究实验室。

自称"军用开罐器之家"的 P-38 网站声称，在第二次世界大战之前很久，便已经有人发明了与 P-38 相近的某种东西。确实，这类装置最早的美国专利似乎在 1913 年就颁发给了法国人艾蒂安·达尔克（Etienne Darqué），物品名为"罐头盒开启工具"，可折叠，可以"很方便地放在使用者的口袋里，没有伤人的危险"。P-38 网站罗列了另外大约 10 种在 1922—1946 年颁发的外观非常相似的美国专利。该网站的站长想知道："怎么可能……会允许这些专利存在呢？"答案是，尽管它们只对达尔克的设计做出了很微小的改变，但每个改变都被认为改进了装置的性能和操作者的手感。例如，1928 年颁发给密歇根州伊什珀明市发明家杜威·施特伦贝格（Dewey Strengberg）的专利显示，支点切口有一个隆起的表面，这能让它在抓住罐头的底部边缘时不那么容易打滑。1946 年底颁发给芝加哥发明家塞缪尔·布卢姆菲尔德（Samuel Bloomfield）的专利显示，这项发明改进了施特伦贝格的设计，因为

---

① 金宝汤公司（Cambell Soup Company）是美国最大的汤罐头生产商，它生产的浓缩番茄汤净重约 305 克。——译者注

它有一个 C 形支点缺口，上面带有一个锋利的尖端，可以通过抓住罐头边缘的下面抓紧罐头；它还在整个杠杆的下面设置了一个加强槽或者"加强肋"。

仅仅在布卢姆菲尔德因为"袖珍型开罐器"获得专利后一周，另一项专利就被颁发给了密尔沃基的约翰·斯皮克（John Speaker）。我拥有的一个 P-38 上有一个难以辨认的印记"US SPEAKER"，而且我的这个 P-38 看上去和斯皮克的专利上描写的分毫不差。斯皮克改进了施特伦贝格的设计，把在整个杠杆臂上的槽改短了，让它只到手指用力的边缘。因为这个槽以这种方式结束，这个部分就不太可能弯曲并自行折叠，这样该工具更容易保持其形态，便于继续使用。

出于类似的原因，从铝制饮料罐的杠杆到钢制汽车车身的结构都采取曲线造型，而不是平直的。这些细节会说明大道理，所以值得仔细推敲。只要分析一件我们或许每天都会做的事情，即打开一个罐子或者瓶子的简单动作，并感觉一下这样做时涉及的力，我们就可以想到，基本的力学是如何与更复杂的工程与设计原理相联系的。

埃尔马拉·弗拉泽（Ermal Fraze）是一位工程师，他拥有一家位于俄亥俄州代顿市的机床公司。1959 年，在一次野餐的时候，他觉得口渴难耐，非常想来点饮料却喝不到，因为大家都不记得随身携带饮料的开罐器。在没有开罐器的情况下，光是想到那个精巧的杠杆都是一种折磨。弗拉泽没有抱怨口渴，而是决定创造一种在设计时加入开罐器的饮料罐。他成功地设计了拉环饮料罐，即现在我们熟悉的铝制饮料罐的前身。这一革命性概念的早期模型将开罐指南印制在盖子上。今天，如果在罐子上印了点什么，那八成是在恳求人们回收利用饮料罐，或者是回收退回时取押金的凭证。

一步一步地做完打开一个饮料罐的几个动作，其实就是一个有关力、阻力和刚度的简短课程，在制造一个能够正常且可靠弹出的罐盖时，所有动作都必须仔细考虑。第一步，一只手握紧饮料罐，另一只手的食指必须能在金属片尖端和饮料罐顶部之间找到大小合适的缝隙，从而让指尖插进去。第二步，手指必须向上拉起金属片，直到它的另一端（更短的一端）接触到罐盖上的金属部分，这时，金属片起到杠杆的作用，其支点就是将它紧扣在盖子上的铆钉。第三步，手指必须增加在金属片上的拉力，克服顶部的阻力，让金属片沿着刻出的轮廓线分离；"砰"的一声响和二氧化碳气体逸出的声音说明，金属片已经成功分离了。第四步，手指以稍小的力让金属片继续分离，增大罐顶打开的程度，直至完全打开。第五步，用拇指将金属片推回到铆钉上，让液体可以不受阻碍地到达开口。在整个过程中，食指和拇指经历的只不过是推和拉这两种普通的力。在有了易拉罐之后成长起来的几代人能够本能地打开饮料罐。有些人可以用一只手的一根手指完成这一系列动作，而另一只手能够自由自在地点击遥控器或者伸手拿零食。如今的薄壁铝制饮料罐素有脆弱的恶名，一旦被打开很容易被抓住它的手捏扁。经验丰富的使用者早已学会了用适当的力拿着饮料罐，以避免发生这类事情。

悬臂梁里的杠杆原理

悬臂梁早已随处可见。无论是在荷兰的运河沿岸建筑物屋顶上伸出的起重机臂，还是从美国的谷仓开口处向干草棚伸出来的起重机臂，都是悬臂梁，此外支撑书架的支架，从手提电脑侧面伸出的记忆棒，以及公寓建筑外宽阔的阳台等也都是悬臂梁。飞机的机翼、帆船的桅杆、汽车上的天线、旗杆和烟囱也同样如此。在我们做一些熟悉的动作时，身体的一部分也形成了悬臂梁，这些动作包括在接力比赛中递出接力棒、与朋友或者对手握手等。

用一只手端着咖啡厅托盘也是一个悬臂梁，上面的食物和饮料是负荷，即伽利略的巨石。用一只手沿着托盘较短的一边抓住它，与沿着它较长的一边抓住相比，托盘远端与抓住托盘的手之间的距离更远。即使托盘是空的，沿着短边抓住托盘并携带它时，也需要我们付出更大的努力，因为托盘和上面放着的东西的重心离手更远。在托盘上放上食物和饮料会增加负荷，因此也增加了手需要付出的力。在托盘上放的东西距离手抓着的地方越远，手感受到的影响就越大，也就是说，它们的力矩越大。如果想让托盘保持水平，那只手就必须施加一个向上的力，这个力应等于托盘和上面放着的东西的重量，同时必须提供一个反作用力矩，以防托盘向下转动并把上面的东西撒出来。我曾观察过咖啡厅中的常客，他们费力地带着装满沉重的盘子的托盘，而且这些盘子的放置方式似乎完全没有考虑力和力矩。端托盘需要的力也与如何拿托盘有关。如果用两只手分别沿着两条较短的边拿着它，托盘就不再是一个悬臂梁了。如果把手放在每一边的中间，托盘就更像一个跷跷板。

在无数其他常见的场景中也存在类似的力。假设将一本精装书当作奖品给一个大学生（见图 6-6）。一般会封面向上、拇指放在封面上，自然地将书递出去。书下面的手指将沿着封底伸出，比在封面上的拇指伸得更远，于是书便成了一个悬臂梁，手指的指尖充当了支点，而拇指则对抗书的重量。通过实际体验手持一本薄薄的书，慢慢减少拇指对书封面的压力，我们可以更好地理解这种安排的力学原理。当拇指适度地施加向下的推力时，书保持水平。同样的原理也适用于用餐时手持的盘子，当用餐者在自助餐台上或者在切肉台前递出盘子时，盘子上的力也遵循类似的原理。

其他手指在书背上的作用类似于拇指在封面的作用，但它们不仅提供向上的推力来支撑书的重量，还抵消了拇指向下的推力。拇指和其他手指共同提供了合适的力的组合，以防止书倾斜或掉落到地板上。为了更好地理解拇指和手指的支撑作用，我们可以尝试将拇指向比其他手指更远离我们身体的位置滑动。这将增加两者所需的力，直到我们无法再承受这本书的重量。如果我们将其他手指移向拇指，同样的情况也会发生。如果我们试图将其他手指移动到比拇指更靠近我们身体的位置，我们会发现所需的力量超出了我们的能力。这是因为我们的手指缺乏大多数壁虎物种所具备的能力，无法在接触到的表面上既施加拉力又施加推力。

图 6-6　两个人传递一本书

注：可以用一只手拿着一本书，让它看上去如同一个悬臂梁。在把这本书从一个人手中递到另一个人手中时，支撑力将会从给予者的手指转移到接受者的手指上。

在设计与使用装置和结构时，两个大小相等方向相反的平行力出现的情况很普遍，它们的名字是力偶。在人类的日常活动中，经常出现以力偶的形式应用的力。我们可以把它们想象成一对同卵双胞胎，他们一起坐在一张 S 形沙发上，且各自端坐在座位上，直视前方。正如这对双胞胎在派对上可能会被他人分开一样，一对力学上的力偶也可能被其他力分开，但并不会影响其他力发挥它们的作用。这并不意味着力偶在整个过程中没有作用，反而我们能通过力偶的应用来转动物体，而不使整个物体发生位移。通过讨论转动门把手或拧紧瓶盖所涉及的力，我们可以为这个显而易见的悖论解开一些谜团。

力偶在车胎漏气时也能帮我们的大忙。一种常见的拆卸轮胎的方法是使用一把四臂的十字形套筒扳手。当一个臂上的套筒与螺母连接在一起时，与这一臂垂直的两臂就形成了悬臂梁，这个结构在我们旋松螺母时提供力学上的优势。如果螺母拧得非常紧，通常需要两只手用力才能让它松动：一只手按压扳手的一臂，另一只手把相对的一臂向上拉。由横棒上连接两个接触点的长棒体分开的两个力共同形成了一个力偶，它可以把螺母拧开，而不会让车轮本身转动。

对于许多人来说，阅读时拿书的力也常令人疲倦，我们常用的一种拿书方式，是用 3 根手指拿着一本篇幅较小或者中等的书：拇指压在打开的书页中间的书沟上让它们一直打开着；食指绕着封底和书脊的下部，以合适的角度捧着书；中指在书脊下部和封面上弯曲，①它会提供一个稳住书的力，同时承担一部分重量。当以这种方式拿着一本书时，我们确实感受到了这些力，它们会让我们疲倦。

有许多小器具可以帮助读者保持书本打开。厨师们特别喜欢画架，因为它可以让双手自由。还有一个不那么常见的小器具，形状像一个凹边的菱形。它有点像风筝，但中央有个孔，可以把拇指塞在孔里，把这个小器具推进一本书的书沟。这样可以使菱形的两侧压住打开的书中相对的两页，并保持其位置稳定。这种小器具的一种形式被称为"木质环形书页打开器"，利

---

① 此处原文说的是"封面"（front cover），但译者在左手拿书做实验时认为应该是封底，用
　右手拿书时才是封面。——译者注

用这种小器具时只要一根拇指就可以实现好几根手指的功能。还有一些类似的小器具，如用于稀有书籍图书馆中的配重绳和皮革包裹的铅块。当然，要使用这些小器具，必须把书放在桌子或者讲台上，读者要端坐或者直立，用这种方式阅读更像工作，不像休闲。

即使用双手拿着书，一些大部头著作似乎也会随着我们的阅读变得越来越重，好像从右向左每翻过一页都会增加负担。如果我们的阅读椅有扶手，书的重量可以通过读者的前臂和肘部转移给扶手，但这限制了我们调整身体姿势的范围，而我们在长时间阅读时希望能够自由调整姿势。当然，更重些的书可以放在大腿上支撑，但当我们想要移动一下腿时就会不太方便；同时，这些沉重的书的重量可能会影响血液循环。有些读者更喜欢斜倚着身子读书，这样他们可以把书放在胸前或者腹部上，但当书很尖的角戳着腹部时会让人觉得特别不舒服。

电子书有望解决许多这类人体工程学问题。但无论我们用 Kindle、Nook、Surface 还是其他平板电脑、智能手机或者类似的东西，如何长时间舒适地拿着它仍然是个问题。大多数电子阅读器都有圆滑或者柔软的边角，所以它们确实在某种程度上考虑到了某个部分戳到读者这个问题。重量可能仍然是个问题，特别是在使用大尺寸平板电脑的时候。而且，无论采用何种形式的电子书，它们仍然和使用实体书一样，需要读者用双手和手指托持。而且，人们仍然必须以悬臂梁式的手的动作形式，把它从一个读者传递给另一个读者，而这一过程必须依赖拇指和其他手指的配合。

剪刀实际上是通过共同的支点连接在一起的一对杠杆，与餐具和其他由单个固定部件组成的物体相比，它与其他带有活动部件的机械的结构和操作显然更加复杂，但它们全都体现并利用了相同的基本力学原理。因此，理解简单的机械对我们理解更复杂的机械有很大帮助。**通过感受使用最简单的**

物体和机械时起作用的力，工程师能够识别与理解在更复杂的系统中发挥作用的力。从亚里士多德到伽利略，从牛顿到爱因斯坦，伟大的哲学家、自然哲学家和科学家似乎全都本能地意识到了这一点。他们最伟大的工作经常从最简单或者至少是最容易理解的相关困扰、问题或思想实验开始，它们不但在概括主题方面起到了起点的作用，也向读者介绍了一种思考方法。在这方面，最经典的例子包括从一座斜塔上掉下来的两个物体的故事，一个从树上掉下来的苹果的故事，以及一列开出车站的火车的故事。科学家和工程师并没有将这样的故事视为比喻，而是视为包含自然界要点的简洁描述，他们能够从中归纳出普适的物理学假说、理论和定律。

无论是刀叉还是筷子，拿在手上的餐具实质上都是悬臂梁。在美国，人们手拿叉子或者勺子的方式通常与他们手拿餐盘的方式惊人地相似。本质上，所有参与的力都只是在皮肤和用具之间基本的推力，但这些推力之间相互作用的方式，却是让我们对它们产生不同理解的根本来源。

考虑到人类本能地抓握物体的天性，非常小的孩子可能会本能地抓住一件餐具的把手，就像手拿木勺搅动美味的炖菜或者巫婆的魔药一样。孩子抓东西的方式也说明，餐具可能曾经被用作棒子，用来将盘子里的食物捣成糊状物。在许多社交场合中，一个成年人用握拳的方式拿着一件餐具的把手既不可爱也不得体。攥紧一把勺子的把手给我们带来的感觉跟抓住一根绳子或者一根棒球棒或其他像棍子的物体差不多。我们能够感受到自己的手在那件物体周围施压，而它正在对抗，不肯被我们的手压垮，但由于力分布的范围太广，这让我们无法对不同的手指扮演了什么角色进行细致地区分。

年幼的孩子可能还没有掌握好握笔的精细动作技巧，但他们迟早会学会以成人的方式握笔。我的握笔方式就是靠近笔尖，用拇指、食指和中指包夹铅笔，让笔杆靠在食指上部，这样能令铅笔稳定并行使杠杆力。从本质上说，起作用的力仍然是推力，而拉力也是推力的结果。通过练习，铅笔就变成了手指和手的延伸，既能轻松地画直线，也能轻松地画圈。当能够更加灵巧而又自如地运用有关的力时，我们就不再像以前那样念念不忘地想着它们了。虽然需要经过努力才能感觉到书写中蕴含的物质之力，但它是最终让我们能够参与文明的精髓之一，即通过特殊的标记，在纸上组成字母、单词、段落、章节和书以进行交流。

我过去一直只用木质铅笔写字，但笔尖磨秃时的手感变化会分散我的注意力。削铅笔能重新为笔尖注入活力，让铅笔稍微变短，铅笔的重量也在不知不觉中变轻，平衡感也有所变化。尽管反复削铅笔的积累效应确实会让人对铅笔产生一种完全不同的感觉，但我们会逐渐适应这一变化。如果我们不想弄断刚削好的笔尖，则需要更好地调整对力的应用。铅笔刚削好时又有了画出细线的能力，我们对此自然很欣赏，但铅芯很脆，画线时就必须非常小心，否则就会弄断笔尖。只有经过一小段时间的使用，铅笔尖才能被磨平，也才能在一定程度上相对光滑和坚韧，给我们带来舒适的感觉，但这种感觉总是很短暂。如果想要一直有精细的笔尖，我们就必须经常使用铅笔刀。这样的压迫使我改用自动铅笔，它的细铅芯能够一直保持令人满意的精细程度，而且，铅芯只占整支铅笔的一小部分，在使用过程中，我对铅笔的整体感觉不会改变，也不需要调整握笔时的力。

使用餐具也是如此。无论是孩子还是成年人，在叉子尖上咬下一口食物或者从勺子里抿了一口汤之后，对餐具上力的变化并没有太多感觉。除非是塑料制品，否则餐具的重量与那一小口食物相比大得多，所以盛有食物的叉子或者勺子的重心几乎没有变化。因此，分析手与叉子之间（或者更普遍地说，墙和悬臂梁之间）的力的工程师，才会忽视叉尖上的那一点儿食物或者悬挂在岩石上的绳子的重量。要想构建抓住力系统本质的工程模型，既要考虑需要包括哪些细节，也要考虑需要忽略哪些细节。

　　拿起一把空叉子或者空勺子的力学系统实际上相当微妙。按照典型的美式方式，中指的一侧是支点，拇指在手柄上向下施加力，这个力受到作用在重心上的叉子重量的抵抗，重心位于支点前面一些。拇指之力使叉子的手柄与手指接触的地方产生压力，进而产生足够的摩擦力，让叉子不会从手里滑落。食指指尖通常轻轻地靠在手柄一侧，随时做好准备对手柄施压，以防止发生任何无意中的侧向运动。如果留意这些，我们可以感受到在其中发挥作用的力。

　　如果长时间把叉子握得太紧，我们的手和手指都会感到疲劳，握持这个动作会变得不舒服。所以我们往往会相当放松地拿叉子，但同时我们也知道，如果握得太随意，叉子就有掉下来的风险。正如我们在走路或移动一个箱子时看到的那样，只要在两个接触表面之间有压力，试图让它们做相互滑动运动时，它们就会受到一定的摩擦力，这对有效抓住餐具是有帮助的：用叉子的手柄抵住手指会增加它从手上滑脱的阻力；用潮湿的手使用抛过光的银质餐具会减少这种阻力。因为我们通常用干燥的手拿着干净的叉子，所以我们主要依赖拇指施加在手柄上的压力，以及在手指上任何随之而来的压力和摩擦力来保持它的位置。

　　摩擦力是地球上最有帮助且无处不在的力之一，没有它，我们只能慢腾腾地、小心翼翼地使用叉子，或者以不同的方式使用它，否则，当我们使用叉子将食物从盘子中舀起，然后转动手腕或手臂将食物送到嘴里时，叉子可能会从手中滑落。另外，如果没有足够的力将叉子从嘴里取出来，叉子和在它上面的土豆泥就可能会悬挂在嘴巴上，此时，下门牙是支点，嘴巴里的上颚是作用力，而手柄是悬臂梁。这两种情况都很滑稽、令人尴尬，但在力学上，它们只是另外两种形式的悬臂梁而已。

　　使用中的餐刀也是一个悬臂梁，但支撑它的方式有所不同。与叉子不同，用握拳的方式抓住餐刀是正确的，其中食指沿着刀刃顶部伸出，拇指放在刀柄的一侧，另外 3 根手指抓住刀柄的一端，5 根手指形成一个可使刀柄得到支撑的空间。举例来说，在切一块比较硬的肉时，刀柄和手指间的摩擦力十分重要，它能让刀一直在手的掌握中。我们可以很容易地体会到，简单地把刀刃向下推是没法把肉切开的，必须同时有一个切割的动作才行。沿着刀刃顶端伸展的食指的作用是提供一个向下的力，根据杠杆原理，这个力更有效地将刀刃推进肉中实施切割。

使用餐具时，如果想要避免不必要的动作与社交尴尬，就必须始终保持力与力矩的平衡。工程师称这种状态为平衡状态。而在实际的工程设计中，我们必须了解哪些信息是重要的，哪些信息是不重要的。尽管在正式宴会上，当从一道菜换到另一道菜时，我们必须让作用在一把餐具上面的力变得不平衡，从而把它放下，接着我们要拿起另一把餐具，并在第二把餐具上重新平衡力，但这一过程涉及的动作通常都相当缓慢，因此可以忽略任何动态效应。此外，因为在餐具上的少量食物的重量很可能相对比较小，我们也可以在进行力学分析时忽略它们。尽管看起来与使用餐具相关的力和运动较多，但对于许多人来说，与弄清什么时候应该拿起哪一件餐具相比，掌握这些力与运动更加容易。

第 7 章

生活中的力，行住坐卧皆是禅

上班前我在家中经历的力

我可以在厨房体验各种各样的力。我小心翼翼地拉开磁性的冰箱门，但把手没有随着我的手离开冰箱门，因为它是被螺丝钉固定在冰箱门上的，这为它提供了对抗我拉开冰箱门动作的反作用力。在冰箱里，架子上所有东西的位置都与昨天晚上相同，因为引力让它们无法在黑暗中四处漂浮。然而，如果发生了地震，破坏力会摇晃架子和上面的所有东西，使其乱成一团。

我伸出左手在冰箱里拿了一袋松饼，然后使用正确的、大小合适的力将松饼袋子从架子上拿起来，并把它夹在右臂下面。接着我又将左手伸进冰箱奶油盒子的专属空间中，拇指放在可拆卸的盖子上，其余四指放在盒子下面，并将盒子拿出来转放在右手上。我觉得草莓果酱罐子的盖子是拧紧的，所以用左手抓住其盖子边缘。之后我带着这些东西穿过房间，并把它们放到了桌子上。随后,我使用了更多不同的力。我拧开印着保质期的塑料标签,打开松饼口袋拿出其中的一块,两个拇指分别放在松饼两侧,其他手指固定着松饼,然后用力把松饼掰成两半。我把掰开的松饼放进烤面包机,压下杠杆,这样弹簧将在松饼烤好时提供把松饼弹出来的力。

松饼烤好后,我掀开了奶油盒子的盖子,切下一块奶油放在热松饼上。因为草莓果酱是未开封的,所以我拧罐头盖子的手必须施加足够的力才能打破真空密封。打开罐头之后,我拿起一把勺子,舀出了足够的草莓果酱,把它覆盖在刚才涂在松饼上正在融化的奶油上。我根据经验可以准确地知道用正确的力度做这一切时会有什么样的感觉,而且我的手指、手和胳膊也熟悉这种感觉,所以我不用刻意用大脑思考和记忆。这里用了不同的动词来描述这些动作,强调了在日常生活中,主要是我出门上班之前涉及的各种力。

看了看时钟,我拿起松饼放进嘴里,这种恰当的用力能够克服引力,但也让动作足够慢,让黏糊糊的早餐不至于碰到鼻子或者从手上飞出去掉到地板上,说句玩笑话,墨菲定律(Murphy's Law)[①]保证会让松饼涂有奶油和果酱的一面着地。在嘴里咀嚼一部分松饼的时候,我的门牙用合适的力度啃下了一小块。在舌头的帮助下,我把这一小块松饼推到口腔的一侧,它被臼齿嚼碎并在口水的作用下和为一团,食道的蠕动力将它推到我的胃里,让它在那里通过化学力消化。

吃东西这个动作让我们感受到不同的力,在吃一块融化的松露巧克力时,几乎感受不到任何阻力;而咀嚼一块难啃的肉时,需要耗费较大的力,令我们的下颌感到疲惫。吞咽食物和体验到力的感觉是同时存在的。我们或许无法用数据计量味道,但可以定量测量吃下去的食物,无论这些食物好不

[①] 该定律声称:如果有两种或者两种以上的方式去做某件事情,而其中一种方式将导致灾难性后果,则必定有人会做出这种选择。——译者注

好吃。我们可以数一下，吃松露巧克力和很硬的牛排需要咀嚼多少次，前者可能是零次。不过多数情况下，我们都在享受食物的味道和食物在口中的感觉。无论是软的、脆的，还是硬的食物，从幼年时起，我们就已经学会了用牙齿把食物咬成可以吞咽的小块而不崩碎自己的牙齿，并以此学会了如何调整应使用的力度。可以想象一下，最令人痛苦的感觉莫过于过分用力地咬一个硬的坚果。

我们的生存需要力，但力也有可能让我们死亡。厨房柜子里的刀可以用来做好事，也可以用来做坏事，比如刀可以用来砍剁一只火鸡，也可能伤到人。在刀出现之前，手中紧握的石头可以用来打碎燧石用于打猎，也可以用来伤害敌人。以锤击的方式不断运用力可以磨碎谷物、雕出一座方尖碑、打出一口青铜锅，但也可能伤害别人。**我们可以通过选择工具和力的作用方式来决定力的种类，也可以通过改变力的作用方向来决定力的作用效果。同样，出于不同的目的，人类可以通过改变力来推动文明的发展或者阻碍世界的进步。**

在享用了加热、加料的松饼早餐之后，我上楼淋浴和刮胡子。现代化的水管设施让我能够享受令人舒适的热水澡，这些水是利用压力产生的。喷嘴太小而压力太大的水流可让人感到疼痛甚至可能致命，众所周知，力量很大且集中的喷射水流可以切开钢件。刮胡子是用剃须刀完成的，刀刃极为锋利，可以很容易地割伤皮肤。亨利·戴维·梭罗的哥哥约翰·梭罗在用磨刀皮带磨剃刀时割伤了手指，结果没几天他就去世了。因此，这一事件后生产的安全剃刀暴露的刀刃比较少，使用起来也不需要什么技巧。在现代化的安全剃刀中，刀刃可以沿着多个角度倾斜，这让它在使用时可以顺着脸颊移动，割伤皮肤的危险性很小，实际上完全不可能伤得很深。刀刃锋利的边缘将胡须切断，我们几乎感觉不到这个过程中的力，至少我们用新刀片时是这样的。不过，使用钝刀片也可能增加割伤的危险，因为不好控制剃刀剃胡须的力。同样，当使用新剃刀但没有意识到只需要很小的力时，也会造成严重的割伤和流血。因此，我们要想毫发无损地安然生活，很关键的一点就是要恰当地使用正确的力。

我们的身体做出的每一个动作都与力有关。当我吃过早餐坐下思考今天一天的安排时，我的体内也有许多力在作用。我的心肌在收缩泵血，我的肺在吸入氧气和呼出二氧化碳的同时也在膨胀与收缩，我的眼睑在眨动。在整个一天里，我将在门上、汽车转向盘上、计算机键盘上、电灯开关上和电子装置的各种按钮上使用各种力。我们可能会用自己的声音控制一些事物，但即使这样也有机械力在其中发挥作用。我们的隔膜必须给肺部压力，而肺部呼出的气流将通过喉咙并发出声音。如果必须放大声音，声波就必须推动麦克风上的机械隔膜。

穿衣服需要运用多种力。可以说衣服是效率的敌人，因为在把手臂、腿和脚塞进衬衣、休闲裤、袜子和鞋子后，我们必须系紧扣子、扣环、套、钩、搭袢、拉链、鞋带等这类东西。仅仅穿一条裤子，就至少有三四种不同类型的力在其中发挥作用，其确切数字取决于我们是何种性格，即我们是更像挑剔的费利克斯还是邋遢的奥斯卡。[1]首先我们从衣架或者地板上拿起裤子，然后我们一次一条腿地穿上裤子，我们可以坐在椅子上这样做，也可以在房间里单腿跳着这样做。有没有下一个动作取决于我们是否在乎衣物是否笔挺。如果像费利克斯那样，我们就会跑到镜子前观察，看看裤线是不是笔直，确保腰带扣刚好在肚脐以下并且左右居中。同时，我们会仔细地拉好拉链，生怕它夹住了衬衣一角。最后，我们系上一条皮带或者一对裤吊带，无论用前者还是后者，我们都会仔细地弄好，确定没有错过的套环或者弄反了

---

[1] 费利克斯（Felix）和奥斯卡（Oscar）是指美国情景喜剧《奇怪的夫妻》(The Odd Couple)中，两个性格截然不同的男人。——编者注

的搭袢，扣环或者卡扣也都刚好居中。如果更像奥斯卡，那么镜子对于我们来说完全是多余的，因为我们皱成一团的裤子根本没有作为笔挺标准的裤线。而且，谁会在乎腰带扣是不是在裤门襟和肚脐之间，或者皮带或裤吊带是不是扭曲或者居中呢？

我每天都需要按时服药。药片放在一个塑料容器里，它既不是瓶子也不是罐子。塑料容器上有一个盖子，盖子上面有让你同时做压下去和扭盖子这两件小事的指示。要想取下盖子，我必须在施加一个拧的力同时施加一个向下的压力。前者需要一个摩擦力，这样我才能把盖子抓紧，而我把盖子的周边抓得越紧，我能使出的力就越大。塑料盖子上带有滚纹的表面上有一系列凸起，这让我的手不会在盖子上滑动，因此我可以产生更大的拧转力。这个打开药品容器盖子的力系统相当复杂，或许是为了让孩子拿不到成人的药品。但如果家里老年人身患关节炎，他们有时候只能在拿药时让孩子们帮他们按压并拧开瓶盖。

服药可能涉及很多的力和运动。医生有一次给我开了些放在一个小塑料瓶里的眼药水，小瓶本身有包装，像个俄罗斯套娃，放在一个孩子打不开的容器里。在成功地压下盖子并拧开之后，我的下一步是拧下眼药水瓶的顶盖，然后挤压瓶子的侧面挤出眼药水。在这样做时，我必须抓住药瓶上端，让瓶口朝下地将药水滴进一只眼睛里，同时我的另一只手必须把眼皮撑开，以保证药水落到眼睛里而不是眼皮上。

我们是怎样学会控制这些力和运动的？这个能力显然不是与生俱来的，这一点通过观察任何一个婴儿就可以知道。一个新生儿无力抬起他自己的头，更不要说肌肉的协作和进食所需的精细运动控制了，他只能运用嘴巴周围让他能够吸吮乳头吃奶的肌肉。就连翻身这样简单的动作，他们也需要时间学习，爬和走路更不可能生来就会。所以，我们的基本动作发展以及出行、与人交往等活动，都与我们的活动能力有关。在能够熟练控制肌肉之前，我们都要依靠别人，而且我们的身体要有这些能够控制的力，我们才能长大成人。所以，肌肉萎缩症和脑瘫是一些令人虚弱的疾病，它们让患者无法充分参与许多健康儿童和成年人认为很容易的普通活动。

我们在小时候就要开始学习打开一扇有圆把手的门。如果一只小手无法完全将圆把手包住，我们就要双手齐上。这两种情况都是一个在听觉提示的帮助下的触觉行为，即我们扭动旋钮，直到自己感觉并听到门闩螺栓从连接在门框上的敲击板中滑出。做到了这一点之后，我们将手的扭转动作变为拉或者推的动作，就可以把门打开。这种机理与打开带有防止孩子乱动的药品容器盖子动作类似，在这两种情况下，我们都必须在产生转动以及推与拉的动作的力之间转换。逐渐地，在通过试错过程学到了怎样才能做到这一点之后，我们就可以完全出于本能这样做了。

令人尴尬的"打不开门"的经历

事实上，我们是完全依靠本能来完成最普通的日常动作的，这让我们往往会忘记它们其实可能跟文化有关。在第一次访问剑桥大学时，我按照东道主的指点，按时到特朗平顿街的门房处报到。报到时得知我被安排在巴勒斯大厦住宿。要到巴勒斯大厦，我只需要步行穿过老庭院，经过小礼拜堂，然后走上楼梯就能到达前门，所以门房的工作人员把打开前门的钥匙给我了。这份指点很简单，这段路也很短，钥匙很容易就插进了门上的钥匙孔并打开了锁，但不管我多么使劲地拉，也拉不开那扇门。我想，或许我拿到的这把钥匙不对，于是便回去找门房的工作人员核对。他坚持说钥匙没问题，并陪着我回到巴勒斯大厦，想看看哪里出了错。到了门前，他插入钥匙转了转，然后很容易地把门推开了！我只好把自己令人尴尬的表现归因于时差。

不知为何，我脑海里竟然产生了这样一个想法：在英国，人们做事的方式都和美国相反。有很多例子可以表明这一点，比如，英国人在公路上开车时靠左行驶；英国人的书竖着放时在书脊上的标题是从下往上读的（至少那些比较老旧的书是这样的）；英国人吃饭时叉子的尖端朝下。但是，再多的例子也没法证实一个假说，因为只要一个反证就可以推翻这个假说。我固执的想法在巴勒斯大厦门前当场瓦解。如同我后来得知的那样，任何地方的外门通常都是向房子内部开的，这样，穿过铰链关节的插销和绕着关节旋转的合页就不会暴露在潜在侵入者的面前。如果它们位于外部，只要毁掉暴露的门枢插销，就可以松开合页，然后拿掉整扇门，这样外面的人就可以进入。

房子的前门不朝外开的另一个原因是，门外可能会有一个屏风或者防风门干扰开门。出于同样的原因，屏风或者防风门必须向外开。然而，在一些气候严寒的地区，飘雪或许会堵住一扇防风门，让它在出现火灾等类似的紧急情况下无法打开，这就会让一家人困在门后。另一方面，学校、剧院和其他公共场所的出口门是向外开的，并且装上了紧急把手，当蜂拥逃跑的人群大力冲撞时门闩就会被打开。因而，即将出现特大暴雪的预报会让相关部门关闭学校、取消公共活动，所以这类建筑在这种情况下是不会有大量人群的。

对着公共走廊的门会产生另一个不同的问题。比如，如果教室的一扇门是向外开的，就可能会撞到急急忙忙地冲进走廊赶去上下一堂课的学生身上。[1] 这就是为什么教室（尤其是在比较新的学校）的入口经常配有窗户或设置在凹室里。至于家居的前门，因为主人很容易看到屏风或防风门，所以很少出现打开一扇门时让它撞到前来参加聚会的客人脸上这种情况。但对于

---

[1] 欧美中学基本实行"走班制"，即每个教师有自己的固定课堂，学生每堂课前往不同的课堂上课。——译者注

一个正在倒时差的美国人来说，让他在试图进入即将住宿的英国建筑物时想到这一点，就实在有点勉为其难了。

解决球形把手不便开门的妙招

无论门把手位于门的内侧还是外侧，它都会揭示一些关于转动它的力的情况。经过许多年后，这么多只手在门把手上的动作将在它身上留下许多痕迹，这些痕迹是具有研磨作用的摩擦力作用的结果。例如，黄铜把手将在 4 点与 10 点（正负半个小时）位置上被磨得锃亮，因为那里经常被左手的拇指和其他手指分别抓住；另外，它在 1 点和 7 点位置上也会如此，因为那里经常被右手的其他手指和拇指分别抓住。我们中的许多人在使用门把手时可以将握紧和扭转的动作流畅地自然衔接，这让我们的手在刚刚握紧把手时就已经开始扭动它了。这样做，可以让我们的手指沿着把手的周边略有滑动，从而抛光把手外缘的一段弧。在公众使用的把手上有些明亮的区域，这些区域不仅代表某个人的触摸痕迹，而且是每个触摸过它的人的总体记录，说明我们大家操作门把手的方式几乎是相同的。

有时候，即使我们用尽全力手握门把手也无法让它转动。当我们的皮肤和门把手之间缺乏足够的摩擦力时就会发生这种情况，或许是因为我们的手或者门把手比较潮湿或油腻。如果年纪大了或者患有关节炎，我们或许也无法足够紧地抓住把手。如果不是由于常见操作设备的彻底失败，则正是因为这种常见的家庭不便，才让日常发明得以诞生，让熟悉的技术得以进化，而人们的习惯也时常随之变化。典型的例子是，在解决问题的早期尝试阶段，人们经常通过给现有技术添加附加装置来满足临时需求。在许多情况下，这些解决方法由个人发明并用于他们自己的家中。例如，增加手与门把手之间的摩擦力的一种方法，是在门把手上绑一个紧贴在上面的橡皮圈。尽管这并不是一个美观的解决方案，但一根不打滑的橡皮圈能让我们的手指接触不打滑的表面，从而使我们能够操作门把手。或许，一位有创业头脑的房主甚至可以考虑将合适尺寸和颜色的橡皮筋打包销售，并将其命名为"门把手助推绑带"或者其他类似的商业文字。

一个更不美观的解决方案是在门把手上包上管道胶带或者电工摩擦胶带。解决这类问题迫切需要与建筑结构融合的方法，以增加手与门把手之间的转动力。将球形把手换成如同药品瓶盖那样有凹槽或齿纹的把手是另一种让手能够施加足够大的切向力的方法。从本质上说，这就是为什么老式房子里的多面压模玻璃门把手不仅令人赏心悦目，而且具有非常好的防滑效果。

无法在手和门把手之间施展足够的抓力（从而产生足够的摩擦力）这一问题，也可以通过将门把手做成扁形或者扁长形来解决。这一改变让门把手的转动可以不通过摩擦，而是通过给拉长了的把手施加的侧向力作用，就像转动机翼螺母或者使用十字形水龙头把手一样。可以将任何连续形状的门把手视为一系列杠杆系统，这个系统以其轴为支点，施加一个相对于门把手周边的切向力，这就相当于将它垂直施加在定义每一个小杠杆的径向线上。考虑到这一点，就能理解为什么很多门都明显地装配了杠杆，而不是伪装成旋钮。如果房主因为不愿承担将房子中所有圆形把手更换为线性开门设施的费用，可以使用配套工具将直杠杆安装到圆形旋钮上。杠杆式门把手以大批不同的装饰性形状和饰面材料出现，但它们都能帮助那些由于手的大小、力量或者柔韧性不足等原因无法握住门把手的人打开门。

力及其有效性（或者它们的缺失）可以影响国家政策，而国家政策又可以推动技术的发展。美国在 1990 年通过残疾人法（*Americans with Disabilities Act*）之前的几年里，发明家和制造厂商开始认真地考虑用杠杆式门把手代替球状门把手的问题。与大多数立法一样，在这个法案通过前，人们对它涉及的问题越来越敏感。例如，20 世纪 70 年代，随着公众愈加意识到残疾人的困境，接受联邦资助的单位或者个人不得歧视有身体缺陷的人士。根据美国无障碍委员会（U. S. Access Board）的规定，公共建筑物的门必须配备"易于单手握持且不需要紧握、紧捏或扭转手腕才能操作的装置。杠杆操作机制、推动式机制和 U 形门把手都是可以接受的设计"。

1985 年，旧金山发明家尤金·佩里（Eugene Perry）在为一种"杠杆式门把手"提交的专利中指出："直到最近，才颁布了法令规定，在涉及政府建筑、交通和干道时，应该为残疾人、病弱者和老年人提供途径，让他们基本上可以正常生活。"实际上，家居装修店正在越来越多地提供线性设计的门把手，从枢轴到末端长约 10 厘米。它们的长度与宽度让人们容易抓住和操作。当然，更长的杠杆把手可以使操作更加轻松，但过长的把手会与使用者的身体比例不协调，而且不符合预期的机械和美学功能。

如果没记错，我第一次注意到长 10 厘米的杠杆式门把手是在医院，它们完全没有保留任何 5.7 厘米直径的球状门把手的痕迹。它们或许是让人用手操作的，但也可以用手肘向下推动、用前臂向上拉，甚至可以用小指钩住。在任何情况下，通往病人房间的门都不必用裸露的手指接触它的把手就能打开，这在很大程度上降低了细菌感染。医院内到处都是杠杆，任何一个单独坐在检查室里的人都有时间注意到这一点。通常，除盛放压舌板和长棉签的罐子之外，水管系统也是由杠杆控制的。洗手池上装配的不是我们熟悉的家用水龙头，而是长长的船桨状杠杆，这样医护人员洗手时就可以用手肘关水。有些情况下，完全没有水龙头把手，水龙头是通过脚踏板打开和关闭的，而脚踏板恰恰是另一种形式的杠杆。可以在洗手池下面清晰地看出连接这一脚动杠杆和水龙头阀门的机理。

美国家居中的杠杆式门把手数量剧增，出现这一现象的原因，不仅是它们在卫生方面的益处，而且是它们的实用性与时尚性。但是，如同我在其他地方写过的那样，不存在完美的设计。尽管杠杆式门把手相比传统的球状旋钮把手具有诸多优点，但它也有缺点。其中最令人烦恼的缺点就是突出的杠杆会钩住东西，如衬衫袖口、外套袖子和裤子口袋。即使 U 形杠杆设计可以让它轴向弯转，让杠杆和门之间的缝隙变得很小，但也没有完全解决这个问题。尽管这一缝隙很小，各种物品还是会被夹在里面。确实，当缝隙很窄时，它甚至能够夹住正在操纵门把手的手指。而且，操纵它们非常方便是杠杆式门把手的另一个更大的缺点。虽然孩子们能够很快学会操纵球状旋钮把手的技巧，但他们能够更早地学会操纵杠杆式门把手。刚刚学步的小娃娃也能打开门，这样，他们可能在意识到地下室楼梯、储藏室和户外的危险之前就能够去这些地方了。

泰德和利昂与家里的门

当孩子成长时，我们住在门上装有传统的球状门把手的房子里。一直到孩子们离开家之后很久，我和凯瑟琳才搬进了一个门上装有杠杆式门把手的房子。这所房子于我们而言也有一个新特点，即有一个动物门。它是一个沉重的透明塑料板活动门，塑料板的下缘装有磁条，它与门框上与之对应的磁条组合，让活动门处于自然关闭状态，这样可以挡住风雨，以及那些不请自来的客人。这扇门没有球状旋钮把手或者一般把手，按照其设计，猫或狗对它施压操纵后就能打开磁性门闩，用身体推开门。当宠物完全进入或出去时，塑料板上的磁条会发出"咔嗒"一声响，让人知道，动物门已经回归关闭位置。

没过多久，我们的两只猫就学会了操纵为它们准备的这扇门。它们都发展出自己的开门风格。开始，泰德和利昂都进行了一番探索性尝试，慢慢地推塑料板的一角，然后让身体小心地通过。然而，没过多久，它们只要从容不迫地推一下门，就可以轻松地来去自如了。当它们想要从一只流浪狗或另一只猫那里逃离时，它们会向活动门冲去，只需一次操作即可抵达安全区。泰德采取的是直截了当的高速冲入法；利昂则是先用爪子打破门的一个角落上的磁密封。在它们进入家中过夜之后，我们通常将一个坚固的塑料挡板放到这扇活动塑料门的后面，这就可以有效地阻止其他的猫、小狗、浣熊和负鼠进入了。

泰德和利昂使用动物门的方式略有不同，这与它们性格的不同是一致的。泰德似乎更加好奇，作为一只猫，哪怕已经十几岁了，它还是会跑进厨房里任何一个打开的柜子里，灵巧地在里面的罐子、盒子和瓶子中间爬来爬去。当它还很小的时候，我们有一次找不到它了，只得打开每一扇柜门，用手电筒照亮每一个橱柜的内部，试图找到它。我们一直能够听到它模糊的哭声，却弄不清楚它在哪里。最后，我们静静地不出声，把耳朵依次贴近每一扇门倾听，这才发现，它被锁在冰柜里。对它来说，这只不过是另一个值得探索的洞穴，而它一定是当冰柜暂时被打开的时候钻进去的，因为我觉得它不大可能自己打开那扇沉重的门。而且它肯定无法从里面把门推开。

泰德一直认为，只要门开着，就是欢迎它进去探索的信号，但与此同时，它也逐渐形成了另一种习惯性行为。每当它想要回家但动物门被锁上时，它就会跳起来，用前爪钩住我们后门的杠杆把手，像一位准备好开始在高低杠上做一套动作的体操运动员那样，通过悬挂在那里的身体重量把杠杆把手向下拉。当泰德被迫松开抓住把手的前爪并落到地上时，因为悬挂的重量突然消失，把手就会因此向上弹起，恢复水平位置，同时发出一声响亮的"咔嗒"声，而且会短时间内发生颤动。这就是它很有效的敲门方式，让我们知道它在门外并且希望回家。这种利用某种技巧的噪声副产品的能力让它受益不小，因为总的来说，它是一只相当沉默的猫，很少喵喵喵地叫。

通往我们屋外庭院的是一个法式双扇落地玻璃门，泰德对此采取的应对措施则不同。和没有窗户的后门不同，这个门上装有多块玻璃，所以如果有谁想要进来，我们可以清楚地看到。泰德从来没有悬挂在这个门外面的杠杆上，它和利昂只是透过最底层的那块玻璃，可怜巴巴地盯着里面，表达出它们想让我们从椅子上站起来放它们进来的意愿。如果我们没有很快地做出反应，它们就会用爪子在玻璃和木头上挠来挠去。

我们的法式玻璃门通常是锁着的，右面那扇门的顶端与底部都有固定插销，而左边那扇门的插销开关用的是一个小的球状旋钮把手。当球状旋转把手关着的时候，它上面的杠杆把手无法移动，泰德没法吊上去之后松开弄出声音。但如果门没锁，则只要压住杠杆往里拉，门就开了。这两只猫多次看到我们这样做。一天晚上，当我和凯瑟琳已经在房子里别的地方坐下开始阅读之后，我们发现通往庭院的门开了。我们觉得，这一定是我们没有插好插销把它锁上，结果来了一阵风把它吹开了，于是两只猫就借机跑出去了。后来这种情况又出现了一次，这次我们可以肯定门已经被我们关紧了，所以我们必须找出它被打开的原因。

我们观察到，就像对付后门一样，泰德又一次决定自己用爪子解决问题，但利昂从来不会这样做。泰德会跳起来，用爪子勾住双开门的把手，身子吊在上面。如果门刚好没锁，它的重量就可以把杠杆压下去，松开插销。当泰德悬挂在把手上时，它的后爪子做了一个攀爬动作。如果刚巧它的右后爪推在关得紧紧的右边一扇双开门上，它的身体又刚好往后推，它的前爪就可以随之让门开到它可以挤出去的那么大的缝隙。这完全符合牛顿第三运动定律。随着时间的推移，泰德学会了一个更进一步的窍门。如果插销没有因为它悬挂在那里的重量被压下去，它就会用右前爪"单手"悬挂在上面，同时伸出左前爪去抓那个小球状旋钮把手。这通常不会成功，但如果坚持下去，它就有可能成功地转动那个椭圆形的把手来打开插销，然后打开门（见图7-1）。

（a）　　　　　　　　　　　（b）

（c）　　　　　　　　　　　（d）

图 7-1　泰德开门的照片

注：通过把身子吊在杠杆把手上，泰德可以打开双开门的插销，让自己出去。

资料来源：Catherine Petroski。

我第一次看到它这样做，是一天夜里我坐在附近一张椅子上阅读的时候。因为我一直希望能够拍下它这样做的照片，所以我在身边放着一台随时准备就绪的照相机。我在此给出我第一次拍下的泰德开门的照片。接着，我在互联网上搜索"猫开门"的照片和视频，结果发现，许多其他猫科动物也和泰德一样有天赋。的确，我发现不仅猫可以操纵杠杆式门把手，而且它们中有些还能够完美地掌握拧球状门把手的技巧，即像孩子用双手拧把手一样，它们用两只前爪拧把手。

每天晚上，在确保猫在家而且门锁好了之后，我就会刷牙准备上床。这时我必须动手做一些一天中最困难的操作。仅仅是从牙膏筒里挤出一些牙膏涂在牙刷上这一个简单操作，我就必须经历以下过程：拿起牙膏筒，拧掉盖子，拿起牙刷，把牙刷放在打开的牙膏筒下面，捏一捏牙膏筒，朝牙刷上挤出一点点牙膏，重新盖上牙膏筒盖子，把牙膏筒放下；然后我要抓住牙刷，在我嘴里前后上下绕来绕去地移动它，接着我要拧开水龙头，以各种方式把牙刷放在水龙头下面洗涮，再把它放回牙刷支架上。换言之，这是抓、拧、挤、捏、推、拉等动作的组合，这时我的手在这些动作之间切换，但根本不用动脑子想。我甚至不必考虑我该用多大的力，因为我已经学会了足够轻柔地这样做，不至于破坏牙釉质，但也要足够用力，从而让食物的残渣从牙齿之间和牙龈周围脱落，同时在牙刷毛和牙釉质之间产生足够的摩擦，抛光牙齿表面，令其发出令人愉快的光泽。

当沿着走廊走向卧室时，我回想着自己与力打交道的一天里涉及的身体的各种力，包括脚的力、腿的力、上下颌的力、肩膀的力、胳膊的力、手腕的力、手的力、手指的力。我感到，哪怕没有去健身房，我也锻炼了身体，而且我的锻炼还没有完全结束。我准备睡觉，这时便要脱去白天穿的衣服，穿上睡衣。我确实会思考，猫是怎样扭曲自己的身体进行清洗并在必要时打开门的。如果我们的猫还和我们在一起，它们会紧紧地蜷曲成皮毛球，因为它们会为了保暖和舒适缩成一团。泰德的睡眠很浅，利昂睡得很沉。当我上床睡觉的时候，我经常发现，利昂靠在我的枕头旁边，有时甚至躺在枕头上。我用双手紧紧搂住利昂结实的身体，好像把衣物从洗衣机里挪到烘干机里一样，把它重新安置在床上的另一个地方，它会在那里一直睡到醒来。醒来的时候，它会伸展它柔软的皮肤，好像一个准备跑步的慢跑者。首先它会向前伸展前腿，伸到远离身体的地方，然后把腿缩回来，并拱起背，达到正常高度的两倍，接着它会开始后爪着地，身体往前爬，直到身体离后爪很远，肚皮贴在地上。最后，它会从床上跳起来出去玩耍。重新收回了我的半张床之后，我像泥塘里的一节原木一样，倒在凉爽的床单和柔软的垫子上，我知道自己可以好好地睡上一觉了。

失踪的泰德和利昂

几年前的春季，泰德和利昂几天内相继失踪。我们在邻居的电子邮件群里告诉大家这件事，并按照每一个看到它们的人提供的报告进行追踪。然而，无论我们怎样在周围驾车寻找，无论我们怎样喊它们的名字，我们的猫朋友还是走掉了。我们觉得，容易受惊的利昂可能主动离开了，因为它害怕附近声音很大的建筑工地，而它忠诚的伙伴泰德也跟随着它走了。好几个月过去了，不再有人提供线索，这时我们放弃了，我们觉得再也见不到它们了。我们本来觉得，无论它们迷路走了多远，就像霍莉能从代托纳海滩走回西棕榈沙滩一样，泰德和利昂终究也会找到回家的路，但过了两年，我们已经不抱什么希望了。

泰德是我们这个街区里的 3 只橙色斑猫之一，所以不时有与它相似的猫从我们的庭院里经过。尽管它们的大小和颜色是相似的，但没有一只看上去有与我们记忆中相同的条纹、耳朵或者步态。没有任何一只停下来，透过双开门观看，那是我们觉得泰德会做的事情。后来，我们开始在汽车风窗玻璃上看到爪印，那是泰德过去爬上屋顶居高临下观看私人车道时留下的痕迹。一天，凯瑟琳看到一只橙色的斑猫走过庭院，走进车库并蜷伏在一辆汽车下面。当她跪在地上温柔地喊了一声"泰德"的时候，那只猫甩了甩尾巴之后走掉了。后来，我们越来越经常地看到它，它在走开的时候动作更慢，回头看的时候更加小心翼翼，这让我和凯瑟琳都在想，它会不会真的就是泰德啊。

慢慢地，当这只猫穿过庭院时，它会短暂地停一下，透过双开门往里看。这种行为每隔几天就会重复一次，而且它也走得越来越近，向双开门内凝视的时间也更长了。我们越来越希望是泰德回来了。我们从来没有听到它要求进屋，但我们可以看到，当它向后退并向车库走去之前，它好像要张嘴说什么。一天，当看到它这样做的时候，凯瑟琳打开后门叫了它一声"泰德"。这只猫用她听得见的声音"喵"地叫了一声，慢慢地向后门走来，谨慎地进了门，小心翼翼地吃了些食物、喝了些水，然后便离开了。

改变
世界的
6 种力

Force

———— ▶ **第一部分**
理解我们与世界的联系

- 由人类肌肉力量引发的每一种可以想象的行为，如行走、奔跑、弯折、扭曲、旋转、翻滚等，都可以解释为一系列的推与拉。

- 引力无所不在、无处不有，它既是忠实的朋友，也是善变的对手。

- 无论引力还是磁力都不需要实际接触即可发挥作用，这一事实让它们显得神秘莫测，也更加引人深思：引力和磁力，究竟哪一个更强？

- 正如生活中的许多事情一样，摩擦力的重要性在它不存在时体现得更明显。

- 正是通过使用 $F=ma$ 这类运动方程，工程师迈出了开发火箭的第一步，而火箭让航天员能够登上月球，让人造卫星可以围绕地球旋转，机器人、无人探测器和探测车可以在火星上探测，并深入外层空间探险。

- 要想将力转变为动作，杠杆是不可或缺的，无论以何种形式存在，杠杆都不可能过时。

- 我们可以通过选择工具和力的作用方式来决定力的种类，也可以通过改变力的作用方向来决定力的作用效果。同样，出于不同的目的，人类可以通过改变力来推动文明的发展或者阻碍世界的进步。

把握与放开，
理解我们如何改变世界

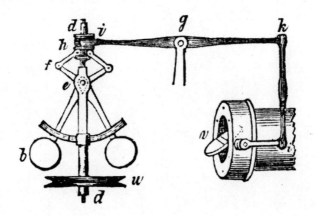

Force

What It Means to Push and Pull,
Slip and Grip, Start and Stop

第 8 章

惯性，加速、转弯与急停时的小烦恼

交通工具上的惯性

纽约市的地铁系统每天运送 500 万人次以上的乘客，这提供了许多体验与通勤相关的力的机会。公文包和车站站台这些无生命物体可能感知不到力，但在交通高峰期，塞进某个地铁车厢内的人与人之间碰撞和挤压的力是非常容易感受的。当我从这座城市的边远地区到下曼哈顿上班时，找到空座的机会非常渺茫；我经常在整个乘车期间都站着。在这种情况下，公共汽车或者地铁车厢的每一个运动都被放大了，而我的身体必须做好准备，对抗车辆从车站开出时向后的惯性和到下一个车站减速时向前的惯性。

根据牛顿第一运动定律，在不受外力作用的情况下，处于静止状态的物体将保持静止，一个做匀速直线运动的物体将继续保持这一运动状态。这种保持静止或者匀速直线运动状态的倾向叫作惯性。赫兹将这一现象称为一个可以"根据经验推断出"的"基本定律"。

只要一节地铁车厢匀速地沿直线轨道运动，乘客就能够稳稳地站着，好像踩在坚实的地面上一样。然而，当车辆加速时，在车厢地板和站立的乘客不光滑的鞋底之间的摩擦力将让乘客跟着加速。然而，身体的其他部分与地板没有直接接触，所以无法直接感觉到同样的力，这些部位想要停留在原来的地方，因此会朝着与火车行进方向相反的方向运动。如果车辆加速过快，站立的乘客可能会被甩到其他乘客身上，如果附近没有其他人或东西可以抓住，乘客可能会摔倒在地。在可能的情况下，站立的乘客会抓住吊环、扶手、柱子和车厢的其他部分，这是因为在车辆加速时他们可以通过推或拉这些物品保持自身平衡。

当列车从一条轨道转向另一条平行轨道时，会产生侧向冲击力和伴随着曲线运动的离心力。即使是经验丰富的乘客，在专心阅读报纸时，也会被这些突如其来的力吓到。作为通勤者，我无法轻易看到前方的情况，因为在大多数时候，只能看到窗外黑暗的隧道墙壁。但是，无论我是否能看到前方的情景，这些力都有可能使我失去平衡。当然，同样的力会影响所有站立的乘客，但当他们紧挨在一起的时候，他们不需要抓住任何东西也可以保持平衡，因为紧挨着的其他乘客可以相互支撑，他们将一起摇晃但不会摔倒，只要队列最后面的那位乘客能够抓住某个物品或者靠在某个东西上就行。

挤满人的公共汽车也会发生许多同样的情况，但乘客可以看到即将出现的情况。我就读的高中离家大约 16 千米，家和学校都位于人口稠密的纽约皇后区，两地之间的最短通勤路线是先乘车或步行大约 1.6 千米到达车站搭乘公共汽车，然后换乘另一辆公共汽车，最后步行到学校。大约有 20 位同班同学和我搭乘同一辆公共汽车，我们常在车上与其他通勤者抢位置。我相信，部分是为了安抚我们，交通管理部门开设了一条每日一班快车专线，终点站就设在我们学校门口。这非常方便，而且因为每天乘坐这辆车的是同一批同学，于是我们便开始密谋如何拖延它到达学校的时间。有路上的交通问题作为借口，我们就不会因为缺了一两堂课而被课后留堂，这是我们的最终目的。

走我们这条路线的公共汽车很少是新车，驾驶这班车的司机通常也不大管车上的秩序。有了这两者结合的便利条件，我们就开始在车上策划起恶作剧。这些公共汽车的问题之一，是它们的悬架系统太软，我们这伙人很快就知道，车在转弯时总会明显地向外倾斜，而司机似乎喜欢以较快的速度转弯。每当他这样做的时候，我们这些学生就会因离心力和车辆的倾斜而被向外甩。每当这种情况发生时，我们总会向司机喝彩，让他再来一次。我们就像在教室后面坐着那样坐在车辆后排，但大家聚集在一起的总重量不足以让它过分倾斜。公共汽车的车身既不会擦到轮胎，也不会刮到地面。尽管如此，我们还是好奇，需要再加多大的力才能翻车呢？

我们并不都是未来的科学工作者或者工程师，但很快，我们都感觉到力正在起作用，并知道该如何放大力的效果。我们觉得，如果大家集中坐在公共汽车一侧，就会让那一侧的悬架系统负载加倍，所以我们就试着这么做。最初的几次尝试，只不过造成了比平时略微大一点的倾斜，但当学会了如何更紧凑地挤在一起时，我们发现，这样做可以让公共汽车的车身刮到地面，并让轮胎刮擦车轮。而且，我们中一半人在知道车即将转弯时就冲过过道与另一半人挤在一起，这时我们能够感觉到悬架系统降到了最低点。终于，一天早上，我们听到并感觉到，在公共汽车的底盘上有什么东西断裂了。这辆公共汽车永远报废了，我们为战胜机器而得意，但也因此付出了惨痛代价。我们只能等着一辆替换车辆到来，这让我们迟到了很长时间，而且因为我们的恶作剧行为，交通管理部门判定我们故意破坏车辆，学校判定我们逃学，作为惩罚，我们被课后留堂一个星期，并且只能在晚高峰期间自己想办法回家。这件事除了让我们学到了如何用力"毁掉"一辆公共汽车，也给了我们一个深刻的教训，我们也由此意识到要善待公共基础设施。

神奇的电梯体验

在一座大城市中，大部分通勤者在高层建筑中工作，他们依赖电梯上下楼。尽管电梯的安全系统不允许太多人挤进同一个电梯，但电梯里可能还是会很拥挤。然而，因为不存在侧向运动，电梯中的乘客不必抓住任何东西，只需好好安抚自己的胃，因为当电梯加速向上时，胃会向下降，当电梯减速太快时，胃会向上顶。但乘坐某些电梯还是会给人带来惊喜。

几年前，我们全家前往拉斯韦加斯度假时，住在拉克索酒店（Luxor Hotel），也就是建在拉斯韦加斯大道上、形如埃及金字塔的那座酒店。由于这座 30 层的建筑的几何形态，它的 2 500 间客房全都分布在金字塔 4 个倾斜的表面上，电梯则位于靠近建筑物棱角的地方。因此，那里的电梯并不是竖直的，而是沿着金字塔各边以 39° 的倾角设置的。这些"倾斜电梯"是旅游体验的一部分，但我们从寒冷的地方出发，抵达酒店时已是深夜，我们对于酒店怪异的几何形状并没有深刻的感触。我们乘坐的电梯轿厢内部也没有特异之处，它和我们乘坐过的许多别的电梯非常相似，都有与竖直电梯壁相连的水平地板与天花板。但当车厢开始上升时，我们对运动的感觉完全不熟悉，我们被甩得失去了平衡。因为车厢的运动方向与竖直方向有夹角，所以车厢的加速度是斜向的。这种感觉就像标准电梯与机场自动人行道两种运动的结合。尽管开始有些不适应，但我们还是很快就习惯了这种不寻常的力的组合，这让我们更加认识到，事物并不总是表面看起来的样子。

莱斯利·罗伯逊的实验

这是我们一家在拉斯韦加斯的经历, 或许与俄勒冈州尤金市的一些居民在 1965 年的经历有些相似。一些人看到了一项免费检查眼睛的宣传材料, 毫无戒心并接受了这项免费检查的人被告知前往一家新的光学研究中心报到。他们登记进入后被引入一间没有窗户的检查室, 那里其实是一个运动模拟器, 也就是一个安装在由液压装置控制的机械设备上的盒子, 这种设备能让检查室按照预定的方式摇摆。按照指示, 这些研究对象站在检查室地板上的标志点上, 估计投射在墙上的三角形高度。就在他们正在完成指定的任务时, 在没有告知他们的情况下, 检查室开始运动, 而当运动加速时, 一些研究对象感觉到了运动并说了出来, 而另一些不觉得检查室有运动的人也被询问有何感受。这些数据被收集起来用于估算人类对超高建筑物在风中摇摆的耐受程度。

这一实验是由纽约世界贸易中心双子塔 (下文简称双子塔) 的结构工程师莱斯利·罗伯逊 (Leslie Robertson) 设计的。双子塔曾是世界上最高的建筑物之一, 但因为它们的高度和设计师为实现对钢材的有效利用, 双子塔有一定的弯曲和摇摆能力。双子塔可以弯曲到什么程度呢? 上一段中提到的俄勒冈州实验给出的结论是, 预期会有 10% 的人能注意到 5 ~ 10 厘米的摇摆, 而实验对象能注意到摇摆的平均值约为 12.7 厘米。将实际建筑的摇摆限制在一定范围内有助于让较少的人受到影响。或许不需要进行实验, 就能定性地得出这样的结论, 但罗伯逊通过量化的方式确定了数值范围。尽管建成的双子塔在顶端的实际摇摆高达 90 厘米, 但在结构设计中引入了阻尼装置, 最大程度地减轻了塔内人员的不舒适感。

在运动场里, 距离比赛场地最近的观众能够看到比赛的细节, 而距离比赛场地最远的观众则可以看到比赛的总体场面和攻防趋势。在一座超高建筑物中的情况也同样如此, 最低楼层的人可以看到风对路边的树叶和人行道上垃圾的影响，在漩涡中行走时能感受到风力，但在顶层的人才能看到聚集中的风暴，并感受到一场飓风对建筑物的影响。

"人浪"是怎么形成的

有时候，观看同一场体育比赛的观众会出现行动一致的情况。在卡梅隆室内体育场，杜克蓝魔队的主场比赛中，就出现了这种情况。这座体育场能够容纳大约 9 000 名球迷，几乎所有人都是篮球比赛的狂热爱好者。人群的嘈杂声随赛场情况的变化而变化。当比赛正常进行的时候，喝彩声与嘘声此起彼伏。当出现了精彩的表现，比如一个惊艳的扣篮时，观众席里会爆发出热烈的喝彩声，但之后会逐渐恢复平静，就像摩天大楼的阻尼运动一样。当比赛暂停时，人群的喧嚣也会暂停，直到出现一个吉祥物或者其他能够吸引所有人注意的东西将他们唤醒。在卡梅隆室内体育场，常能见到被称为疯狂毛巾客（Crazy Towel Guy）的超级球迷。观众中的大部分人是持有季票的球迷，他们知道疯狂毛巾客坐在哪里，当球队需要提振士气时，这些球迷会提示他站起来挥舞毛巾，以提醒其他球迷重新集中精神，为球队加油助威。一个人能影响许多人，这是一种普遍现象。有些橄榄球球场可以容纳十万球迷，或许只需要其中一个或者几个人站起来又坐下，就能掀起一波"人浪"，它能够扩大成一个席卷整个体育场的浪潮。浪潮的开始与持续可以产生一种催眠般的效果，连最冷静的观众也会被带动起来。

"牛顿的摇篮"

可以用一种叫作"牛顿的摇篮"的装置（见图 8-1）说明一个相关的现象，这种装置经常作为办公桌玩具出售。这种装置每个模型由几个钢球组成，它们由钓鱼线悬挂在一个镀铬的金属架上。这 5 个单摆球在我的书桌上静止不动时，会让人想起地铁车厢里一排站着的乘客。如果从侧面推一下金属架，这些单摆球会像地铁乘客一样，对车辆启动或者到达车站时产生的力做出一致的倾斜反应。

图 8-1 "牛顿的摇篮"桌上模型图

注：一个叫作"牛顿的摇篮"的桌上模型可以用来娱乐与缓解压力，同时也能演示力和运动之间的相互作用。

如果把一端的球拉高到一侧然后放手，有趣的事情就会发生。正在沿弧线摆动的单个球向静止的一排球撞去，后者让前者戛然而止，随后会传来一系列急促的碰撞声，但与此同时，悬挂着的那些球看上去全都静止不动，直到最后，才看到一连串球中最前端的那个球向上摆动。在到达自己的最高点之后，这个球向下方摆动回去，"咔嗒"一声撞上了等在下面的 4 个球。和上次一样，运动的球突然停住，中间的 3 个球在原地发出响声，而最开始运动的那个球向上摆动并到达与它最初被释放的位置相差无几的地方。接着，这一系列运动带着可以听得到的"咔嗒"声不断重复着，伴随着球与球之间的冲击，声音会在最后一个球脱离群体向上摆动接着返回时暂停，接着又是新的一轮冲撞和"咔嗒"声。间歇性的重复运动带有催眠效果，可以提供另类感觉，好像能够体验力的视觉与听觉效果。球与球之间持续不断的碰撞，让我们的感官清晰地感受到由接触驱动的运动，人们曾将其描述为"力学中最基本的现象"。

17世纪，牛顿建立了以他的名字命名的定律，解释了表现在这个玩具上的力和运动之间的关系。牛顿第二运动定律 $F=ma$ 能够解释一个物体的自由下落现象，由于其加速度是引力产生的，人们习惯性地用 g 表示这个加速度，并称其为重力加速度。在这种情况下，这个公式告诉我们，重力 G 和质量 m 是通过等式 $G=mg$ 联系在一起的，它解释了同样的质量在有不同引力的行星上有不同的重力和表现的原因。

如果一个物体完全不受力的作用，它就没有加速度，这也就意味着，它必定会保持静止状态，或者以恒定的速度做直线运动，即处于匀速状态。**运动中的物体具有动量，动量等于物体质量 m 和速度 v 的乘积。**当那个被抬起的球正要摆动到与它最接近的那个球相撞的时刻，它具有动量 mv，而静止的球的动量为零。在碰撞时，第一个球把自己的动量转移给了它击中的球，并让其撞上下一个球，以此类推，直到一排球中倒数第二个球把它的动量转移给了最后一个球并让最后一个球的速度等于这个链式反应开始时第一个球的速度。因为最后一个球前面无球可撞，它的动量便让它继续沿着向上的弧线运动，直到它因为自己重力的阻碍而无法向上运动为止。然后，这个球会沿着同一条弧线向下折回，撞上了等在那里的4个球，运动就这样重复进行。

一套装配理想的球必须遵守能量守恒定律，该定律指出，系统的总机械能必须一直保持不变。在这样的系统中，机械能由重力势能和动能组成，前

者取决于球的重力和它所在位置的高度，后者取决于它的质量和它运动速度
的平方。当所有球都静止不动时，它们的总机械能为零。当第一个球被抬高
时，它获得了重力势能，这个重力势能将以动能的形式转移给它撞击的球。
因为中间的 3 个球受到了邻近的球的限制，所以无法移动，但能量通过它们
传递，驱动了最后一个球，令其速度等于第一个球撞击其余 4 个球时具有的
速度。这一系列运动重复进行，球的往复运动看上去像一个被摇晃的摇篮，
因此得名"牛顿的摇篮"。

在这些球相互作用的过程中，它们之间的确存在相互作用力，但这些大
小相等、方向相反的力是系统内的力，因此在系统内被抵消。这些力只在一
个球向另一个球传递推力、动量和能量时显现出来，直到传递到最后一个球
为止。假如这些球不是钢球而是篮球或者鸡蛋壳，这个玩具就失去作用了。
在受到击打的过程中，篮球内部海绵状的材料将会迅速消耗能量，让摇篮几
乎无法摇晃；而鸡蛋壳将会破碎，从而消耗系统的机械能。而钢球坚硬、弹
性性能优越的特点，可以让力通过撞击时的相互接触与分开有效地传递下
去，因此能让运动继续进行。所以，除了相关的力，材料对于结果也具有重
大意义。在一个并非理想的系统中，球会最终停止运动，因为每一次碰撞都
有一些动能被转换成声能，所以系统的机械能都会减少，而当球互相撞击时
我们听到的声音就是声能产生的。

即使不涉及能量和动量的概念，一套制造得当的"牛顿的摇篮"也能让我
们很好地感受相关的力学因果关系。假定一套简化了的"牛顿的摇篮"中只有
两个钢球，抬高左边的那个球之后松开手，它会以一定的速度撞击右面那个
仍然静止的钢球。我们可以将运动的那个球想象为一辆汽车，驾驶人正在沿
坡而下；同时，将静止的那个球想象为另一辆汽车，驾驶人把它停在坡底的
交汇点上。我们还可以进一步想象，高速前进的那辆车的驾驶人正在发短信，
所以没有看到停在前面的汽车，结果发生追尾。撞击让运动中的汽车停了下

来，并推动原本静止的汽车向前运动，而这辆原本静止的汽车通常会在地上留下刹车的痕迹，这个痕迹能说明它运动了多远。如果两位驾驶人系上了安全带，他们会与各自的车有同样的运动状态，一个会停下来，另一个会向前运动。主动撞击的那辆车的驾驶人会感觉到安全带拉住他身体的力，因为惯性让他的身体向前冲；原本静止的那辆车的驾驶人会感觉到一种推背力，而且，如果头靠的位置不恰当，他可能会扭伤颈部。如果未系安全带，下坡的驾驶人很可能会被甩到安全气囊上或者穿过汽车的挡风玻璃飞出去；被追尾的汽车驾驶人的命运则主要取决于椅子靠背和头枕的作用。"牛顿的摇篮"可以让我们感受碰撞力学的真实效果，但在真实世界中的人类不像钢球那么坚固，因此会造成致命的后果。

体育中的作用力与反作用力现象

类似的作用力与反作用力现象经常出现在体育比赛中，这类情况大多发生在物体或者运动员相互碰撞时。最常见的情况出现在有 10 个球的台球桌上，母球的接触力让三角形排布的 10 个带号码的球在"砰"的一声相互碰撞之后四散分开，就如同烟花表演的最后一幕。类似的还有球棒击打棒球、脚踢足球、网球拍猛击网球等。在所有这些情况下，球和打击它的事物的性质，以及它们之间的相互作用力将决定随后的运动。篮球运动员通过让篮球旋转来增加投篮命中率，而这种旋转会影响球在篮板和篮筐上反弹的方式。足球运动员也会踢出香蕉球，让球绕过他和球门之间的人或者物体。玩台球的人经常使用一些技巧，让母球在打中目标的路径上跳过或绕过一个或多个球，这些技巧的名称大多涉及 English 这个单词。① 所有这类方法都利用了物

---

① 在台球术语中，打击母球的左侧叫 inside English，打击母球的右侧叫 outside English，打击母球的中心下面叫 low English，打击母球的中心上面叫 high English，这些击球方式能让母球沿着不同的路径击出。——译者注

体对于作用在它们身上的力与力矩的反作用效果。无论是否精通牛顿力学，那些运用这类方法的人都逐渐培养出对于比赛和相关力的感觉。

类似地，体育装备的表现也非常依赖它在击打或者受到击打时是如何传递或吸收力的。在棒球中，接球手的手套带有厚厚的衬垫，这让他的手能够在投球大约 160 千米 / 时的速度冲击下安然无恙。尽管一垒手的手套衬垫没那么厚，但上面的口袋却比较长，这就让他能够伸长手去接从内场投出的球，而不会让手指遇到危险或者踩到垒外。与此类似，橄榄球运动员戴着头盔、肩垫和其他护具，以吸收比赛时的冲击。橄榄球接球手戴着的手套上有一层硅胶或者类似的防滑物质，或者手套本身就是由抓力强的材料制成的，这能帮助接球手做出高难度的单手抓球动作。当我们的手指长时间浸泡在水里时会产生褶皱，这种手套的纹理在某种程度上模仿了这样的褶皱。生物学家已经发现，这样的褶皱能让我们更好地抓住潮湿物体，因此可能让我们的祖先获得某种进化优势。

击球手的表现同样深度依赖他的装备，以及他在本垒上对装备的使用。美国职业棒球大联盟只用木质球棒，尤其是白蜡木这类硬木是他们很喜欢用的材料，他们有时也使用枫木。人们曾在贝比·鲁斯的时代使用过山核桃木，但它的密度比较大，所以比较重、较难挥动。将球棒中间掏空填上软木塞的非法行为确实能减轻球棒的重量，令其易于挥动，但减轻重量会对球离开球棒时的速度产生负面影响，这会抵消球棒挥动速度的增加带来的好处。无论球棒是用什么材料做成的，当它打中球时都会发出独特的声音，这种声音的性质可以让外场手和跑垒手预判球将进入内场还是外场。

球棒击球的动作或许与"牛顿的摇篮"中一只球撞击另一只球的情况类似，但因为球棒是细长的，这让情况变得更复杂一些。根据击球的方式和球棒的击球点，运动员的手可以体会到不同的感觉，这包括从打出本垒打的满足感，到球棒让人不舒服的振动带来的刺痛。空心铝球棒已经得到了很多人的认可。空心的球棒更轻、更灵活，人们认为它会给球更多的能量。

力的分解

无论运动是怎样开始的，我们都可以把它们分解为平移和旋转两个基本运动。在平移的时候，物体的运动方向一直与其初始位置保持平行；物体旋转时，则有角度的改变。在静止的空气中飞行的一架飞机沿着它的头部所指的方向平移，如果它穿越恒定的侧风，这时它仍然会平移，但方向则由发动机向前的推力与空气的侧向推力共同决定。飞机的旋转可以有多种发生方式。如果飞机头部在上下摆动的同时尾部也上下摆动，则称为俯仰；如果飞机头部左右运动的同时尾部也左右运动，则称为偏荡；如果左右机翼交替上下运动，则称为滚动。飞机在倾斜飞行转弯时旋转得最明显。一架飞机或任何其他物体的整体运动，是作用在它身上的力造成的平移和旋转的结合，而细心的乘客可以感受到这些力的作用。

"长赐号"的经历

船在水上航行时也受到各种方向的力的作用。全长约 400 米的货轮"长赐号"的长度等于帝国大厦的高度。2021 年初春，它从中国驶向荷兰。在侧风强劲的一天，"长赐号"穿过苏伊士运河最狭窄的部分。船的甲板上堆积的 9 层货运集装箱让这条船已经极为庞大的尺寸变得更大，这就让"长赐号"暴露在强侧风威力下的表面积变得非常大，风力把船推向与运河对岸非常接近的地方。这会让水分为两股水流，并发生我们称为岸壁效应的现象，也就是说，位于更狭窄的河岸一侧的水流得更快，减轻了对于船体的压力，于是"长赐号"会更靠近河岸。事实上，船只穿行在分开的水流中，类似于飞机的机翼穿过分开的气流。可能是因为船的操控人员试图通过调整船舵以抵消岸壁效应，也可能是因为风的影响，总之，这艘船开始无法控制地偏航，然后被迫搁浅了。

因为这艘船的长度几乎等于运河的宽度，它在接下来的一个星期阻塞了一切航运，期间人们做出了种种努力，试图让货轮重回航道。但较早的尝试都失败了，而随后出现的一次超出正常高度的春潮，为人们提供了一次新的机会，在潮水的帮助下，13 艘强有力的拖船解救了"长赐号"。如果这次行动未能成功，就必须将 18 000 个货运集装箱中的一部分卸载，以此减轻货轮的总重量并使其浮起得更高，但每个重达 40 吨的集装箱必须一个一个地卸载。

物质之力外的影响

这个问题和解决方案或许可以通过物质之力来解释，但对于全世界商业造成的后果则要从经济方面来考量。苏伊士运河是亚洲和欧洲之间至关重要的一条水路；当运河被堵塞时，全世界的供应链被严重中断；而改道非洲最南端的好望角的替代海路将让航程增加几周的时间。发货公司与船运公司必须进行风险 - 收益计算，以决定是让商船改道还是下锚等待运河重启。在等待重启的船只中包括向叙利亚运送石油的油轮和向欧洲运送厕纸的集装箱货轮。当相对无形的供需之力开始发挥作用时，对于短缺的担心导致了商品的定量配给。

这个问题于 2021 年秋天再次出现。这次的瓶颈不是某条运河，而是矩形集装箱货轮的目的地港口，它们在那里需要很长时间才能卸货。随着跨太平洋贸易从疫情造成的减速中恢复，大量货轮来到美国西海岸，其中许多不得不下锚等候 10 多天，直到先来的货轮卸货后方能入港。在一段时间内，几乎有 75 艘货轮在洛杉矶港和长滩港外等待进入，在所有进入美国的货运集装箱货轮中，通过这些港口的比例为 40%。在受到影响的供应链中包括出版业，其中许多色彩丰富的图书是在亚洲印刷的。一家出版商已经为运输一个装有 35 000 册图书的集装箱跨越大洋付出了 25 000 美元，而无法及时在圣诞节假期让这批书上架销售，则会让这笔有利可图的生意变成亏本买卖。正如物质之力对于船只与它们承载的集装箱十分重要一样，经济的影响也可以成为决定企业的成功或者失败的关键因素。

即使数以千计的大型集装箱得以卸载上岸，麻烦仍然没有结束。在一段时间内，多达 80 000 个货运集装箱堆积在美国第三大集装箱目标港口萨凡纳港，这让新到的集装箱无处堆放。为了容纳这些大箱子，人们只好把它们堆叠 5 层放置，这让人们更难找到某辆卡车正在等候的某个具体的集装箱。在正常情况下，集装箱很快就会被运走，但疫情造成了货车司机的短缺。有些大集装箱被送进了仓库，但仓库也几乎被全部占用。这种状况严重破坏了全球供应链，而且并不只是集中精力解决了某个关键性的单一问题便可以让整个系统的麻烦迎刃而解。实际上，供应链上的每一个环节似乎都处于过载的边缘。研究故障的工程师对于这种状况非常熟悉，正如桥梁或者建筑物的整体崩溃很少归咎于单一原因。而作用在一根梁或者柱上的力太大或许会成为导火索，这个部分或许会因为建筑时的忽视、遇到的碰撞或者腐蚀而无法承受本应由它承受的力。

游乐场中的运动与力

摩天轮以相当令人愉悦的方式结合了平移与旋转运动。摩天轮的轮子围绕着它高高地超出地面的轴旋转，推动这一运动的是由传动带、轮子、链条或者齿轮传送的来自发动机或者电动机的力。我们或许可以认为，大轮子上悬挂着的小包厢是通过较小的轴连接在它的周边上的。如果轮子以恒定的速度缓慢旋转，小包厢的地板总是与地面平行。如果小包厢中的乘客认为这种风平浪静的运动过于平淡，他们也可以前后摇晃，让小包厢围绕着自己的轴做圆弧运动，同时继续沿着大圈平移。因为摩天轮可以让小包厢有不同的运动，所以，它在不同的乘坐者眼中可能不同。但当运动不受我们的直接控制时，我们会觉得不舒服，甚至感到惊慌。这就是有些人在驾驶汽车时的感觉比坐在乘客座位上更好的原因。

有些人更想体验不受控制的运动。这些人在游乐场中绕开摩天轮和旋转木马，而是直接选择过山车或者更刺激的项目。在弗吉尼亚州威廉斯堡附近的布希公园中，有一个游乐项目叫达·芬奇摇篮，这是一个有误导性的名字，因为它就是上述更刺激的项目之一。它由一个大缆车车厢和车厢里的 10 排座椅组成，每排座椅可坐 4 个人。缆车车厢是由一个结构架通过类似大单摆的连接装置支持的，并装饰着大滑轮和皮带，它们或许会发挥作用，或许不会。在整个运行过程中，缆车车厢的地板保持水平，也就是说，它的运动完全是平移。但确实，缆车车厢的支持点上上下下的运动形成了相当大的加速度，它沿着大圆弧，带动着摇篮和上面的每一个乘坐者。伴随着这种运动所产生的离心加速度，乘坐者的胃体验到的力，类似于在快速升降的电梯中的力。

在达·芬奇摇篮中体验的运动一直保持在一个垂直的平面内，而在过山车车厢中体验的力远远超出了一个单一平面的转弯和扭曲。这就意味着，过山车车厢中的乘客不仅体验到了达·芬奇摇篮中乘客的升降，还体验到了将他们的身体向不同方向甩的侧向运动和头下脚上的运动。一切游乐场骑乘项目都只不过是这些主题的变种。这些项目的设计者面临的挑战是要保证运动车辆的运动看上去惊险怪诞，但永远在牢牢的控制之下。为了做到这一点，骑乘游戏的设计者必须保证，与运动结合的力不仅是设备结构本身可以容许的，而且也是乘坐设备以寻求刺激的乘客可以忍受的。

旋转背后的力

当我们小时候一遍又一遍地旋转身体直到头晕目眩并笑着倒在地上时，我们差不多体会到了纯粹的旋转运动。通过练习，我们或许能够学会像芭蕾舞演员或者花样滑冰运动员那样旋转，但很少有人会进一步思考他们能够做到这一点的原因。因为在冰刀和冰之间的力很小，所以旋转一旦开始，就很难单靠冰刀本身让转速提高或者减慢。但花样滑冰运动员可以通过重新分配他们身体的质量来加快转速，而通过改变四肢的位置最容易做到这一点。如果他们在旋转时将两臂举到头顶，并尽量让身体靠近旋转轴，他们的旋转就会变快；如果他们沿水平方向舒展双臂，他们的转速就会降下来。在第一种情况下，他们让自己的质量聚集起来；而在第二种情况下，他们让自己的质量分散开来。

一位冰上舞者在滑冰场上自由而优雅地舞动，似乎与一辆在直道上呼啸而过的原始蒸汽机车毫无共同之处，但其中确实有联系。如果推动机车的蒸汽压力过高，它的锅炉可能爆炸。为了限制操作速度与压力，这台机车上装有一台叫作离心调速器的机械装置（见图 8-2），其中有一根垂直杆，杆的旋转由机车本身通过齿轮驱动。一对沉重的金属球与旋转杆相连，它们围绕杆子旋转，而且，按照它们之间的联动设计，离心力会让球在高速或者低速时分别沿大圈或者小圈旋转。这一联动装置也与一个阀门相连，阀门相应开启或者关闭，从而调节进入机车汽缸的蒸汽量。

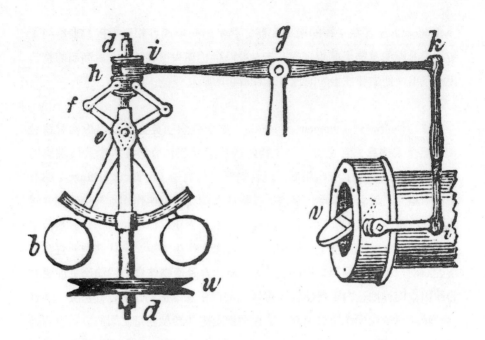

图 8-2 离心调速器装置示意图

注：与离心调速器（左）相接的蒸汽机车（未在图中显示）的任何速度变化都会引起球的组合的转速变化，这将改变其整体布局和质量分布。这就会让套管（*h*）沿着垂直的机轴和连接点运动，从而调整节流阀（*v*）的位置，由此随时保持对蒸汽压力和机车速度的控制。

　　只要让拴在绳子一端的一个物体在头顶上旋转，我们就可以很容易地体会到离心力。物体沿着圆周转动得越快，它的运动路径便越接近水平，而我们的手在绳子上感觉到的力就越大。如果这个力超过了绳子的强度，绳子就会断，物体将沿切线方向飞出。我们在绳子断之前松手也可以产生这样的效果。链球是一个田径项目，一个重达 7.26 千克的链球拴在一条长约120 厘米的钢链的一端，运动员通过旋转来增加链球的速度，并在最恰当的时机从容地松开手，使链球能够飞出 90 多米。南美洲有一种叫作波莱多拉

（boleadora）或者流星锤的抛掷武器，就是由一条或者相互连接的多条绳子与它们前端的重物组成的。有一些人可以让它在头顶旋转，并以高超的技艺让它飞出，使之缠住走失的牲畜或者猎物的腿。

转动惯量时刻（moment of inertia）这个概念的英文名字起得相对尴尬又可能令人迷惑，它说明了一个物体的质量是怎样分布在一个旋转轴周围的。尽管英文字面上有些相似，但转动惯量与力矩（moment of force）的意义大不相同；后者很简单，是施加在物体上的力和力的作用点与旋转轴之间的距离的乘积。影响旋转运动最主要的因素是力矩，而不是力本身。当孩子们滚铁圈时，力通过棍子作用在铁圈的边缘而产生力矩，它让铁圈一直在道路上滚动。**根据牛顿第二运动定律 $F=ma$，力是使物体直线运动产生加速度的原因；同样地，力矩是使物体旋转运动产生加速度的原因。**这就是用 I 表示的转动惯量发挥作用的地方。工程师把力矩和转动惯量之间的关系表达为 $M=I\alpha$，其中用小写的希腊字母 α 表示角加速度，也就是角速度随时间的增加量，角速度通常用小写的 ω 表示。这个简洁的公式 $M=I\alpha$ 显然与 $F=ma$ 类似，工程师对它的熟悉程度就像人人都熟悉 $E=mc^2$ 一样。如果一个旋转物体不受力矩作用，则不存在角加速度，因此它的角速度不会改变，它的角动量 $I\omega$ 也不会改变。因为环或圈这类对称物体的转动惯量不会在它围绕自己的中心转动时改变，所以此时角速度是一个定值，直到摩擦力或者其他减速力的力矩令其减慢或停止。

奇妙的贾尼别科夫效应

转动惯量的概念对理解杂技演员、自行车轮和陀螺仪这类看似不相关事物行为至关重要。转动惯量的概念还能解释一个神秘现象：一个长而扁平的旋转物体为什么会在没有明显原因的情况下改变旋转方向。以某种方式抛掷网球拍时会发生这种情况。如果在手握网球拍时令拍面平行于地面，接着将拍端向上朝空中抛起，网球拍下落时拍端会先落地，整个网球拍沿着垂直地面的方向落下。可以用如下事实解释网球拍方向的旋转：在三维空间中，每个物体都可以围绕 3 条相互垂直的主轴线旋转，对于每条主轴线，物体都有一个与之对应的转动惯量。一个网球拍有以下 3 条主轴线：（1）沿着手柄的轴线，许多人在等待对手发球的时候绕着这条轴线转动网球拍；（2）垂直于网球拍平面并穿过网球拍质心的轴线；（3）垂直于以上两条轴线的轴线。如果把网球拍绕着第 3 条轴线旋转着向上抛起，则在旋转一周后，网球拍的手柄将回到球手的手中，拍子的头部将朝向侧面。

因为这是一个纯粹的力学现象，人们可能在几千年前就在一些具有几何形状的物体上观察到过这种现象。对原始时期的斧头和扁斧头有兴趣的考古学家发现曾经有以石头的形式出现的这种物体。这种石头工具就是原始石斧，它就像受到水流冲击的河砾石一样，已经被磨出了光滑的外形。古代的石头和现代制造而成的物体具有同种表现，这一点表明运动定律是不受时间影响的，是自然所固有的。在观察了太阳系中的天体以及地球上物体的运动之后，科学家们更加明确了这一点。

在宣布一部经典工程力学教科书第三版问世的宣传邮件中附有一块塑料制成的史前石斧图。这个所谓的 "回旋陀螺"（rattleback）大约长 9.5 厘米、宽 1.9 厘米、厚 1.3 厘米，有扁平的顶部和椭球状的底部，其主轴与平顶的主轴略有偏差。这一差异让这件很有书卷气息的玩具以逆时针方向旋转。如果把它的圆形侧面放在一个水平平面上并开始以顺时针方向转动，它会按照这个方向转动几圈，然后在咯咯咯的响声中不稳定地运动几下，短时间内停止运动，接着在没有人工干预的情况下，开始按照它喜欢的逆时针方向转动。这种现象称为贾尼别科夫效应。苏联航天员弗拉基米尔·贾尼别科夫（Vladimir Dzhanibekov）1985 年在空间站的微重力环境下观察到一个样品发生的现象，并拍下了视频。他的视频显示了一个 T 形把手在螺纹上旋转，并且在没有碰到任何物体的情况下逆转了旋转方向。

转动惯量的概念也为我们提供了一个机会，给可能被认为枯燥无味的力学现象分析带来了一些奇思妙想。人们通常认为工程师缺乏幽默感，但他们偶尔也喜欢放松一下，即使这种方式往往与技术有关。工程师的笑话是否能够将听者逗笑，关键在于听者是否对这些特定的行业术语有一定的了解。有一个笑话，说的是两个工程师去猎取一头狮子，他们知道这头狮子比他们强壮、迅速，所以开始认真讨论如何才能在狮子发现他们来抓它之前就抓住它。一位工程师对另一位工程师建议，他们要与那头狮子拉开距离，远远盯着它，只有当它睡着了的时候才接近它，这样就可以在它的转动惯量时刻（moment of inertia）抓住它。这种幽默感会让有些工程师狂笑不止，但其他人可能往往无法领会其中令人发笑之处，或者能够领会也笑不出来。

自行车中隐藏的力的奥秘

对于一个孩子来说，一辆自行车可以让他了解力、运动和平衡。学骑两轮车对于大多数孩子都很困难，因为其中涉及的力是他们不熟悉、违反直觉的。一个孩子（同时也包括心情紧张的家长）往往会在开始时慢慢蹬脚踏板。然而，只有速度较快的时候，让自行车稳定的那些力才能更加有效地发挥作用。这些力就是回转力，它们让自行车前轮保持直线滚动，即使手不扶把手也能轻松骑行。事实上，扶着把手的手更重要的功能是引导自行车转弯，而不是让它一直走直线。看起来，只有当孩子们学会把自己的安全交付给这些相关的神秘的力时，他们才能掌握骑车的艺术甚至超越这种艺术，因为他们可以在骑车时进行跳跃、后轮滑行和其他如同马戏团演员的动作。

当年轻人维修自行车时，这台用腿驱动的机器就会为他们提供近距离接触神秘莫测的角运动的机会。为了修理漏气的自行车轮胎，年轻人必须将它倒过来放到地上，此时车把手的两个端点和车座形成一个稳定的三脚架。松开将车轮轴固定在车叉上的螺栓，才能把轮子取下来。补好了轮胎上的漏洞后，在重新装上车轮之前，好奇心重的年轻的修理工经常会拿它做点实验。用车轴两端固定好车轮，这时就可以在地面上来回拖动车轮让它转动。当车轮快速转动时，它具有转动惯量；如果车轮一直在它的转动平面上，便很难调整转动轴。这就是回转效应，在一堂物理课上，让学生轮流坐在一张凳子上，这张凳子放在一个水平放置的转盘上，学生手里拿着一个转动着的车轮，就可以演示这个效应。如果他们试图让车轮偏离竖直方向，他们就会感觉到对抗方向调整的力。由此产生的转矩会通过演示者传递给转盘，让它开始转动。

补好了胎并把车轮重新装回自行车后，这位年轻的修理工希望确定车轮已经装好了。如果轮胎上的哪一段弧与车叉有摩擦，就必须有选择地以正确的次序上紧各根辐条来矫正它，这个过程不容易，很费时间，当最终成功完成时会让修理者产生成就感。如果整个轮胎上都有摩擦，可以通过在车叉的槽上重新放置车轴来调整。当一切就位，所有的螺母都拧紧了的时候，很难抗拒仅仅出于好玩而让车轮尽快转动的诱惑。为了达到最高角位移和角动量，人们通常用一只手沿着转动的车胎外缘连续推动，让手掌和车轮外胎花纹之间的摩擦力提供让车轮围绕车轮轴转动的力矩。与让车轮高速旋转同样好玩的是把它停下。要做到这一点，可以把手当作夹式制动器一样使用，即很快地抓住车胎两侧，但一定要在手被烫伤或被卷入车轴之前放开，否则，就会像意大利腊肠被塞进绞肉机一样。做这个动作时有一条建议就是最好利用手套或抹布保护手掌。车胎补好、自行车重新装好之后，聪明的修理工会围绕街区骑一圈，确认自行车一切正常。

过去与现在，丰富多彩的生活与力

　　无论是否意识到这一点，我们会向接触到的一切事物传递力和运动，也会接受来自这些事物的影响。这种经验有很多种类，这能让我们熟悉物质世界及其运转方式。当遇到超出我们经验认识范围的力与运动时，我们会感到吃惊，这些力与运动有时会让我们受伤，有时会让我们受益，有时只是纯粹让我们感到欢喜。

　　在地球或者太空实验室里的科学家，以及在办公室或者工地现场的工程师，都经常将力当作自然资源来利用。每个人都可以利用力获得乐趣，如果认为自己年事已高、童趣不再而不这样做，可能会对我们的心理健康有害。就像俗语里说的："只知干活而不玩耍，杰克的老爸也会变傻。"如果老爸带着小杰克兄妹去看他们的祖父母，听二老讲起当年的事情，那将多么令人心旷神怡啊！在那个没有电子游戏将游戏者与游戏、施力者与力分开之前的年代里，杰克和他的妹妹吉尔的祖父母以及后来他们的父亲及其朋友们曾经玩得多么开心啊！他们可以说起自己曾经怎样用棍子滚铁环，而且自己也滚下山坡的情景；还有毫无目的地骑着自行车兜风的快乐情景。他们也可以告诉自己的孙子孙女，在他们父亲小时候的那个年代，当年他们的老爸曾经从食品杂货袋里拿出罐头，只是为了看着它们滚下倾斜的地板，或者观察两个外观完全一样的罐头的滚动，它们会因为标签上标注的内容物的不同而在滚动不同时间之后到达踢脚线。或许，他们也会说到老爸和老爸的朋友们进行的汤罐头比赛，比如蔬菜大战西红柿。比赛胜负不在于汤的味道，而取决于罐头里汤的稠度，最终在于罐头及其内容物的转动惯量。

　　谁能看到或者感觉到电子游戏模拟出来的虚拟的力和转矩？如果游戏操纵杆或者动作键的感觉是不变的，它就无法传递我们手握自行车把手或者让篮球倒旋并使之落地后再回到我们手中的那种控制的感觉，它无法让我们在犯规线前猛然站住时感觉到保龄球鞋的震动。当把一个滚动着的 7.26 千克的球轻柔地放在球道上，眼看着它沿着曲线进入球瓶区并一次击倒全部 10 个球时，我们会感觉到它的重力和扭矩，但虚拟的力和转矩不会给我们这样的感觉。或者说，它无法给我们当在足球比赛中用头球或者剪刀脚凌空射门得分时的那种对抗引力时的纯粹喜悦。虽然不同文化的人们可能用不同的装备和方式来体验力，但在进行与力有关的游戏或运动时，所带来的愉悦感是一种共通的情感体验，无须翻译就能相互理解。

学生可以看着黑板上用小箭头画出的示意图学习，也可以通过听教师口头讲授（或者通过某位作者写下的课本）的知识学习，还可以通过操作常见物体并参与娱乐性体育运动学习力和运动，用这种方法学习的学生可以学到同样多甚至更多的知识。参加体育运动与利用头脑学习相辅相成，进行实际操作能更好地理解抽象的概念。

有些人可能一生都懒于行动，有些人似乎整日忙碌却一事无成。还有些人则像奥林匹克花样滑冰选手一样，总是在运动、旋转和跳跃。这些人有的是政治家，有的是新技术的发明者，有的是新企业的开创者，有的是职业运动员，有的是艺术家或科学家。他们工作很努力，玩得更努力。他们像孩子一样，学习与这个世界的力打交道，这是帮助他们平衡职业和生活的技巧。**理解力和运动在我们丰富多彩的生活中的作用，能够帮助我们认识到，节奏的变化不仅能令人愉快，而且能改变人生。**

第 9 章

魔术般的力，不可能中的可能

杂技中体现的力学原理

从小魔术到走高空钢丝，这些令人震惊的表演无不利用了力的原理。在一个古老的杂技表演中，表演者让许多餐盘在同样数目的易弯曲的细长棍子顶端旋转。这一现象在很大程度上依赖回转力，回转力让摇摇欲坠的盘子不会太快地偏离水平方向；这一现象在更大程度上依赖能量守恒的概念。与许多魔术、马戏团表演或者其他舞台表演一样，人们经常使用一些特殊的设备。在这个表演中使用的盘子通常在底部有一个碟形或者圆锥形凹陷，以确保棍子位于盘子下方的中心位置。

要想维持盘子的持续转动，一种方法是表演者把这些盘子（有时也用碗）放在棍子顶端，然后用张开的手快速但轻轻地拍其边缘，方式类似于跑道与正在降落的飞机的轮子之间让轮子转动的轻柔接触。还有一种方法是表演者让棍子接触这个盘子凸起的盘缘（盘子放置在餐桌上时与餐桌接触的一圈），然后抖动棍子做鞭状运动让盘子旋转。相对于棍子的大小，盘子或碗的转动惯量比较大，因此，一旦表演者让盘子或碗开始运动，它们就会像飞轮一样持续旋转。当有多个盘子一起旋转的时候，最早的那些盘子已经减慢旋转并开始摇晃。这时杂技表演者要回头维持第一批盘子的旋转，即用手贴着盘子边缘轻拍，或者再次利用他曾促使盘子加速的棍子带动的鞭状动作，同时他也要让更多的盘子开始旋转。此时，表演逐渐发展到了一种令人眼花缭乱的程度，场上有无数盘子在同时旋转，而由于一些盘子开始不断摇晃，表演者不得不在舞台上"手忙脚乱"地做各种操作，努力阻止盘子从棍子上掉下来，而棍子的弯曲又增添了另一层紧张气氛，而且表演者似乎被观众们的惊叹声推动着，整个表演充满了紧张和悬念。通常，当这个表演快要结束时，表演者会如同接飞盘一样，一个接一个地把盘子接在手中，最后看上去如同一个碗碟收拾工，端着一大摞干净盘子，去补充忙碌的就餐时间里柜台下面不断减少的盘子。

还有许多没这么紧张忙乱的娱乐方式。有一个熟悉的派对挑战是请某人只用一根牙签平衡两把叉子，并将它们放在装水的玻璃杯边缘上。对于没有相关经验的人来说，这项任务似乎无法完成；而对于深谙力之奥妙的人来说，这不过是小菜一碟。这个挑战的秘诀是将叉子齿交叉在一起并让叉柄形成 V 形。这样一个组合的重心位于叉子形成的角平分线上。换言之，重心位于两个叉柄之间的空间内。如果把一支牙签稳固地插在叉子齿组成的交叉网中并与角平分线对齐，它将穿过重心，这时我们就有可能将牙签横跨在玻璃杯上放好，整个组合能在玻璃杯边缘上保持平衡。这时叉子横跨玻璃杯但不与它接触，整个结构似乎在对抗引力，而事实上，正是引力使这种把戏得以成功。还可以进一步加强其效果，即把一支点燃的火柴放在位于边缘以内的牙签尖端上，让它像一根蜡烛芯那样燃烧。当火焰达到边缘时会自动熄灭，这个神奇的组合看起来如同从玻璃杯伸出去的悬臂梁。在这里起作用的力只有叉子和牙签组合的重力以及玻璃杯边缘施加的向上的反作用力，这两个力都通过单一的接触点传递。这一结果类似于法拉第的演示中的那个不倒翁。这也解释了走钢丝的演员是如何用一根长杆让自己平衡的。

用数学计算拨开不可思议的迷雾

在理解了相关的力学原理之后，许多令人惊叹的表演的神秘面纱便被揭开了。用数值推理进行的分析会消除神秘现象中的神秘色彩，但未必会减弱表演带来的欢乐。有一个马戏团表演令我印象深刻，那是一位女表演者，她的身体悬挂在高空中并进行旋转，而唯一支撑着她身体的是她又长又闪亮的头发。我曾经迷惑不解的是为什么她的头发不会被连根拔掉。我也想象过，当她在这么高的空中摇摆旋转时，她的头皮会受到多么惨痛的伤害。但当我从工程师的角度考虑这个问题时，也就是从数字的角度思考时，我发现她的头皮并不会受到很严重的伤害，而且她也不会变成秃子。因为演员通常是一个矮小瘦弱的青年女子，她的体重很可能是 45 ～ 50 千克。我曾在星期日报纸漫画部分"里普利的信不信由你"（*Ripley's Believe It or Not*）中看到，人类头发的数量是 10 万～ 14 万根，而金发人群头发数量恰巧较大。为方便计算并预先留出一些余地，我们按平均 12 万根头发计算，并假定这位女子的体重为 54 千克。如果我们进一步假定，她的体重平均分布在全部头发上，那么每根头发只不过支持着大约 0.45 克的重量，这一重量如此之小，一般人难以觉察。对一个问题进行数字计算会帮助我们找到确切的答案。对一根头发进行的实验证实，它实际上可以支持将近 85 克的重量，也就是说，所有头发可以支持 10.2 吨的重量，几乎相当于 200 名体重为 54 千克的杂技演员的重量或者两头大象的重量。

还有一个与此相关的问题，它与一个人躺靠在一张钉子床上有关（见图 9-1），有时候躺靠在钉子床上的这个人甚至会让一个人站在他的胸膛上。对这个问题进行数字计算，也能够帮助我们厘清情况，让真正的事实呈现出来。让我们假定此人身材瘦长，身高大约 1.83 米，体重 68 千克。这样一个人的躯干宽约 46 厘米，腿宽从踝部到大腿为 7.5 ~ 12.5 厘米。总的来说，不同钉子上的力平均分布在他身体大约 4 800 平方厘米的皮肤上。如果钉子之间相距 2.5 厘米，则他躺上去将会接触的钉子约 750 枚。因此，每枚钉子平均承担的重量约为 91 克，这份力产生的压强远远低于能够刺破皮肤的程度，所以这个人可以躺在钉子床上，却几乎不会感受到疼痛。当然，在躺到钉子床上时，他必须很小心。他在最终位置上就位之前，不能让自己的体重过多地集中在数目太少的几枚钉子上。如果出于某种原因，他的床上有一枚钉子高于其他钉子，他或许会感觉到安乐椅上有一根凸起来的弹簧，或者是童话里的公主在睡觉时感觉到几层床垫下面的一颗豌豆。

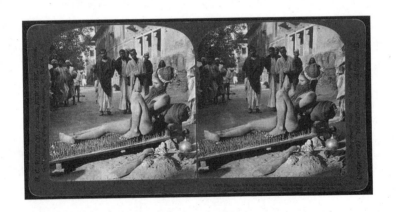

图 9-1 躺靠在钉子床上的人

注：这两张从略有不同的角度拍摄并放置在一张卡片上的照片叫作立体照片，当从立体的角度观察时，它们将合并到一起，变成一张单一的有一个人躺靠在钉子床上的三维图像。这个人能够不受伤害，是因为钉子的尖端相对钝，而且它们施加的总力被分散在他身体表面相对较大的面积上，每根钉子最后形成的力很小。

资料来源：Library of Congress, Prints & Photographs Division, LC-USZ62-78659。

马戏团表演中力的配合

了解了背后的科学原理，我们对马戏团和杂耍表演的评价可能会更高，因为我们更好地理解了其中涉及的力的性质和大小，以及驾驭它们需要的技巧。许多表演在很大程度上取决于对时机的精确选择，尤其是这个表演由一个团队合作完成时。例如，让我们想象一位踏着秋千向她的伙伴荡过去的表演者，她的伙伴这时也踏着另一个秋千向她荡过来。第一位表演者松开她的秋千并且抓住她的伙伴伸出的手臂的时机至关重要。两位表演者都没有在空中飞翔，那位准备抓住对方的表演者也没有试图仅仅抓住另一个人的手或者手指，因为那个目标太小，没有足够的容错空间，而且在解剖学上这个部位属于手臂最脆弱的部分。反之，表演者伸手要抓住的是对方的前臂，而且一旦完成接触，这个表演者就会让手握住的地方向下滑动最终抓住手腕。长长的前臂不仅是一个大得多也有力得多的目标，而且也可以允许瞄准与时机选择上存在轻微的不协调。这个动作通常是表演者在秋千到达最高点时进行的，就像单摆在到达最高点时一样，那一刻几乎完全没有向上或者向下的运动，因此也为表演者提供了一个短暂调整动作的机会。如果能够非常迅速地完成动作，那么动作的细节几乎不会被惊叹不已的观众发现。知道了这个技巧，并不会减少这种表演的精彩度。事实上，认识到其中涉及的偶然性后会更加令人热血沸腾。

差不多每一项马戏团的表演都涉及力和与其结合的运动。秋千杂技的表演者借助长胳膊的优势时，走钢丝的表演家利用一根平衡长杆时，健壮的大汉掰弯一根钢棒时，他们全都知道力会在什么时候展现威力，这时他们应该被动地顺应，他们也知道什么时候应该主动地完成能够令人欢呼的力和运动。类似地，独轮车演员、人体炮弹和被塞进一辆微型汽车的数不清的小丑，这些演员全都知道他们表演的成功靠的是力的作用和自己对力的控制。站在跷跷板一端的表演者也知道这一点，他正在等待向下落到板的另一端的另一位表演者给出向上的力，从而将他弹射到杂技演员垒成的人塔顶端那个人的肩膀上。这一切全都与时机选择和对力的控制有关，与理解何时站立、何时行走、何时奔跑和跳跃，并在力的作用下完成动作有关。

体育中力的配合

感受到一个力与真正理解和掌握这个力是不一样的，而在那些有假动作的情况下更是如此。虽然一位棒球接球手可能会感受到一个凶猛的快球的冲击，但真正需要对力有感觉的是投手，投手必须掌握如何通过施加适当的力来操纵球的飞行轨迹，并确保球以期望的方式飞向本垒。要想投好棒球，就必须与手中的球建立特殊的感觉。当投手将球藏在身后等待接球手的信号时，他会转动手中的球，直到将其调整到适合投球的正确位置。就像盲人通过触摸感知盲文来获取信息一样，投手通过感受球上的缝线的脉络来了解球的旋转和位置。如果是那种喜欢得到附加好处的投手，他会寻找球上的那些被他划出了痕迹或磨粗糙了的地方。只有当球摸上去在他手中有正确的位置和感觉，能够打出他想要的快球、慢球、高球、低球、曲线球、伸卡球、滑行曲线球、吊高球、唾沫球或回击球时，他才会结束等待，用适当的力量摆动手臂，将球投出。

为了巧妙地击中一只棒球，击球手需要预测来球会如何飞向本垒。因为投手的选择如此之多，一旦猜错就很难命中。优秀击球手具有短时间内判断来球状况的能力，在棒球从投球区土墩飞跃18.3米抵达本垒的这段时间内，他让手、胳膊、肩膀、躯干和腿部的肌肉以适合于本人姿势的方式紧张起来。为了接住击打得很巧妙的来球，内场手和外场手也必须能够在没有数字计算机的情况下迅速地计算。哪怕一般的球员也知道跑向球将飞去的区域，或者，根据加拿大冰球运动员韦恩·格雷茨基（Wayne Gretzky）的著名建议，滑向冰球将要到达的地方，但他们并不总是能够非常准确地做到这一点。那些有天赋而且历经实践磨砺的运动员不仅能够到达球将要到达的地方，而且能在恰当的时间跳起、蹲下或扑倒，以确保他们的手套位于最佳接球点。

不同的运动项目使用不同的球，它们并非全都是球状的。美式橄榄球使用的球呈拉长的球状，称为长轴椭球体。与针缝的棒球下面的硬芯不同，美式橄榄球的皮革表面下是橡胶内胆。棒球投手以不同方式握球，这样才能投出不同类型的球，而美式橄榄球的四分卫通常以基本相同的握球方式向前场传球。当中锋把球传来时，他要确保自己的手指接触球带，如果没有，他会在手中转动球，直至接触球带。通过这种方式，四分卫的手指处于握住橄榄球的最佳位置，能够让球围绕长轴做螺旋回转运动，这样可以让球保持不摇晃的状态，易于本方队员接球。如果一系列传球或者冲击未能导致第一次得分，就需要一次弃踢球或场地进球。场地进球时，球将交给弃踢手或持球手，他们会尽快调整球的位置，让球带不接触踢球者的脚。如果踢在球带上，出球的结果将难以预测。

四分卫的传球不仅受到手抓球的位置的影响，而且也受到他能以多大的握力发挥正确投掷力的影响。与塑料足球相比，幼童更容易抓住非膨胀泡沫材料制成的橄榄球，与此相同，职业四分卫更容易握住略微亏气的橄榄球，而不是过分充气的橄榄球。为了使比赛公平，美国国家橄榄球联盟规定比赛用球的充气气压为 0.88 个大气压。在 2015 年美国橄榄球冠军联赛新英格兰爱国者队与印第安纳波利斯小马队之间的比赛中，爱国者队被控诉使用充气不足的球，四分卫汤姆·布雷迪（Tom Brady）也遭受了四场禁赛的威胁。他与这次禁赛的决定抗争了长达 18 个月，最后才无奈接受处罚。

足球比赛中的球是球形的，球面上没有突出的球带或者缝线，其实这都无所谓，因为除了守门员，球员不可以用手调整球的方向。但这并不是说球员无法选择对球施加的力的形式。用内脚背或者外脚背从球鞋侧面踢出的一脚，可以踢出绕过防守者人墙的香蕉球入网。射门能否成功不仅取决于驱动力的大小，还取决于施力的方式。这一点对保龄球、台球等体育项目都适用。

触觉在生活中的妙用

除了体育运动，还有一些其他的活动也需要敏锐的触觉，以便在许多形状类似的物体中找到特定物体并确定其摆放方向。站在零售机前的人应该能从几个凌乱的硬币中拿出所需面值的硬币，这些凌乱的硬币中有多种不同的货币，它们有不同的形状和大小。尽管最常见的硬币是圆形的盘状物，但它们也可以是多边形的、中间穿孔的，它们用的金属可能很重，也可能很轻。久经练习的手可以通过触觉和重量区分它们。只通过大小和重量便可以很容易地区分 10 美分硬币和 25 美分硬币，因为它们凸起的边缘进一步让它们与1 美分、2 美分硬币和 5 美分镍币的光滑周边有所不同。对很多人来说，伸手在放满零钱的口袋里正确地拿出一枚 25 美分硬币，而且其方向正好可以投入一个投币口是轻而易举的事情。

通过触觉和感觉，工程师也能看到一些尚未成形的事物。根据经验，结构工程师需要知道如何安排梁和柱子，才能让一座新的摩天大楼嵌入已有市区景观的间隙；机械工程师需要知道连杆和齿轮应该怎样安排才能让汽车发动机和驱动轮完美适配。对于新奇的情况，工程师必须摆脱头脑中已有的混杂的经验，找到那个迄今尚未出现在这一领域中的奇特想法。他们必须知道，头脑中的一个形象怎样才可以转变为一个真实的结构或者机器，这个结构或机器可以放在地上、在路上奔驰、在空中翱翔、向外太空飞去。他们可以感觉到它们在对抗引力、风力、地震以及其他自然力时的表现。他们会发展进一步的感觉，这将让他们在东西尚未制成之前，在自己的头脑中想象与它结合的力，以及它的刚度和可能进行的运动。

成为工程师之路

在 19 世纪初期的美国，民用工程院校尚未诞生前，成为工程师主要有 3 种途径：第一种是加入位于纽约州的美国陆军西点军校，那里提供土木工程学课程；第二种是自学，研读过去那些伟大的工程项目并且追踪正在进行的项目进展；第三种是在高水平的项目中找到一个较容易的工作，通过展现天赋和责任心一步一步成为工程师，例如修建伊利运河便提供了这样一个机会，因此人们称其为美国的第一所工程学院。直到 19 世纪中叶，美国工程学院的数量才开始增加，人们在此之后才有更多的机会加入这一行业。

20 世纪中叶，通过喷气式飞机、雷达和核能这类发明提升了高科技的重要性之后，人们学习工程学的兴趣迅速增加。退伍军人受到美国《退伍军人权利法案》（*G.I. Bill*）[①] 中给予的福利的鼓舞，蜂拥前往大学校园注册入学，这令学校设施不堪重负。为解决这一问题，人们在学术场所的林荫小路旁边和其他地方清理了大片场地，迅速修建了教学楼与宿舍楼。这些建筑经常由排列紧密的半圆拱形活动房屋和木板房组成，人们预计它们在注册潮减退之后将不复使用。但在有些校园内，这些设施几十年来一直都在使用。

---

① 1944 年美国国会通过的法案，对战场归来的美国退伍军人提供了多种福利，包括为他们取得高等教育和职业训练的各种补贴。其中 *G. I.* 是 galvanized iron 的简写，即镀锌铁，军方垃圾罐或垃圾桶上会打上这两个字母以说明这些物品"来自美国军方"，后来成为"美军士兵"的绰号。——译者注

　　我的大多数工程学课程都是在这样的建筑物中上的，我们干巴巴地称它们为"兵营"。虽然条件简陋，但我们很快就将上课时的注意力集中到黑板上，并全力学习希腊字母表中的字母，包括它们的大写与小写，因为微积分、物理学和工程学教授在黑板上书写的方程式中大量使用这些希腊字母。教授的板书质量参差不齐。我还记得，一位数学教授在第一节课介绍自己的名字时将其写在黑板上。我觉得，这个名字听起来像是希腊字母"χ"，但黑板上的粉笔字看上去像"21A"。课后，我们对此进行了讨论，但对他的名字却无法得到统一的意见。查阅课程目录后，我们才发现，这位教授是"齐亚先生"（Mr. Zia）。我们这些青年工程师忽略了明显的事实，因为我们已经习惯了在写 Z 的时候在斜线上加一横变成 Ƶ，用这个附加的水平线是为了区分 Z 和 2。出于类似的原因，我们学会了把 0 写成 Ø，用以与大写字母 O 相区别。同样，小写的 l 被写成了 ℓ，以避免与数字 1 混淆。

　　一些教授的板书堪称典范。我有一次暗中观察了一位教授，他独自在一间空荡荡的教室里，似乎正在黑板上一行又一行地写些什么重要的东西，好像一个淘气的学生，被罚到黑板前写 100 遍"我绝不可以在课堂上讲话"一样。经过仔细观察，我发现他正在一遍又一遍地书写希腊字母表中的字母。我后来才知道，他是一个对自己的板书极为自豪的人，而且，每次授课前有机会时，他都会练习写好多个 π 和 ϑ 这类字母。他反复练习的行为，让我想起了自己小时候按照帕尔梅法学写手写体的情景，这种方法需要写一行行相互连接的圆圈和椭圆，但需要运动的不只是手指，还有整个手臂。按照我们受到的教诲，写字是体力活动，是能够让我们感觉到肌肉发力的活动。

　　在白板和投影电脑在学校广泛应用之前，我们可以很有把握地说，一间教室里至少有一块黑板，这块黑板是用威尔士开采的石板制造的，在它上面写字的粉笔看上去好像来自多佛的白色绝壁。作为中学时期只说一种语言的市区走读生，我们确实将一种天赋带进了大学，那就是知道如何使用粉笔，因为在准备棍子球比赛时，我们曾在城市街道上画过数不清的本垒、垒和犯规线，因此我们对于这种软而且脆的材料很有感觉。我们知道如何拿粉笔，在它上面用多大的力才不会把它折断。当老师弄断了粉笔，或者用它写字时发出了比 20 世纪 50 年代测试空袭警报时声调更高的声音时，我们能够看出，他们没有在城市环境中巧妙生存的经验。我们知道，吱吱嘎嘎的声音，是因为粉笔时而在石板上留下字迹、时而在上面滑动发出的，在路面上画出第一批垒的时候，我们便曾经听到并感觉到它。要想不让它发出这种声音，诀窍就在于通过粉笔本身止住它，握笔时要让它与黑板大约成 45° 角，且在推与拉时用力要适中，使之既能留下字迹，又不至于折断。这种技巧是我们通过经验学会的，但一直无法从理论上理解，直到学习了有关力和运动的力学课程时才恍然大悟。19 世纪的英国博学家胡威立曾将力学称为"力的科学"和"机械的科学"，它成为我最喜爱的课程。

工程师很早就学到的事情之一，就是每一个技术领域都与任何其他技术领域类似。而因为力学是物理学最古老的分支，所以我们可以用它作为一个范例。力这个词和它的概念，总是会在我学习的化学工程、电子工程甚至核工程等课程中突然出现。它不仅与一根粉笔在受到太大的力时会折断相关，而且可以说与任何事物都有关，因为任何事物都有断裂点。但同样，胡威立也说："任何失败都是走向成功的一步。"而这也是我要学习的另一课。

工程师的大学生活确实负担很重，而我们这些在这种环境下茁壮成长的人往往会坚持这种生活习惯。事实上，我们中有些人实在太喜欢学院生活了，甚至不愿意结束它，并且尽力延长它。毕业后我们没有去找工作，而是继续学习。我们拿下了硕士和博士学位，甚至仍然没有厌倦课本的内容，而是开始了教学生涯。遗憾的是，对于我们许多人来说，带到课堂上的东西仍然没有多少超出课本的学习内容。尽管我们或许能够感觉到自己对于力的熟悉，但我们并非都能在工业规模上发展出对于力和运动的非常精细的感觉。

与 19 世纪那些将自己的书本知识应用于发明新机器与建设新的基础设施的工程师不同，许多当代的学术型工程师将自己的书本知识应用于教科书的写作。在刚刚获得新教职的时候，我完全根据书本讲课。渐渐地，我在假期和暑期打工过程中获得了一些有限的工程经验，同时我在研读一些伟大项目的过程中也获得了一些间接经验，由此，我才让自己和学生们不再依赖课本。

然而，虽然我有 9 年的工程学课堂学习经历和 11 年的教学实践经验，还花了 5 年的时间研究未理解的概念，但我不得不承认，从更广泛的意义上来说，我并不清楚究竟什么是工程学，我也不知道工程师应如何将他们所做的与他们的职业联系起来。或者说，至少我对此了解得不够充分，以至于我无法向不是工程师的邻居说清楚，我的职业在更大的体系中扮演着什么角色。尽管我是一名注册的职业工程师，但我仍然觉得自己像一个学徒。我在纸上和黑板上处理力、运动和变形的方程式，但我并不确定我能够理解它们在更广大的背景下的真正含义和意义。作为我的大学教育的一部分，我曾学习过科学哲学，这自然引导我广泛地阅读科学史，但我仍然难以思考宇宙的本质和它所涵盖的力的性质。

我试图在工程学的历史与哲学方面进行探索，但无论是在图书馆还是书店，有关这些题材的资料都很少。我能够找到的几本书完全无法与科学方面的大量对应物相提并论。要解决这个问题有一个很容易的办法，即让工程学仅仅作为科学的一个子集出现，但这种做法并不妥当。工业革命的创新并不仅仅起源于科学。但依然有科学家认为科学比工程学更重要，而且这并非新现象。我有一本赫兹的《以新形式呈现的力学原理》（*Principles of Mechanics Presented in a New Form*），这本书是他去世那年——1894 年出版的。赫兹曾在物理学家赫尔曼·冯·亥姆霍兹（Hermann von Helmholtz）指导下学习，并在柏林大学担任博士后助理。亥姆霍兹为赫兹的上述著作撰写了序言，我们可以通过这个序言深刻地了解这位英年早逝的物理学家短暂的一生和他的

职业生涯。"当他在慕尼黑大学的学业结束时，他必须选择一个职业，而他
选择成为一位工程师。在随后的岁月中，谦虚是他的性格中最显著的特点，
似乎他对于自己在理论科学上的天分有所怀疑。"工程师确实往往比较谦虚，
他们只是注重让作品为自己说话，而科学家似乎对于以他们自己的姓名命名
的发现从无"羞涩的谦虚"。赫兹同时是工程师与科学家，我们可能对他在
工业界的工作经历所知甚少，却能清楚地知道他在科学上的建树，人们甚至
用他的名字命名频率的国际单位。我们将每秒 1 个周期的振动频率称为 1 赫
兹，简写为 Hz。收音机与电视频道都是以千赫（kHz）和兆赫（MHz）的特
定的频率播出的。

　　人们曾经认为，对于力和它们如何影响运动的研究是自然哲学的一部
分，"自然哲学"这个术语在牛顿的时代（17 世纪）开始被科学这个词取代。
古希腊哲学家使用"力学"这个说法，它是物理学这一科学分支下的一个分
支。没有人称现代工程师为哲学家，但工程师中却有一些人自诩为科学家，
因为他们认识到了科学家与工程师的方法论有极为相似之处，都是从观察到
假说，从问题到解答。不管怎样，存在着两类职业工程师，一类认为自己是
科学家（或工程科学家）并以此自居，另一类则更喜欢称自己为工程师。每
当听到有人说工程师是那些操纵火车头或者监督大型工厂的维护和运作的人
时，后一类工程师就会很反感，尽管让火车正常行驶、为建筑物正常供暖和
制冷是一种非常令人满意而且报酬丰富的职业。有些工程师认为，如果力学
这个词的使用让人想到的是汽车修理工，而不是那些对于力的研究与理解达
到了能够利用它们设计强大的柴油发动机、高效利用能源的熔炉和安静的空
调机的人，那他们的工作与力学这个词搭上关系就显得很没有技术含量。这
类工程师欣然接受力学是一种有效的分析工具而不是一个贬义词的观点。

　　让工程师感兴趣的机械力的范围很广，它可以是我们熟悉的力，也可以
是很少见的力，它的效果可以很轻微，也可以大到能引起爆炸。**力学是有关**

力及其作用结果的学科，对于任何工程师，无论他设计的是不起眼的人行便桥，还是极其复杂的空间站，或是拯救生命的医疗器材，他们都必须理解力学。对于任何希望理解这类事物的物理本质和局限性以及它们的形而上学含义的人来说，对力的感觉都是至关重要的。

小道具里的直观科学道理

在历史上，当涉及力的时候，不乏有关人类感知和情感的局限性的教训。现代很典型的一个例子是 1981 年密苏里州堪萨斯城凯悦酒店边高架人行道的倒塌事故。这是一次结构故障，可以追溯到一个看似很小的连接细节的改变，但这个改变让有关部件承担了 2 倍于设计的力。其中的技术问题很简单，可以作为大学一二年级工学院学生的家庭作业。解决这个问题并不需要微积分和高等力学，只要理解了其中涉及的力即可。像这样的课堂叙述和家庭作业令人印象深刻，是每个学生都应该学习、任何工程师都不能忘记的教训。

另一个例子是调查 1986 年挑战者号航天飞机爆炸事件的总统委员会的一次会议中的关键时刻。在一次公开听证会上，加利福尼亚州理工学院理论物理学教授理查德·费曼（Richard Feynman）当场做了一个简单的桌上实验。他的设备是一杯冰水和一个弓形夹。他把用弓形夹夹住的一个叫作 O 形环的小橡胶密封圈放入冰水，较大的这种密封圈是在航天飞机的助推火箭设计中的关键部件，是有关它们是否与这次事故相关的争议对象。美国国家航空航天局（NASA）的管理人员声称，挑战者号助推火箭上的 O 形环密封圈有弹性并且可以膨胀，能够封住任何缝隙；尽管如此，费曼利用这一演示证明了为什么在寒冷的发射条件下情况并非如此。他把 O 形环从冰水中取出并松开了弓形夹，这时大家看到，橡胶的变形依然存在。在真实的火箭上，这种现象会留下缝隙，热气体会通过这些缝隙逃逸，导致爆炸。由此可见，简单的做法能厘清复杂的问题。

大部分教授知道，他们是为观众表演的演员。在表演生涯中，我经常利用小道具一针见血地指出，工程师不仅需要了解，而且需要感觉与他们的设计相关的力。我曾演出过或许可以称为小机械剧的作品，它们出人意料的结果有时会让学生、工程师和外行人大开眼界。我的经验是，在一个只比在真空中的向量略微复杂一点的情况下，当一个简单的力作用在一个简单的物体上时，即使让学习过好几门物理学课程的人预测结果，他也会遇到难以想象的困难。

在一节幻灯片辅助讲课的课堂上，我向观众展示了几张缠绕电缆的木头大绕线轮的照片，就是那种当互联网服务公司正在将传输线升级为光纤和其他先进通信手段时会看到的绕线轮。第一张幻灯片显示的是一些黑色电缆的绕线轮，其中一个装在一辆固定的拖车上，其他的放在地上（见图 9-2）。当把电缆从固定绕线轮的顶上拉出来时，它会原地绕自己的轴转动。如果用同样的方法把电缆从放在地上的绕线轮上拉出来，这个绕线轮会在地上滚动。第二张幻灯片显示的是一个放在一条沟旁边地上的橙色绕线轮（见图 9-3）。

照片背景里有一把铁锹，说明这条沟刚刚挖出不久，可以看出来这条沟是为了容纳从绕线轮中心底部引出来的电缆而挖开的。我提醒全班学生，希望大家对类似这样两个绕线轮组成的系统中的力与随后的运动进行分析时忽略无关的细节，如电缆的颜色、绕线轮的材料、为什么要铺设电缆。与分析相关的是拉电缆的力、绕线轮的几何形状、地表的倾斜状况。我向全班学生提出了如下问题：如果地面是水平的，绕线轮是圆形的，拉力平行于地面并且远离绕线轮，这个绕线轮将向哪个方向滚动？

图 9-2　固定绕线轮

注：在工地上，大卷电缆通常都会缠在固定轴上，于是，当电缆被拉出来时，绕线轮就不会转动。

在给学生看过了照片之后，我举起了一个直径 10 厘米的塑料绕线轮，它曾用来缠绕立体声喇叭的导线，但现在缠绕着普通棉绳。我告诉学生，我可以更容易地带来一个线筒或者一个悠悠球，但它们的个头太小，坐在后排的害羞的学生可能看不见。

我让全体学生想象一下拉动我的桌上装置会发生的情景。在没有准备的情况下，预测拉动棉绳时这个绕线轮会向哪个方向滚动这个问题会让许多学习物理学、娱乐和游戏的聪明的学生感到困惑。

图 9-3　移动绕线轮

注：当把电缆从绕线轮中拉出来时，放在地上的绕线轮会移动，思考一下它会向哪
个方向滚动？

在把那个绕线轮放到面前的桌子上之前，我让学生们举手表决，如果我
用一个平行于桌面的力拉绳子的自由端，会发生什么？线轴是会向我的手滚
来还是离我的手越来越远？或者它会停留在原地不动，就像汽车的车轮在冰
面上转个不停一样？答案是否与我在线轴顶部或者底部拉绳子有关？

首先，我让他们举手表决我在线轴顶部拉绳子时线轴会如何运动。实际
上每个学生都认为，线轴会与我的手的运动方向相同。表决结束之后，我用
实验证实，他们是对的：当我拉绳子时，它从线轴上松开了，线轴向我的手
滚了过来，虽然速度低于我的手离开的速度。很快，我的手距离线轴太远，

线轴就很难保持沿直线运动了。我们短暂休息了一下，这时我拿回了线轴，把绳子缠好，并且放在与开始时相同的那一点上。

在绳子从线轴的底部拉出的情况下，实际上大部分学生都预测，绳子也会从线轴上松开，但线轴滚动的方向是远离我的手。有些坐在教室后面的学生看上去有些困惑，犹犹豫豫地举起了手。但有些学生觉得这可能是一个骗人上当的问题，所以选择了与大多数人相反的意见；其他人认为这可能是双重欺骗，所以坚持他们开始的猜测。我做了演示，结果绳子实际上绕在线轴上，因为线轴向我的手的运动快于我的手拉绳子的运动，这时，几乎全班学生都目瞪口呆地发出了惊叫声，同时感到怀疑。

他们不相信他们看到的情况，有些人问："隐藏的机关在哪里？""你耍了什么花招？""是不是因为桌子有一些难以觉察的倾斜，让它成了一个斜面，所以线轴向下滚向你的手？"我告诉他们没有，并把线轴转了个方向，沿着不存在的斜坡"向上"拉绳子。即使我们全都再次看到绳子被缠到线轴上，线轴在向我的手靠近，但一些人仍然未被说服。我建议全班学生自己做这个实验，在他们自己静悄悄的房间里用任意大小的线轴进行实验，看看他们是否能够改变结果。在下一节课上，没有任何人说自己在不同的桌子上、用不同的线轴得到了不同的结果。当这一小型神秘剧落幕的时候，我在黑板上写道："牛顿第二定律：物体沿着作用在它身上的力的方向运动。$F=ma$。"力与加速度的方向永远相同，无论其中涉及的物体的质量是多少。你能感觉到这一点吗？

我凑巧在《纽约客》杂志（*New Yorker*）上读到一篇文章，其中说的是那些"纸张通道工程师"，他们在尝试解决打印机和复印机的卡纸问题，这让我想到了我的那节线轴课。文章描述了一个团队在讨论一个印刷厂时遇到的问题。为了让纸张的另一面接触下一个喷涂了墨水的滚轮，纸张从一个传送带输送到另一个位置高些的传送带上时，会在尚未达到目标前掉下来。这个系统利用真空将纸张向上吸，并把它带到第二个传送带上去。一位利用计算机建立模型的人模拟了这个系统，结果发现，当纸张在传送带之间传送时，它的角会垂下来。它就像一位疲倦了的秋千杂技表演者，无法伸手抓住他的伙伴伸出来的臂膀。

在广泛讨论怎样让纸张保持平展之后，首席工程师喊道："伯努利！"[①]他的想法是，让一束气流在下垂的纸角上方通过，这样就可以把纸角拉起来。果然如此！文章的作者正确地解释道，伯努利定理叙述了气流速度与压强之间的关系。与让"长赐号"在苏伊士运河河岸搁浅有关的岸壁效应类似，高速运动的气流将在纸张上方产生低于纸张下方的压强，这种情况造成了一个力，航空工程师称其为升力。不过，文章的作者对于伯努利定理解释得太多了："因为飞机机翼向上的一面是平的，而向下的一面是弯曲的，于是在机翼上方的气流运动得比下方的气流更快，所以机翼被向上提升。"

我在想，这就是我们每个人在打字的时候都会犯的那种简单错误吗？如果真是如此，它是如何通过自己对其手稿的校对，通过编辑的审阅，通过杂志的事实核对员的检查，并通过杂志的校对的？难道他们都对拼写与语法特别注意，结果没有去检查单词组成的句子吗？或许他们都没有学习过物理学课程，但有关世界的知识并不仅仅来自正规教育，对于物理现象的理解也来自观察。所以我进一步想到，难道作者从来没有在乘坐飞机时坐在靠窗的座位上观看过机翼吗？他很有可能看到过，但他看到了什么？他当然应该看到了机翼，但他不可能非常仔细地观察过它，即使他确实观察过，他也未能清楚地记得他看到了什么。真正的机翼向上的一面当然不是平坦的。如果它

---

① 此处是指丹尼尔·伯努利（Daniel Bernoulli），瑞士数学家、物理学家，他发现的伯努利定理在气体力学和空气动力学中极为重要。——译者注

是平坦的，就会为从前方向后运动的空气提供一条捷径，于是气流被分为两股，在机翼后缘合二为一之前，沿着机翼下面运动的气流流速会高于机翼上面的气流流速。1738 年，伯努利出版了专著《流体力学》（*Hydrodynamica*），他将数学应用于流体力学中。按照他阐述的原理，速度和压强的关系是流体在表面上运动的速度越慢，它在表面上施加的压强便越高。于是，上表面平坦的机翼会被向下压！如果这样一架飞机有一天能够飞离地面，它将立刻被压下去。莱特兄弟都没有读完高中，却明白这一点，而且，他们通过飞行者一号的可调整机翼，成功地将其变为适当的构型并控制飞行。

《纽约客》文章作者的错误没有逃过俄勒冈州阿斯托里亚市的吉姆·斯托弗（Jim Stoffer）的慧眼。这位读者还记得在飞行学校里的经验，即飞机机翼弯曲的一面是在上表面而不是在下表面。他也指出，正是伯努利效应，让帆船可以"迎风航行"。计算能力是运用数量进行思考的能力，包括几何度量及其比较，相当于文学中的读写能力。有人因为词汇量不足而无法理解一部小说的词语的意义，因此无法理解整个故事；与此相同，看某种事物而看不到它的本来面目，也是理解物质世界的障碍。就连那些擅长观察事物真相的绘画艺术家，也会在描绘削尖的木质铅笔这类普通事物时犯下许多错误。我已在别处详述了这个问题，所以这里只想说明这件事很可笑，因为许多画得有问题的铅笔就是用铅笔画成的，创作者手边就有实际样品，而不像飞机机翼距离靠窗的座位那样遥远。当然，如果艺术家们对于削尖的铅笔的形象有先入为主的想法，他们可能会以先入为主的方式看自己手中的实物，就像《纽约客》的文章作者将飞机机翼的上表面看成是平坦的一样。

过去，学工程的大学生最早学习的课程之一是机械制图，他们在学习时使用丁字尺、三角板和圆规画出结构和机器的图形。这些机械装置以及许多工程学图纸的主题或许就是这门课程的名字的由来，但这是一个错误命名。至少在数字计算机被发明之前，学生们尽力画出的图纸并不是用机器画成的，而是手绘的。工程师被教会了如何将图纸画得与实物完全吻合，于是，一旦有必要，便可以根据图纸本身制造物品。如果一个有关装置或者结构的概念未能在图纸上得到体现，在加工车间或者建设工地的人就可能完全不理解其中的含义。如今，制图已经数字化了，它更多是由机械操作而非手工完成，但那些操纵数码机器的人或许永远也不会真正看到实物或者推测图纸的含义。如果一台原型机就放在他们身边，他们或许永远都不会也不想用手去摸一摸。

第 10 章

从理论到现实，让世界更精彩

数字与模型

1773 年，法国博学家皮埃尔 - 西蒙·拉普拉斯（Pierre-Simon Laplace）预言，如果在某一时刻，每一物体的质量、速度以及作用其上的力都已知，则可以完美地预测宇宙的未来形态。他曾在《关于概率的哲学随笔》（*Philosophical Essay on Probabilities*）中写道："我们可以将宇宙的当前状态视为其过去的果与未来的因。如果有一位智者，他能够在某个时刻知道令自然运动的一切力和组成自然的所有物体的所有位置，而且他的智力强大到让他能够分析这些数据，则会出现一个公式，其中包含宇宙中最庞大的天体，以及最微小的原子运动；对于这位智者来说，没有任何事物是不确定的，未来将如同过去一样展现在他的眼前。"

这位全知的智者被称为拉普拉斯的恶魔。今天，我们可能会将其称为超级计算机，一个能够接收与处理前所未有的庞大数据量的计算机，如果用常规方式写出它所用的数据量，这个数字的位数将要写满许多本书。为了简化对非常大的数字的书写，工程师、科学家和数学家使用指数计数法，如 1 000 000 写成 10^6，意思是 10 的 6 次方，也就是 1 后面跟着 6 个零。许多较大的整数都有特定的名称，如 10^6 为 100 万，10^9 为 10 亿。[①] 数字 10^{100} 可以被展开写成 1 后面有 100 个零，但几乎无法说清其含义，它在技术上被称为 10 个 "duotrigintillions"，直到 1920 年才由美国数学家爱德华·卡斯纳（Edward Kasner）的 9 岁外甥米尔顿·西罗蒂（Milton Sirotta）为它杜撰了 googol（古戈尔）这个名字。有人把这个词听错了，接着又有人拼错了，结果就变成了现在一个搜索引擎网站的名字 Google（谷歌），而这一搜索引擎网站的使命是"整合全球信息，使人人皆可访问并从中受益"。

但是，尽管预知宇宙在口头上说说很容易，可就连普通的超级计算机也难以实现。一些科学家和务实的工程师转而研究需要计算量相对较小的宇宙物体，诸如地球、月球和太阳组成的三体，以证明完整宇宙的复杂性。但即便仅仅找到三体问题的近似解也需要计算机的大量工作。只有二体问题，例如涉及地球与月球之间相关运动的问题，才能取得解析解，即准确的数学方程。数学方程不是准确而具体的数字结果，一个与单一力及其在单一物体上面的效果相关的问题才属于可解的范畴。

支持大型计算机模型的人相信，只要有足够的存储与内存，它们就可以像拉普拉斯的恶魔一样，解决几乎任何问题。但经验丰富的工程师对此持谨慎态度。著名的结构工程师威廉·勒梅热勒（William Le Messurier）和莱斯利·罗伯逊都曾在不同的场合告诉过我，他们永远不会全盘接受一位年轻助

---

① 1974 年以前，一个 billion 在英国等于 1 万亿，即 10^{12}，这让美国人觉得 billion 这个词意义模糊。——编者注

手通过计算机模拟给出的结果，他们会在简单模型的基础上进行人工计算。例如，在一座高层建筑设计之初，了解建筑物在风中摇摆的程度对于建筑的结构非常重要。一个对力和力的影响有深刻理解的经验丰富的工程师，可以用纸和笔估计这一数值，这个计算涉及一个简单系统，这个系统只涉及一个力，它水平作用于固定在地面上的垂直悬臂梁上。如果人工计算的结果接近计算机模拟的结果，这些经验丰富的工程师便能相信这个计算机模型；否则，实习工程师就要回去在数字画图板上重新计算。

我曾为研究生讲授一门弹性课程，它讨论的是物体上的作用力和物体的形状与刚度之间的关系。有一次，我布置了一道习题作为家庭作业，要求确定一个在条状材料受到拉伸时上面的圆形孔的应力集中系数，这个圆孔所在的材料正在被拉伸，就像一个人在体重增加后尝试系紧身腰带那样。这一问题的准确解完全可以用课程中学到的数学方法获得，这也是大多数学生的解题思路。然而，有一位在航空航天行业工作了几年后回来攻读硕士学位的学生，解题时使用了一个计算机模型。当我向那些算出了准确数值 3 的学生们表示祝贺时，那位本能地借助计算机的学生提出了不同的想法，他的数值计算结果是 2.541，他认为这个数值更准确。我建议，他或许可以改进一下他输入计算机模型中的穿孔带的表达方式。他在下一节课上自豪地宣布，模型的表达方式越准确，也就是越接近实际情况，计算机生成的结果就越准确，他也承认，这个数值看起来逐步逼近 3。

无论是什么数值，这个结果解释了旧皮带拉得过紧时会在孔上断裂的原因，以及在纸上穿孔会让它更容易沿着孔撕裂的原因。它也解释了受压过高的飞机的机身会沿着铆钉孔撕裂的原因。另外，因为尖锐的裂缝前端的应力集中系数会很高，可能超过 3，所以在那里钻一个小孔反而可以削弱裂缝的尖锐性，使之不会沿着自行车挡泥板变长，这是长期骑自行车的人和飞机维修工都知道的窍门。

工程师考虑力和它们的效果的方式必定会影响他们考虑一般事物的方式，尤其是特定事物的相互作用，包括人与事物之间的相互作用。对于工程师来说，力让世界有了活力，并至少在物质层面上解释了世界的运转。通过口语、流行用语和比喻的方式，力也能够影响我们对于心智与形而上学的思考方式。美国最高法院前大法官小奥利弗·温德尔·霍姆斯（Oliver Wendell Holmes Jr.）曾经写道，"隐藏在每一个细节背后的强大的力"造成了"哲学与八卦之间的所有不同"。在工程结构的世界中，并不需要非常强大的力才能影响一个结构的表现方式。一个未能检测到的小孔内小裂缝可以让一架飞机坠毁。在设计一架新飞机时，各个部件会一一受到测试，以确保其坚固程度足以承担它们在结构中的特定角色，但人们认为这并不足以证明完全组装好的飞机的完整性和可操作性，这就是新飞机必须经过飞行测试的原因。

有趣的是，霍姆斯法官的父亲，19世纪医生兼诗人老奥利弗·温德尔·霍姆斯（Oliver Wendell Holmes Sr.），居然对于他的儿子有关力和细节的思考有所预见。他题为《执事的杰作》（The Deacon's Masterpiece）的诗篇[①]以韵文复述了执事委托建造的一辆马车的故事。因为意识到"马车会崩溃，却没有磨损"，因为"总有什么地方会是最薄弱的一点"，所以执事委托建造了一辆马车，其中每个零件都同等坚固。它是"以如此合乎逻辑的方式"建造的，这让"它几乎跑了 100 年，结果在百岁生日的前一天"，却突然散架，变成了一堆零件。

无论设计或分析的系统何等复杂，工程师都可以对其建模，并评估每一个零件，方法是考虑相邻的零件作用在它身上的力以及它随后作用在其他相邻零件上的力。通过确定、理解与量化在梁和柱之间或者轮子和轴之间的力，工程师可以评价某种特定选择，以及将它们制作成某个特定结构或者机

---

① 又名《单马马车》（One-Hoss Shay）。——编者注

器时是否足够坚固，是否对使用它的人足够安全。知道每一个力的确切数值自然很好，但为保证安全常考虑多于它几倍的力，考虑的这个倍数即为安全因子，所以知道一个很接近真值的近似值即可。安全因子会随环境的变化而有极大的变化，对于电梯缆绳安全因子可能会是 5 甚至更高，而对于飞机，大于 1.5 的安全因子或许就意味着飞机的造价过于昂贵，或者飞机可能过于沉重而无法飞行。

这类细节对于工程师极为重要，他们在选择时更倾向于保证安全。根据经验，工程结构和产品的外行使用者知道它们是极为安全的。确实，工程师们坚持一个伦理规范，即他们应该"以公众的安全、健康与福祉为第一要务"，这与医生们在希波克拉底誓言中所说的"第一，不伤害病人"十分相似。人们希望能将生命托付给专业从业者。

如果消费者希望了解，为什么一件家具当自己坐上去或者躺上去时不会坍塌，他们可以而且确实会检查它的设计，其认真程度不亚于许多病人了解医生推荐他们服用药物、治疗或者手术时的认真程度。实际感觉一个机械装置的不同部件对于施加在它们身上的力和运动做出的反应，会令人安心。例如，在一张躺椅上起作用的通常是些基本零件，如钢条、螺栓、铆钉和弹簧等。作用在它们中任何一个上面的力来自重力、人斜躺时的推力以及它们与装置中其他零件之间的连接力。事实上，无论哪种物体，正是当它与包括使用它的人在内的其他物体接触时表现出来的那些力，控制着它作为整体的一个部分发挥功能的能力，这也确保了它发挥功能时是否安全与可靠。这对于我们接触的任何事物都有效，无论我们是否想到这一点。

我们已经习惯了抓住球状门把手并拧动、推拉购物车、向购物袋中装入和拿出来东西、拿出并刷信用卡动作，这让我们很少思考甚至意识到，所有这些动作之所以能成功，是因为我们刚好能够以适当的力度使用适当的力来完成这些事。每当人们在厨房里操作专用器具、在餐桌上处理经典餐具、在音乐会舞台上演奏一件乐器、触摸一个数字设备的显示器、在高尔夫球场上挥动 5 号球杆、以一次握手结束一场交易，实际上用任何东西做任何事情时，对力的控制都是很重要的。而且我们确实学会了对手头儿的任务施加适当的力。手握硬纸盒的力太轻，纸盒就会脱落，从楼梯上滚下去；过于随便地握住锤子会让它掉下来砸着我们的脚，或者飞出去打中我们身后的人；过分用力地敲打一扇玻璃窗会把玻璃砸碎，我们自己也会受伤；使用错误的钻头可能会让它折断并击中某人的眼睛。每种事物都有合适的用法和尽力使用的极限，也就是临界点，包括我们自己的手指、脚趾、头骨、后背，因为骨头只能承受有限的力。

在产品责任诉讼案中，许多决定最终取决于设计者或者使用者是否在造成伤害的问题上有过错。工程师是否正确地考虑了产品在应有的使用情况下遭遇的力并做了稳妥的安排？消费者在使用产品时所用的力是否在已经说明或者合理的范围之内？在这类案子中，工程师经常作为专家证人被传唤，但有权做出决定的是律师和法官。

生活中力学模型的应用

我曾在生活中多次撞到自己的脚趾头，有时甚至会把它撞坏。如果撞的时候用力不大，痛一阵子也就没事了。如果用力太大就可能造成骨折，而且有时候疼痛让我无法认清情况，直到骨头愈合，我才发现脚趾已经变形。在用断过的脚趾走路几个星期之后，我的鞋子对脚施加的力重新塑造了脚趾。数学生物学家达西·汤普森（D'Arcy Thompson）在他内容广博的专著《生长和形式》（*On Growth and Form*）中认为，哪怕仅仅考虑物质之力，也可以解释生物体的形态。在海风凛冽的海滨生长的树木会让树干在成长时偏离大海，且带有不对称的枝叶。在这本书的前言中，汤普森认为"人们可以通过力在产生或者改变运动中的作用认识物理概念，或者通过阻止运动变化和维持静止的行为认识物理概念"，这实际上是承认牛顿第一定律对于生物体的有效性。汤普森继续说："与物质不同，力没有独立的客观存在。"换言之，我们并不是根据力是什么东西来了解它的，而是通过它做了些什么来了解它的。当然这也是工程师学习考虑不易捉摸的事情的方法。汤普森进一步提醒读者，当在书中使用力这个术语时，他使用的是核武器出现之前力的意义，"如同物理学家总是在做的那样，出于简洁的原因"。工程师也是这样做的，而在本书中，力这个概念也与汤普森的一样。

我们或许不会考虑力本身，但它们的影响总是让我们着迷。婴儿会盯着悬挂在他的婴儿床上的色彩鲜艳的活动装饰品微笑，看着它懒洋洋、令人舒畅的运动。我当然不是心理学家，更谈不上儿童心理学家，但我会在看到婴儿享受的时候认识到这一点。他们的眼睛闪着光，兴致勃勃又有些专注地警惕。在那个活动物的零件中有什么东西既具有诱惑、令人满足、有趣，又令人困惑？空气最轻微的运动，甚至是由一个婴儿呼出的气或者是一只小手的挥舞引起的，都会让那个活动的物品做出反应并开始运动，或者改变它的运动。这就是力在发生作用，而婴儿很快就知道了自己的运动与那个玩具的运动之间的联系，他们伸手去抓玩具，但只不过将它推得更远。但对运动的欢喜之情一样令人高兴。

大些的孩子逐渐学会了如何让他们的手和手指做出抓球棒或者抓球的动作，或者如何让球棒击中球，或者投出让球棒击不到的球，他们似乎在学做这些时没有过多思考，但他们确实都在不同程度上学会了这些技巧。有些孩子们在玩球方面表现优异，他们是否会有意识地提高自己这方面的能力尚存在争议，但许多人应该都有这样的经历，那就是对于自然发生或者不自然发生的事情考虑过多会带来不良影响。当我们过度分析动作的力学原理时，投球、击球或者接球会变得更加困难，而且会降低我们对这项运动的兴趣。但对别人如何做某件事情的观察与分析，可以帮助我们理解，为什么这件事可能不像看起来那么神秘或者令人痛苦。尽管如此，一边走路一边嚼口香糖是一回事，解释这些动作的力学原理却又是另一回事。

心理学家认为，对于力和运动的一种简单的、看似常识性的理解，是"幼稚"或者"民间"物理学的表现。在某些情况下，这种物理学与亚里士多德和其他古代哲学家的观点惊人地相似，他们千辛万苦地试图理解物理现象的本质，他们相信，一个在空中运动的物体之所以能够持续运动，只是因为一直有某种推动力存在。即使那些学过一两门物理课的当代大学生也会有一点儿这种思想。力的概念的演变跨越数千年，而且一些物理学家认为，时至今日，这个演变仍在持续，这显然说明，否定这种观念既不容易，理由也不充分。因而需要伽利略与牛顿这类科学家，把力、运动和惯性的概念阐述为我们今天理解的形式。

在生物学中，个体发生学概括了系统发生学；与此相同，一个孩子对于力的理解也可以像人类文明一样逐渐成长。如果我年幼的时候有人让我表达对于力和运动的理解，那肯定会被归入"民间"物理学的范畴。我和玩伴根本没有对"球在离开了我的手后为什么会遵循那样一种路径"之类问题进行过多少思考。它要干什么就随它去好了，我们只要能够掌握投球、接球和用球棒击球的技巧便会欣喜若狂，哪怕那个球只不过是个橡胶球，球棒也只不过是个锯断了的扫帚把。令人惊叹的是，在棒球或棍球这类常见的运动中，就算没有复杂的装备或对力和运动理解得不够深入，仍然能够取得令人瞩目的成就。

想一想，一个大些的孩子需要多长时间才能学会如何将一个球准确地扔给十几米外站着的玩伴。通过手的推力，球获得了合适的速度和倾角，在距离那位玩伴足够近的地方落下，而那位玩伴不必挪动步子即可接到球。接住一个以弧线轨道飞来的球同样令人赞叹，因为这需要将手或者手套放在距离球在下落结束时的落点非常近的地方，并发出相当强的推力以对抗来球并让它停住。与此类似，挥动球棒击中一个运动中的球需要强大的手眼协调能力。人类能够准确完成这个动作是因为这种能力出现在接球游戏与棒球出现之前，在原始时期，我们的祖先就在年幼时掌握了类似的力和运动，这样他们才能向逃窜中的兔子投掷石头、捉住飞翔中的鸟、叉住在溪流中游动的鱼。

尽管引力算是我的一位看不见的朋友，但在上高中和大学的物理课之前，我对于力和运动的幼稚的理解一直深深地印在头脑中。正是在物理学课程的学习中，我知道了如何用科学术语称呼这些概念，以及人们是如何在头脑中和纸面上运用这些概念来解释现象、计算相关的量的。我们几乎没有对力和运动的哲学含义进行过任何探索，我们或多或少地将它们视为已知，哲学家则称其为基本体。我们学会了将力和运动形象化为有方向的直线（带有箭头的直线叫作矢量），它们有数学性质，我们可以把它们加起来，也可以比较它们，还可以将它们相互联系起来或者将它们与它们的效果相互联系起来。物理学课程的内容不幼稚，但也不是特别具体，它是数学的、抽象的。带箭头的力作用在数学的点上，产生了带箭头的运动。

在我的工程学课程中，力和运动具有更具体、更实用的意义。力不再是推动点运动的箭头。作为学工程的学生，我们知道，力的影响超越了运动。我们的工程学课本不再将完美的球状体理想化地描绘成物理学课本中画在纸上的圆点，而是像土豆那样具有不规则形状的物体，它们可以代表从迷失的小行星到精密机器的零件的任何物体。物理学的无限宇宙得到扩展，并进入了工程学的有限世界。还有一种与新几何学并行的新语言。物体不再被理想化为球体和弦，现在它们是球和链。我们知道，是这些零件之间的连接方式，决定了它们相互施加力的方式。力变成了工程学中对于梁、柱、螺丝钉、螺栓、螺母、垫圈、弹簧、开口销这些有形物体的抽象，更不要说电流和蒸汽压头了。我们学会了如何在纸上拆开结构和机器，并把每个零件放在整齐的图上，图中用施加在零件上的力代表相邻的零件。这样的图组成了工程师说的"自由体图"，其中自由这个词的意思是尽管图中这个零件被表现为与宇宙中其他的一切相分离，但在分析上，它仍然通过力（由箭头表示）与宇宙相连接。

许多工程问题的目的是计算连接力，知道连接力的数值，就意味着知道一个零件在实际结构或者机器中有多坚固。对于工程师来说，力不仅仅是抽象的概念，也是问题的核心。一旦力的大小确定，便可以确定梁、螺栓、弹簧或销子的尺寸，尽管有时可能需要绕个圈来计算。比较棘手的问题是，如果计算得出的力过大，零件可能无法承受。通常，替换一个更坚固的零件意味着使用的零件会更重，这便会改变连接力，需要重新计算。这些重新计算后的力会影响系统中的其他零件。于是，一个看起来直截了当的设计计算，变成了不断进行的迭代计算，这是一个单调乏味的过程，更适于数字计算机而不是人脑。

物理学的主要问题是解释已经存在的事物和现象，与此不同的是，工程学的主要问题是创造一个事物，在设计与制造成功之前，这个事物在之前并不存在，但通过这个事物，力与功能可以相互结合。

第 11 章

斜面上的力，不平坦的游乐场

金字塔斜面上的力

　　吉萨大金字塔（Great Pyramid at Giza）的各个侧面与水平面的倾角约52°。也就是说，这座金字塔的上升高度与前进距离的比例约为 14∶11，其陡峭程度大约是国际建筑标准允许的家居楼梯的 2 倍。我们知道一天之内多次攀爬数层楼梯会有多累；如果同时需要搬动一台钢琴，更会让人筋疲力尽；而将两吨重的石块沿着高约 152.4 米的金字塔的侧面搬上去似乎完全不可能。因此，工程师普遍认为，埃及金字塔的建造者必定以某种方式利用了斜坡。金字塔有 4 个逐渐变窄、最终在顶点相遇的斜坡，但考虑到斜坡的陡峭程度，古埃及人应该无法直接将其作为斜面，并利用推力和拉力运送石块，至少无法轻松地做到这一点。

　　工程师将斜面视为一种简单机械，它在某种程度上克服了引力。斜面有

很多形式，包括游乐园中的滑梯和可供轮椅上下的坡道。只要物体和斜面的表面足够粗糙，斜坡的坡度也不是太大，一个放在斜面上的物体就会停留在斜面上。可以这样证明这一现象：把一块砖放在一块木板上，并逐步抬高木板的自由端，砖会一直留在原地不动直到木板与地面形成的夹角达到某个角度，这时砖与平面之间的摩擦力不再大于等于重力沿斜面向下的分力。

工程师将斜面的几何形态理想化为一个直角三角形，并认为一个在斜面上被向上拉的物体受到三种力的作用：重力、拉力和反作用力，其中最后一个力代表着表面如何支持物体并阻碍物体的移动。为了计算方便，工程师将这个反作用力分解为两个分力，一个垂直于斜面（垂直分力），一个平行于斜面（摩擦力）。垂直分力与摩擦力是通过一个与接触表面有关的系数联系在一起的（见图 11-1）。斜面的力学优势在于，在让一块石头沿着斜面向上运动时，人们只需要克服它的一部分重力。当然，阻碍运动的摩擦力也必须克服，但实际上，只要对表面做好润滑，就可以大大减少摩擦力。

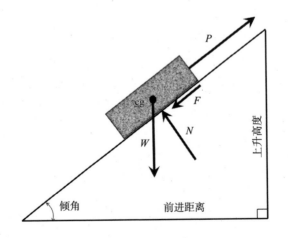

图 11-1　沿斜坡拉动石块的示意图

注：W 为石块的重力，P 为拉力，N 为斜面对石块的支持力，F 为摩擦力，cg 为重心。

沿着斜面将重物推或者拉上去，或许不比带着它沿着楼梯走上同样的高度更轻松。在这两种情况下，无论是对它施加推力、拉力，还是携带它走楼梯，都必须提供同样多的能量，才能把重物带到同样的高度上。发明家乐于挑战避免这些能量消耗，他们想如果能让楼梯自己运动，而人只要站在原地等着上升就再好不过了。

电动扶梯上的力

美国第一个有关电动扶梯的专利是 1859 年颁发给马萨诸塞州索格斯市的发明家内森·埃姆斯（Nathan Ames）的 "旋转楼梯"。和通常的发明一样，有许多其他发明家对他的发明进行了改进，并且也获得了专利，但其中大多数都没有在他们那个时代造出实物，包括埃姆斯本人的发明。但有一个例外是纽约人杰西·W. 雷诺（Jesse W. Reno）发明并于 1896 年安装在科尼岛上的 "永不停止的传送带或者电梯"。然而，提出 "自动扶梯"（escalator）这个名称的既非雷诺，也不是任何其他个人发明家，而是奥的斯电梯公司，据说这是为了让他们的倾斜传送电梯与普通的竖直传送电梯相区别。起初，美国专利局不允许将新词作为描述性术语，但在作为商标注册的同年，该公司以此为名字的第一件设备在 1900 年巴黎博览会上投入公众使用。今天，世界上或许最显眼的活动楼梯正在巴黎运行，那就是在乔治·蓬皮杜中心正面透明的悬臂梁管道中不停运动着的那台自动扶梯。

美国小说家、散文家尼科尔森·贝克（Nicholson Baker）的短篇小说《阁楼》（The Mezzanine）中的背景空间就是一台现代自动扶梯，主人公是一个名叫豪伊（Howie）的办公室工作人员。每天午餐后，豪伊都会乘坐活动楼梯，回到他位于上一层的办公室。在故事发生的那一天，他正思考着同乘扶梯的其他人或许都没有注意到的一些平凡小事。他发现一个站在扶梯底部的维修人员，正把抹布紧按在扶梯扶手上。这样，当带着污迹和细菌的扶手像传送带一样运行时，整个扶手就被擦亮了。他觉得这真是很了不起。因为如果要清理阁楼周围的固定栏杆，他就必须沿着栏杆走动，才能取得同样的效果。这就是相对运动的本质，以及永远存在的作用力与反作用力的表现结果。

自动扶梯上的乘客，尤其是在上面看手机的人，通常根本不在乎这台机器的细节和工作原理，就像他们根本不在乎自动扶梯穿过的环境一样。乘客们甚至不会意识到，人在扶梯上的上升与下降的唯一不同，发生在走上扶梯和走下扶梯的瞬间：在向上时，扶梯的传送是在对抗引力；而在向下时，扶梯的运动与引力方向一致。在扶梯平台上，乘客就跟站在坚实的地面上一样，可以一动不动。他们或许忽略了在踏上或离开扶梯时感受到的突兀变化，但他们的身体将感受到这种变化带来的力，而且，除非在无意识中做好了准备，否则他们可能会暂时失去平衡。

在 1900 年巴黎博览会上也安装了一台"活动人行道"，它号称有史以来第一台自动扶梯。这个精心设计的装置包括三个平行部分，第一个以与在实地上正常步行相仿的速度运行；第二个是固定的，如同火车站中的站台，让人作为踏上第三部分的中转站；第三个则以大约两倍于步行的速度运动。今天，我们是在自动扶梯的正前方顺着它运动的方向上下自动扶梯的，而与此不同的是，人们当时是从侧面登上巴黎博览会的"活动人行道"的。

对那些习惯于在运动的有轨电车、电缆车或者旋转木马上跳上跳下的人来说，跨上或者离开这样的奇妙装置自然不算非常困难。但当参观伦敦眼那座庞大的摩天轮时，我发现我对上下这类运动中的装置没有多少经验，而乘坐伦敦眼却要求乘客具备这些跳上跳下的技巧。除会在残疾乘客登上或者离开时停下之外，摩天轮的车厢一直在以一定的速度运动，这样可以增加这个旅游热门景点容纳观光游客的数量。

从童年起，我就一直对接近任何运动中的楼梯心怀疑虑。在第一次碰到这样的楼梯时，我刚从水泥地板踏上一个分段式自动扶梯台阶就感到脚下似乎有一块小地毯被拉走了。每当踏上或者将要离开一台活动装置时，我都会稍作停顿，我猜这一定会让我身后那些久经考验的购物者和旅行者感到奇怪。我同样也会犹豫如何将带滚轮的行李箱拖上或者拖下台阶。但对于旅行者，过多考虑力的变化可能很危险，这就跟运动员反复思索他们的运动机理会很危险一样。思考日常互动涉及的力是一回事，但当我们面对这些力时还在过多地进行分析性思索，就会扰乱我们的行动步伐，酿成大祸。

机场和飞机上的力

通常，踏上或者离开任何这种人员运输装置的问题并非难事，在小心尝试后即可解决；但当刚刚坐完长途航班，刚着地的双腿还在寻找感觉时，人们可能难以适应自动扶梯。我发现，当人们以每小时 800 多千米的速度在加压舱中旅行了好几个小时之后，他们的身心尚未调整到能适应正常步行步伐的阶段，这时他们对自动扶梯的不适应尤其明显，因为他们这时一心只想尽快赶到机场的停车场然后开车回家。

我家乡机场的一些活动通道不完全是平的，因为坡道可以为步行者提供便利，让他们能够有时间在整条倾斜通道上逐步调整。走在实地上的人很容易适应这些斜坡，这与夏天在稍微倾斜的私家车道上开车一样，因为那里不大可能有冰层覆盖。然而，对于站在机场里的活动人行道上的旅客来说，他们可能极不适应平路与斜路之间的变化。有一次，我把行李箱直立放在我身后，而当活动人行道开始上坡时，行李箱却倒了。令人奇怪的是，当平坦的人行道即将结束时会有语音提示步行者，但在这些坡度变化的地方却没有。我曾经看到，当面临惯性和支持力同时变化时，也有别的旅客和我一样失去平衡。

登机桥本质上是斜面。它们的角度必须能够调整，以适应从小型通勤飞机到大型客机，也就是说，登机桥的坡度可以是陡峭的，也可以是平缓的。常旅行的人可能会发现，登机桥也是一个不易适应的地方，会令人感到不舒服。一些登机桥没有支撑的长度可能会很长，人走上去时可能会出现一定程度的抖动。其实也可以把没有窗户的登机桥视为可伸缩的隧道，登机旅客走过它时可能会觉得拥挤。在可伸缩部分之间需要的转换部分很短，这时候是特别难以适应的，因为这些很短的连接坡道的坡度明显更大。拉着滚动旅行箱走下登机桥的旅客会觉得他们的行李想要超越他们，并推着他们往下走，这些行李就像在马身后的一辆大车。而在旅行回程中，他们或许会感到行李箱在把他们向后拉。

一旦坐上了飞机，旅客们或许想要睡觉，但让他们没有想到的是，与登机门和飞机跑道之间如此平和顺利的路程不同，他们将在飞行过程中感觉到力和运动的一些令人吃惊的夸张变化。当飞机在跑道上缓慢地滑行时，他们还会拥有幸福的感觉，可一旦飞机准备起飞，各种令人难受的事就开始出现了。当发动机轰鸣，而飞机内的乘客希望松开刹车让飞机起飞时，有些飞行员却一直踩着刹车。而飞行员一旦松开刹车，飞机立马加速向前冲。当飞机沿着跑道加速时，乘客会感到有一种与飞机运动相反的惯性把他们推到椅背上，此时乘客正在承受牛顿第一运动定律的作用。也就是说，无论是通过推着他们与机舱中所有事物向前的椅背感受到的力，还是通过他们自己对椅背的推力感受到的力，他们都正在体验着这样一种力，它正在说："我希望你就在这里别动。"与此同时，行李架上没有固定位置的行李正在向后滑动，没有固定好的小桌板也会翻下来。

有一次，在美国西南航空公司的航班上，一位坐在飞机前部厨房附近折叠椅上的空乘人员拿着的许多袋花生被撒到了地板上，这时我见识到了惯性和飞机上升角度的联合作用效果。她向过道座位上的乘客求助，看他们能不能抓住滑过的花生，但我们中很少有人能够抓住任何在倾斜的飞机上运动得如此之快的东西。直到看到一条从头顶的行李架上悬挂下来的行李绑带后，我才知道飞机的爬升角度如此之大。在飞机时停时走的滑行过程中，绑带就像一个单摆，但在起飞之后，它就如同一个测斜仪。当飞机静止时，绑带与地面垂直且一动不动；但当飞机沿着跑道加速与爬升时，它便越来越偏离竖直方向。绑带相对于舷窗边缘参考线的角度是由重力、惯性和绑带上的张力的平衡位置决定的。如果这时在下雨，则水在窗户上流过的痕迹将呈现同样的角度；当飞机不再加速，进入巡航高度沿水平方向飞行时，绑带便恢复竖直状态，它自身的张力便足以与重力对抗。

当飞机穿过浓云遮蔽的天空或者面临其他低能见度的状态时，就连空乘人员也不容易判定飞机的方向。此时，经验丰富的飞行员的空间感可能变得错乱，这会让他们失去对于高度的感觉和飞机是在上升还是下降的判断。人们认为这种现象是造成一些损失惨重的空难的原因。1999 年，小约翰·肯尼迪在驾驶一架单引擎飞机从新泽西飞往马萨诸塞州海岸外的马萨葡萄园时使用了目视飞行规则。但在黑暗和恶劣天气的共同作用下，熟悉的景观变得模糊了，结果飞机在海中坠毁。冲击力可能是他、他的妻子和妻姐经历的唯一的不寻常的力。人们也把 2021 年篮球明星科比、他的女儿以及包括飞行员在内的其他 7 个人丧生的直升机坠毁归咎为空间迷向。

通常，航班飞行员会宣布开始降落，起落架随后发出的声音是飞机很快将会着陆的信号。降落时间有时候似乎长得令人难以忍受，特别是在底层云与地面间的距离只有一二百米时。向窗外观看的乘客或许除白花花的一片之外什么也看不见，直到大地突然映入眼帘，这会让他们惊讶大地竟然如此之近。迎接那些不向窗外看的乘客的将是一个令人吃惊的振动，因为一架飞机在跑道上降落会涉及各种新的力。当起落架完全打开时，它的轮子并不转动。因为跑道是静止不动的，运动的轮子将与静止的停机坪之间不匹配，此时，跑道必须对轮子施加力，以增加它们的转速。乘客们将经历如下一系列情况：首先是轮子冲击地面的一次碰撞，然后听到橡胶刺耳的吱嘎声，这时动态摩擦力会加大轮子转速，直到轮子转速与飞机的速度一致时，静态摩擦力会使飞机平稳地向停机门滚动。

集中在一条跑道一端的黑色痕迹说明了一个事实，即飞机在降落过程中轮胎的橡胶受到磨损。可以通过提前加速降低对橡胶的磨损，常见的方法有两种，一是在起落架上安装电动机；二是把橡胶襟翼装到轮子两边，这样它们就可以像风帆一样借助风力在跑道表面的摩擦力起作用之前让轮子转动。与此同时，在飞机机翼上设置襟翼，也形成了另一种利用风的帆，这种襟翼是沿着飞机运动的反方向推动飞机并使之减速的装置。有时候，发动机会反向运行，直到飞机的速度足够慢，这时就可以将它们切换回向前推动的模式，带动飞机走过滑行道，向停机门移动。在整个过程中，惯性将再次起作用，把旅客推向他们的安全带，把行李推向行李架的前方。这些力与乘客登上走过登机桥的斜面、活动人行道、自动扶梯、电梯时感受到的力相同。

第 12 章

弹力，变形的弹簧和充气的薯片袋

月球上的力

1971 年，航天员艾伦·谢泼德（Alan Shepard）在指挥阿波罗 14 号任务时带了几个高尔夫球和一个 6 号铁高尔夫球杆杆头，并在月球上用一个月球样品勺把手做了一个高尔夫球杆。根据他的报告，在他打出去的球中，有一个飞出了"好多好多英里"。[①]他或许有点夸大其词，但物理学定律确实预言，在月球上，即在大气稀薄和引力弱得多的条件下，一个打得很好的球的飞行距离可以远远超过 1.6 千米。

同一个高尔夫球在月球上的质量自然与在地球上的质量相同，甚至可以说在宇宙的任何地方都相同。但重力是将具有一定质量的物体拉向一个吸引物体中心的引力，它在每个行星上各有不同。在月球上，这个球受到的引力

---

① 1 英里约为 1.6 千米。——译者注

牵引，也就是说它的重力，大约只有在地球上的 1/6。因为艾伦·谢泼德的肌肉力量与在地球上大体相当，那么当他在月球上以与地球上相同的力量击打任何高尔夫球时，球必定会飞得更远。

物理学家往往从重力出发考虑问题，而工程师则往往从质量出发。这是因为，工程师一般只关注物体在地球上的受力情况，而只要工程的结构和机器是在靠近地球表面建造与运行的，其重力则和质量一样是不变的。在修建摩天大楼时，同一根大梁从地面的卡车上举起来时受到的重力，与安装在最高一层楼时受到的重力相同。然而，当工程师被要求设计太空舱、月球着陆器和火星车时，他们确实必须考虑它们在发射之前和着陆后受到的重力的差异，或者他们在计算强度和表现时只使用质量这一指标。无论使用哪种方法，在设计这类装置时都有一个优势，即那些在地球上工作时不够牢固的装置，在较弱的引力场内却能完美地发挥功能。

按照地球上的标准，尼尔·阿姆斯特朗（Neil Armstrong）在月球上登陆用的登月舱似乎不够牢固，而上文所述原理就是其中的奥妙。如果工程师无法设计这样轻的登月舱，阿波罗计划或许无法完成约翰·F. 肯尼迪总统提出的"在 20 世纪 60 年代的 10 年内实现人类登月"的目标。

超市中常见的力

在日常生活中，我们经常会忽略重力和质量之间的差别。在美国，人们订购火鸡时常按照传统的质量单位，即火鸡应该是多少磅多少盎司。而在地球上其他地方，购物者大部分以千克为单位说明肉类的质量。对于牛奶、果汁等其他液体食物，一般用体积具体说明质量。美国人能非常自如地用自己熟悉的度量衡单位来说明食物或饮品的质量，而如果有人用不同的方式度量时，比如 1 磅牛奶，就很难马上反应过来。这种事曾在我身上发生过一次，当时医生正在向我解释超重 8 磅[①] 意味着什么，他将其比作让我整天额外携带 1 罐 1 加仑[②] 的牛奶。这让我想了好一阵子，才明白自己带上满满一塑料瓶白色液体会有什么感觉。

超市的各处都是绝佳的实验室，我们可以在其中做实验，得到和测试对于包装与未包装食物的数量、质量、尺寸、力的感觉。事实上，走进一家超市并在那里挑选商品，不仅涉及判断质量与重量，也涉及我们对全部 5 种感官的使用。

走进一家超市，我们就能听到自动门打开并欢迎我们到来的声音，同时我们能立即闻到新鲜水果和蔬菜的气味，看到它们鲜艳的色彩以及摆放方式带来的视觉诱惑，或许有些脸皮厚的人会从一串葡萄上摘下一颗，放进嘴里品尝味道。当然，我们也会触摸放进购物篮里的每一件东西。但这并非严格意义上的触摸和拿走，和国际象棋比赛中的那种碰一下就吃子的方式不一样。我们可以尽情地拿起无论多少个牛油果或者桃子，然后选定一个购买，也可以去阅读任何我们想要阅读的汤罐头或者早餐谷物盒子上的标签，比较其中的成分和营养价值。

但超市以前并不是这样的，直到 20 世纪中期的美国，购物者虽然可以进入不同的专门售卖蔬菜、肉类、鱼类、烤制食品等食物的商店选购，可以沿着纵横交错的城市街道走进某个拥挤的农贸市场，依次拜访每个食品专供商家，但在许多情况下没法直接动手挑选，只能由店员选择和包装产品后交给他们。

---

① 1 磅 = 0.454 千克。——编者注
② 1 加仑 ≈ 3.79 升。——编者注

自助超市的产生

自助超市的概念归功于克拉伦斯·桑德斯（Clarence Saunders），他 14 岁便辍学，并在一家杂货店工作。他最终成为田纳西州孟菲斯市的一位食品杂货批发商，同时，他批评了零售店效率低下。桑德斯通过观察发现，低效能的主要原因是由店员取商品。于是他发明了一种系统，让顾客直接选取商品。桑德斯的概念是，将一家商店的一层分为 3 个不同区域（图 12-1）：(1) 前 "大堂"，即顾客进入与离开的区域，也就是我们今天称为 "前厅" 的地方。进入商店的顾客在那里拿购物车，出去后也将其归还到那里，那里同时也是收银台所在之处；(2) "销售区"，通过一座大门或者十字转门进入，通过另一座大门或者十字转门离开，顾客在该区只能沿着规定的路径移动，因此被 "要求全部浏览正在销售的各种货物"，货物陈列在货架或者合适的柜台里面，包括一个为易腐食物准备的玻璃门冰箱；(3) 后部的 "仓库或贮藏室"。货架和橱柜的上方是一个平台，可以从高处俯瞰商店，"巡视员" 或其他员工可以从那里引导并指导顾客用新方法购物，监控货架与橱柜，进行必要的商品补充，对商店的活动进行监督，但这一切都不影响在迷宫中徜徉的顾客们检查与选择货物。1916 年，桑德斯以新方法在孟菲斯市开办了他的第一家商店（见图 12-2）。在 "自助式商店" 的专利申请中，桑德斯写道："一家同样大小的商店，与传统经营模式相比，这种方式经营的商店的销售额可能超过前者 3 ～ 4 倍。"

尽管桑德斯主要是通过经济上相对于其他商店主的优势为自己的发明正名，但自我服务这个概念也给顾客带来了好处。尽管他们的行动并非自由自在，但他们的感官没有受到妨碍。按照设计好的路径走过摆满了货品的货架，购物者可以面对面地看到商店可以提供的一切商品，这可以让他们想起晚餐购物单上遗漏的某件物品。桑德斯将他的理念扩展为连锁店，每一家连锁店都冠以有版权、有特殊商标的名字：小猪扭扭（Piggly Wiggly）。

图 12-1　桑德斯"自助商店"专利申请图

注：本图来自田纳西州人桑德斯 1917 年为其"自助商店"进行专利申请的一张图，他在其中用透视法说明了自己的理念。1916 年，桑德斯已经办了他的"小猪扭扭"自助连锁店中的第一家；专利描述并记载了店员不需为每一位购物者购物清单中的每一个物品分别拿货在经济上的优越性。

资料来源：U.S. Patent No. 1,242,872。

　　这一连锁店的网页显示，该店的发明者"想要并且找到了一个会被人谈论并且牢记的名字"，尽管他"很奇怪地不肯解释"为什么要选择这个名字。有这样一个故事，桑德斯"有一次在火车上看到了几只想要从围墙下面爬进去的小猪仔"，而在当时的一部词典中"piggy-wiggy"解释为小猪（piggy）这个词在"孩子之间进行的口语化延伸，是孩子之间开玩笑时的用语"，因此，在商店销售区中受到限制的人流运动可能勾起了桑德斯的回忆，于是便有了这个名字。对于取这样一个名字，还有一个解释是，桑德斯曾笑着说："这样人们就会像你一样提出这个问题。"当然，这或许并不是桑德斯本人的回答。又或者，他可能并不是开玩笑，而是认真地起了这个店名，为的是描述饥饿的购物者必须在拥挤的过道和收银通道里扭动着身躯挤过去的真实场景。

图 12-2 "小猪扭扭"商店照片

注：一张大约拍摄于 1918 年的照片，画面中是于 1916 年在田纳西州孟菲斯市最早开张的小猪扭扭商店，照片显示了逐步演变为现代超市的自助服务概念大受欢迎的盛况。请注意这家真实的商店的布局与专利图有所差别，不过专利图确实抓住了其中的精髓。

资料来源：Library of Congress, Prints & Photographs Division, LC-USZ62-25665。

当前超市的标准布局是两边开放的平行过道，这样能让购物者追随着他们的鼻子或其他感官，自由地从商店的一个区域前往另一个区域。面包和牛奶陈列在距离入口和农产品区最远的角落里，乳制品盒距离面包柜台的距离尽可能远。这样的安排绝非偶然，因为这样一来，那些只为买一整块面包或者 0.95 升牛奶而来的购物者，就必须在商店中路过其他他可能购买的商品。

根据力掌握购物技巧

在一家超市里，我们所有的感官都应该处于高度戒备状态。《星期天杂志》（*Sunday Magazine*）的一篇按理想方式烹制卷心菜的文章建议购物者："要选择包得非常紧的菜；感觉上，它们的重量要比看上去该有的大。"我们可以用如下方法比较不同的卷心菜和生菜以及一般的农产品：把看上去差不多的东西拿在手中，用多年购物积累得来的重量感加以比较。两个大小相等但似乎重量不同的瓜会让我们感觉出其内部的差异。较轻的那个瓜的内部很可能有比较大的空洞，这对于寻找异质晶簇 ① 来说是件好事，但对挑选瓜来说就不见得了。睿智的购物者也会用他们的指关节敲一下瓜，听听里面是否饱满；他们在选桃子时会轻轻捏一下，感觉一下里面的果肉是否成熟。如果选择其他如苹果、香蕉一类的水果或者蔬菜，视觉与嗅觉要比听觉更加有用，因为它们更能表明水果内部是否熟过了头甚至是否腐烂。太硬的牛油果可能当晚吃不够熟，太软的可能已经熟过头了。跟生活一样，买东西也有中庸之道。

购物行家形成了对于普通大小香蕉的重量感觉，所以不用天平也能相当准确地估计它的重量和整簇香蕉的重量。尽管如此，过去在超市里还是有许

---

① 异质晶簇一般指岩石中的裂隙或者空洞中存在的许多矿物单晶体组成的簇状集合体。——译者注

多台天平挂在农产品部里，所以购物生手大可试试自己对于一簇香蕉的重量感觉是否准确，同时估算一下它们的价钱，然后再把香蕉放进购物车里。老式的机械天平相当简单，就是一个挂在弹簧上的盘子，弹簧吊在固定在天花板的钩子上。把香蕉放上盘子，弹簧就被拉长了，这就让与弹簧相连的一个指针或者表盘有了变化，并在直线或者圆弧形的量规上指示了重量。对于大小差不多的水果，两只香蕉让弹簧增加的长度是一只香蕉的两倍。这种天平工作的力学原理叫作胡克定律。

胡克定律

1662—1703 年，罗伯特·胡克（Robert Hooke）一直担任伦敦新成立的皇家学会的实验部主任。因为工作的缘故，他能够接触到一大批仪器，让他在科学与工程学的许多领域进行研究，包括但不限于显微镜、材料科学、材料强度和结构力学。胡克在加入皇家学会之前的目标，就是开发一种可供航海使用的准确、可靠的时钟，因为通过比较当地时间与英格兰的格林尼治时间，即可确定船所在位置的经度。而时钟的关键部件之一就是其中的主弹簧，于是胡克便用弹簧做实验。他正是通过这一工作发现胡克定律的，胡克定律是指弹簧的伸长与拉伸它的力成正比（见图 12-3）。他很不愿意公布他的发现，因为如果与他竞争的钟表匠知道了这一点，其时钟就可能达到与他的时钟相同的精度。但与此同时，他也想要确立自己作为该定律发现者的地位，于是他便用改变了字母次序的单词写的一个句子发表了这个成果，这样，如果他以后需要证明自己的优先权，把打乱了次序的单词恢复正常即可。打乱了字母次序的拉丁词组成的句子是 *ceiiinosssttuv*，解码之后是 *ut tensio, sic vis*，意思就是"拉长的长度与力对应"。**胡克定律的表达式为 $F=-kx$，其中，弹簧施加在物体上的弹力 F 和弹簧的拉伸长度 x 通过弹簧常数 k 关联。**以 x 和 F 为坐标轴画出的方程图像为直线，因此这样的弹簧称为线性弹簧，

对于一个常数为 k 的弹簧，其画出直线的斜率即为 k。表达式中的负号说明，如果弹簧向一个方向拉长（比如说，取这时的 x 为正值），则与拉长对抗的力是负值，或者说弹簧的力与拉长的方向相反。这与我们使用弹簧的经验一致，即弹簧总是寻求恢复其自然长度，除非拉伸过度（此时它不再具有原来的弹性）。

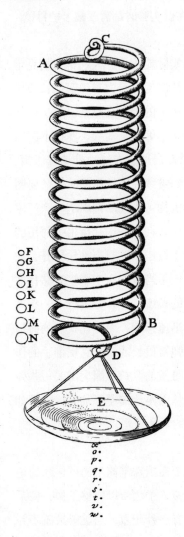

图 12-3　胡克定律在弹簧上的示意图

注：与牛顿同时代的胡克进行了非常仔细的实验观察和测量，确认在弹簧的拉伸长度与拉伸它的力之间存在着线性关系。人们将其称为胡克定律。

资料来源：Hooke et al., Lectiones Cutlerianae, 1679。

只要用一根橡皮筋环绕在两根拇指上做个实验，就能很容易地理解胡克定律。我们让拇指分开得越远，橡皮筋就被拉伸得越厉害，而它被拉伸得越厉害，就越难进一步拉长，这是因为将它拉回去的力随着拉长距离的增大而增加。如果把橡皮筋拉得太厉害，它就会断裂。这时，贮存在弹性结构里面的能量将被转变为断裂的声能和让橡皮筋飞出去的动能，它或许会打到实验者的眼睛。这就是为什么无论实验看起来多么简单，在做实验时都需要戴上护目镜。

胡克定律在弹簧被压缩时也同样适用。在实际应用中，人们常在胡克定律的 k 前面加一个负号，这个负号实际是指弹簧产生的弹力与弹簧伸长或压缩的方向相反，例如，当弹簧被压缩时，弹簧产生的弹力会反推以对抗任何产生压缩的因素。可以用一支典型的可伸缩圆珠笔做一个实验。在按下圆珠笔上端的按压帽把弹簧压下去的过程中，如果慢慢地、专注地推动按压帽，我们就可以感觉到弹簧在反推拇指。然后，我们继续往下按压的时候需要明显地加大力量，直到内部的棘轮或者凸轮从动机构（不同的圆珠笔生产厂家会出于同一目的而使用不同的方法）将墨管卡住并在另一端暴露出书写用的尖头。当用圆珠笔书写完毕之后，我们再次按下按压帽，直至棘轮松开，此时墨管会弹回圆珠笔的笔管。让它弹回去的，正是当我们压下墨管时储存在弹簧中的能量，这时，弹簧恢复到受压较小时的长度，准备好进行下一次循环。如果在收起圆珠笔的时候我们不让按压帽迅速弹起，而是让我们的拇指停在它上面感受弹簧的力，我们将会觉得，在弹簧更长的时候它反推手的作用力会变得更弱。它通常不会恢复自己无压缩时候的全长，因为需要一些残余压缩力，让上端的按压帽处于正常的位置，从而不让油墨管乱晃。尽管如此，我们在这个过程中感觉到的就是胡克定律的真实表现。

并非所有的弹簧看上去都像橡皮筋或者一个在圆珠笔筒里面可伸缩的金属丝螺旋。塑料药瓶上防止儿童开启的压后旋转盖子之所以能够工作，就是因为它的顶部包含一个起弹簧作用的嵌入物。有一种药瓶，当盖子被压下并沿顺时针方向转动以关闭时，这个嵌入物被压缩，环绕药瓶边缘的凸耳状突出物与槽吻合，使之保持在那个位置。被压缩的嵌入物对药瓶边缘施加了一个推力，让瓶盖一直受到推力，从而锁定了位置，直至有人推下瓶盖（进一步压缩了弹簧），将槽和凸耳状凸出物与槽分离，同时逆时针转动瓶盖，将凸耳状凸出物与槽分开，才可以拿开盖子。

长尾夹的设计原理

小事中蕴含着大学问。无论一个纸夹做成什么形状，它本质上也是一个弹簧（见图 12-4）。长尾夹能够将厚厚的一叠纸夹在一起，做到普通的弯曲金属丝回形针无能为力的事情。这个聪明的设计是由一个名叫路易斯·E. 巴尔茨利（Louis E. Baltzley）的华盛顿少年完成的，他来自一个发明世家。他的祖父是因发明了缝纫机而闻名的伊莱亚斯·豪（Elias Howe），他的父亲和叔叔都持有专利。小路易斯希望长尾夹能够帮助他的作家父亲，让他的手稿不至于凌乱；他后来还发明了一些小物件，如容易拿起与堆放的扑克筹码，盛放粉末的容器的筛子顶部和放在游戏桌侧面的饮水杯架等。

长尾夹这种小物件于 1915 年以"纸张装订夹"的名字取得专利，而在随后整整一个世纪中，它的形状基本上保留着巴尔茨利在专利图中画出的样子，这说明要改进它有多么不容易。它的主要部件是一个有弹性的钢条，钢条做成类似小帐篷的形状，在此，我们将其称为弹性钢帐篷。两根细钢筋把手的两端弯曲，沿着帐篷两侧插入钥匙孔状的折叠中，这样能起到杠杆的作用，以此分开帐篷顶，使裂缝足够宽，宽到能够夹住一叠纸。当对横在弹性钢帐篷上的把手不施力时，想要恢复自然夹紧状态的弹性钢帐篷就紧紧地将那叠纸夹住，让它无法轻易滑出。

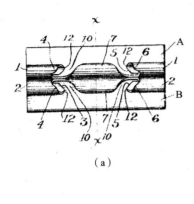

（a）

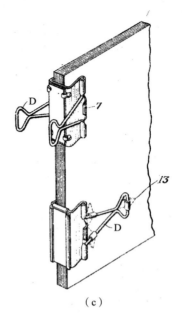

（c）

图 12-4 长尾夹

注：相比传统的弯曲金属丝回形针，长尾夹可以夹住一叠厚得多的纸，1915 年，少年发明家路易斯·E. 巴尔茨利由此取得专利。长尾夹是由 3 个弹簧组成的：夹子本体（图 b 中的 B）和两个可以移动的把手（图 b 的 D），后者是能够将夹子打开成为足以装订厚纸叠的杠杆（图 c）。

资料来源：U.S. Patent No. 1,139,627。

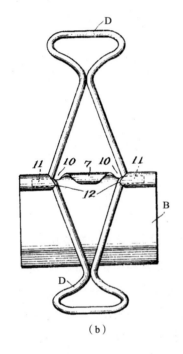

（b）

用拇指和食指压迫长尾夹中形状美观的杠杆把手时，我们能感受到很强的对抗弹力。正如胡克定律所言，让长尾夹开一个小缝很容易，但开缝越大就越困难。弯曲的钢筋把手设计的聪明之处就在于，它能让手指在越来越用力时始终不会放松它们，对此，使用者的感受一定很深刻。长尾夹是独出心裁的装置，使用它能让人真切地感觉到一个很强的阻力。而且它的适应性极强，回形的把手可以将被夹紧的一叠纸挂在钩子上随时取用。当把手向另一个方向折过去搭在纸面上时，长尾夹的形态变得不显眼，方便存放。另外，可以把本身也有弹性的把手从长尾夹上整个取下来，因为只要将把手的两条腿一起从侧面向中间压就可以把它从做得很精巧的圆筒形卷边中倾斜地取出，而卷边本身是夹子最前端的边缘。将把手从一个或者几个夹住一叠纸的夹子中拿掉，就可以像装订一本书一样装订这叠纸，长尾夹的背部便是书脊。实际上，可以把标签贴在长尾夹十分平坦的背部，用来说明被夹住的纸张中的内容。

眼镜框的力学奥秘

正是由于缺乏弹簧的功能，眼镜的发展障碍重重。眼镜被认为最早出现于 13 世纪末，是装在兽骨、金属、皮革等制成的框架上的透镜。安装好的透镜通常像一个小的玻璃放大镜。当把两个手持镜片通过穿过它们的短柄基座上的铆钉连接起来时，就形成了能够在鼻梁上平衡的由一对镜片组成的眼镜，其可用于阅读和其他精细工作。但是，使用者必须一直正襟危坐，将头略后仰，以免眼镜脱落。这让各种附件纷纷问世，用以保持这套透镜的位置，包括位置上移、横跨在额头上并固定在脑后或者在帽子下面的装置。系在镜片侧面的带子可以形成回路套在耳朵上，中国人会用加重的带子垂挂在耳朵后面来解决这个问题。早期的太阳穴镜片的下缘贴在颧骨上端，依靠弹簧的作用和摩擦力将其固定。

由于在两块戴框架的透镜之间开始使用弹簧钢桥，夹鼻眼镜诞生了，它确实是通过夹住鼻子来保持原位的。因为鼻子高处的骨头比较坚硬，所以这种眼镜并没有戴在那里，而是戴在鼻子较低的地方，那里肉多一些，可以向下面的鼻翼施压。这样确实能让玻璃镜片保持原位，但代价是呼吸较为困难。现代眼镜通常具有更坚固的镜桥，并会在贴着太阳穴的眼镜腿中加入不易令人察觉的弹簧，它可以让这些部分更舒服地贴合头侧。有些贴近太阳穴的眼镜腿依赖镜框物质本身的弹性以形成令人舒适的角度。20 世纪 50 年代塑料镜框成为时尚，现在仍然很受欢迎。在塑料镜框比较新的时候，塑料的弹性能让镜片舒服地贴合头部，但随着时间的推移，在两侧太阳穴处的推力作用下，老化了的塑料会发生形变，这让镜桥总是向外弯曲，增加了眼镜腿之间的距离，于是眼镜会很容易从鼻梁上滑下来。工程师将这种恒定力造成结构变形的现象称为蠕变。塑料更粗更重只能让这种不可避免的现象延迟发生。那些已经在一段时间内戴同一副塑料眼镜的人需要不断地把它沿着鼻梁往上推，长此以往，这些人甚至已经习惯了这样的动作。

对我而言，轻质金属镜框与装着弹簧的眼镜腿简直可以称为天赐神物。当二者搭配合适时，镜框以温柔的力轻轻抚摸我的头侧，这让我获得一种安全感，当我弯腰系鞋带或者因感到吃惊快速回头观察时眼镜也不会下滑。但日复一日地戴着眼镜，眼镜腿确实会一直向内压迫我的头侧。通常来说，金属不像塑料那样容易蠕变，所以金属镜腿在我鬓角上方的头发上留下明显的凹陷。在长时间的作用下，即使很小的力也会留下痕迹，就像奔流不息的河流能够开凿出一条大峡谷一样。

因为眼镜框总是经常地偏离它应该在的位置，眼科医生梅尔文·鲁宾（Melvin Rubin）将其描述为"从技术来说，一个典型的糟糕的工程设计案例"。尽管每天戴着眼镜经历同样的力，但也只有不戴眼镜时我们才能注意到我们已经习惯了戴眼镜时经受的力带给我们的感觉。例如，曾习惯戴眼镜的人做了眼睛手术后不再需要戴眼镜时，便会出现这种情况。当通过镜桥和眼镜腿施加的力不再压迫鼻子和太阳穴时，我们能明显感觉到眼镜和伴随它的力消失不见了。长时间戴眼镜的人或许会发现，自己会习惯性地伸手将不存在的眼镜沿着鼻梁推上去。正如据说被截肢者会一直对自己失去的肢体有感觉一样，曾经佩戴眼镜的人离开了镜框，仍会感觉它们还在原来的位置。

生活中的弹簧

蹦床也是一种弹簧，网球拍也同样如此，可以把网球或者任何反弹跳起来的事物视为弹簧。对于某个观看网球比赛的人来说，那只被球拍击中受到压缩的球看上去不像弹簧，但高速摄影机却捕捉到了这一事实。在冲击过程中，球拍的弹簧变长了，球则在接触点上变平了。球拍上的弦本身就是弹簧，它们想要恢复到正常的绷紧状态，同时，它们看上去像一个把球向回推的弹弓方阵；球也想恢复它的球形形态，它对球拍施加了一个相反的力。这些恢复力有效地增大了挥舞的球拍击球的力。所有这些力组合起来驱动球向前运动，而且，如果走运的话，它会飞过球网，让比赛得以继续。

传统的螺旋形弹簧通常具有产生轴向力的倾向，例如驱动圆珠笔返回笔筒的那种力，但通常，除设计书写工具的工程师以外，很少有人会对需要让圆珠笔工作的这个力的实际大小感兴趣。类似地，人们对于一只网球的兴趣并不在于作用在网球上的力的大小，人们关注的是网球能否有效地从球拍和球场表面上反弹。工程师不是通过弹簧常数衡量其有效性的，他们用的是恢复系数，它是一个比率 $a:b$，a 是球与一个相对不动的物体如网球场相撞之后离开的速度，b 是球与这个物体相撞时的速度。如果一个球从某个高度落下来之后如同一滴油灰一样粘在地上，则此时恢复系数为 0。如果球掉到地上后跳起来回到它原来落下来时的高度，则球 - 地面这个碰撞对的恢复系数为 1。对于真正的球和真正的地面表面，这两个极端数值都无法达到，因为实际上，**一切物质都有一定的弹性，而在碰撞过程中，即使没有别的能量损**

失，也会有一些能量转化为声能。如果恢复系数为 0 ~ 1，则球每次反弹时弹回的高度都比上一次低，最终会因完全不再反弹而停在地面上。一般地说，运动器材的生产厂家和他们客户的目标，都是要让球与击打它们的装备之间有尽量高的恢复系数。

因为任何东西都具有一定的弹性，所以我们可以将它本身视为一个弹簧。一块跳板的悬臂梁前端会根据放在它上面的重量按比例弯曲，它是一个弹簧。跳水运动员可以根据跳板的固有频率预跳，以此选择准备起跳的时机，这就可以得到跳板的助力，因为跳板可以在被向下推之后向上反推。如在高层建筑中那样，梁与大梁之间更为复杂的安排也带有弹性。一阵风从侧面推建筑物，但建筑物的弹力会让建筑物反弹回来并发生振荡，而且振荡会在阵风过后逐步衰减。

传说中的餐厅食物大战也依赖弹簧式的动作。一团放在勺子里的土豆泥可以飞越自助餐厅是因为由餐具和"捣乱分子"的手共同构成了一种弹性系统。除非餐厅里用的是最便宜的餐具或者有一位像尤里·盖勒（Uri Geller）这样厉害的魔术师参与其中，否则餐具不会轻易被人弯曲，但如果以某种特殊方式握住它，这个系统就变成了一个弹簧。具体体现在食物大战中就是如下场景：一只手垂直地握住勺子，另一只手的一根手指抓住勺子盛放食物的前端向回拉。当一只手握紧、另一只手松开的时候，勺子会向前弹起，并且在几乎垂直的位置猛然停止。此时，勺子里放着的土豆泥会与勺子分开，并且因为惯性继续向前飞。当抛射物击中目标人物的前额时，后者提供的外力使抛射物停止飞行。

让我们回到超市并想象自己在过道中走动，我们从货架上取下罐头、食物盒子和食物袋子，并把它们放进购物篮子里。如果这是一个手提购物篮，只要装进几件沉重的物品，它们的重量和装篮子时可能有的不平衡就会让我们想要有一辆购物车。但换了购物车，里面堆上了食品等物品之后，我们会感到越来越难推动购物车，且很难控制购物车的前进方向。重量的积攒自然会增加轮子的承重以及它们对于地板的压力。如果我们推动购物车时没有产生摩擦力，车轮就不会转动，因为不存在切向力来让它们旋转。正如我们无法在没有摩擦力的表面上行走一样，轮子也无法在没有摩擦力的表面滚动。工业地毯具有韧性，能够为装着很多东西的沉重购物车提供足够的转动轮子摩擦力，但它也会产生阻碍轮子在它上面转动的阻力。人们经常称这种阻力为滚动摩擦力，但事实上它是许多摩擦之外的因素造成的。其实，阻碍购物车在地毯上前进的很大一部分原因是当它压在地毯表面上时地毯会在它前面形成小山坡，地毯表面越柔软，山坡就越高，轮子在它上面滚动的阻力就越大。混凝土、水磨石和其他非常坚硬的表面自然最大程度地降低了滚动摩擦力。超市的设计者必须在硬地板和更柔软的表面之间做出选择，前者可能会让掉在它上面的玻璃泡菜罐头摔碎，留下一片狼藉；后者可以吸收这种冲击，但会使在它上面推着购物车走过的购物者感到有些吃力。

我们可以推或者拉带轮的行李箱。当航班旅客拉着带有两个轮子的行李箱时，他们会对把手施加向上和向前两个方向的拉力，这可以让车轮轻松地在道路上任何小隆起、凹陷处的边缘或者其他不平整处的上方滚过去。然而，当推着行李箱走过时，旅客的手会对把手施加向前和向下两个方向的推力。力的后一个分量有效地增加了行李的重量，它增加了滚动摩擦力，推动轮子撞击小隆起或者凹陷处，而不是拉着它们滚过去。推动一个带有滚轮的行李箱进入电梯时很可能会发现轮子被卡在地板和电梯间之间的缝隙里。然而，拉着行李箱进入电梯时，则很容易通过那条缝隙，旅客能够感觉到障碍，但可以拉着箱子过去，不至于停下脚步。对一个物体施力的方式，通常要比那个物体是什么重要得多。

我们都知道，从超市回家的路上容易把鸡蛋打破。即使购物者在商店里打开了鸡蛋盒子，看清所有鸡蛋都完好无损之后才放入购物车，但当他们回到家把鸡蛋放入冰箱的蛋盘时，还是会发现有些鸡蛋破裂了。很显然，聪明的包装确实可以保护脆弱的货物，使之不被破坏力损坏，但任何保护都无法保证百分之百有效。易碎的薯条被松散地包装在不透气的袋子里，摸起来像充气枕头，它们确实可以有效地让薯条完好无损。根据经验，我们知道弄断薯条或者打破鸡蛋很容易，所以我们或许会对有这么多薯条或者鸡蛋都完好无损感到吃惊，因为从它们被放入袋子或者盒子里，一直到我们回家后打开包装，中间经历了很长一段过程。有效的包装肯定值得赞美，但对一种货物有效的包装不见得对另一种货物也有效，想象一下，如果把鸡蛋零散地放进薯条袋子里会怎么样？

通过鸡蛋降落竞赛这样一种温和的活动，许多工程学的学生初次见识了包装设计的真实世界。鸡蛋降落竞赛的方式很简单，即设计与制造一种装置，把生鸡蛋从工程系大楼的屋顶降落到通往这座大楼的混凝土人行道上，设计的装置能够保住鸡蛋不破而且重量最轻即为获胜。换言之，那只鸡蛋必须足够缓慢地下落，这样冲击力才不会打破蛋壳。参赛者必须遵守几项简单的规则，例如装置不允许超过最大尺寸或者重量，但这些规则不会限制创造性。尽管如此，参赛者往往局限于使用各种不同的降落伞或者减震装置。

有一年，杜克大学有一位学习环境工程的学生参赛，他把目光投向大自然以寻求启示，结果他从每年秋天都会出现在枫树上的翅果身上得到了灵感。当这些有翅的果荚从树上落到地上时，它们优雅地旋转着，轻巧地携带着种子来到地面。这位聪明的学生利用普通的硬纸板制造了一个放大版的单翅膀翅果模型，但其中放入的不是果荚，而是一个未加包装的鸡蛋，由于蛋壳和他在硬纸板内创造的卵状空间内壁的摩擦作用，鸡蛋稳稳当当地放在模型内。因为这个人造翅果落地时的速度实在太小，所以冲击力确实非常小，模型内的鸡蛋很完整。旁观人群不由自主地发出了一阵喝彩，这位学生的获奖作品被放在他所在的系的奖杯陈列柜中展出。对于参加科学、技术、工程和数学（science, technology, engineering, mathematics, 简写为 STEM）项目与课程的中小学学生，鸡蛋降落竞赛是常见的挑战，它能促进学科交叉融合。一个像力这样的概念如何超越了单一的学习范畴，关于这一点，学生们明白得越早越好。

第 13 章

应力，为什么蛋糕盒用薄板纸而比萨盒用瓦楞纸

无处不在的压力

　　一切事物都会在压力或者应力下弯曲。有的人或事物容易过分弯曲，以至于不再是完整的自己；而过分僵硬、不肯对环境做出调整的人则可能难以适应社会。等待某事发生时，人类的耐心可能会受到考验。一个常见的例子是办公室环境中的压力能让深感压抑的人把铅笔折成两段。从理论上说，可以通过多种方法折断铅笔，但其中两种方法最常用。第一种方法是用单手的四指握拳抓住铅笔，然后用大拇指将铅笔另一端推向一侧。要想这样折断铅笔，大拇指必须非常强壮，如果拇指施力推铅笔的地方和与之对抗的力之间的距离太近，无法让拇指获得很大的杠杆动力臂。第二种方法是两手握住铅笔，就像握住轻型摩托车的把手那样。一只手的小指靠近铅笔尖，另一只手的小指靠近橡皮，两根大拇指放在铅笔的中段并用力向外推，其他手指向内拉铅笔两端（见图 13-1）。因为拇指和小指之间的距离较长，所以折断铅笔

相对容易。由此可见，如果想更好地在工作中表达看似普通的生气、懊恼和狂怒，我们更需要天分而不是蛮力。

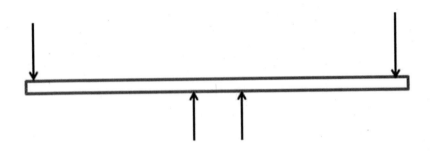

图 13-1　两只手折断铅笔的示意图

注：折断一支被两只手握住的铅笔，只要在用拇指推它的中段时，其他手指向相反的方向拉它的两端即可。

从探索大洋深处的小型潜水艇，到向外太空发射航天器的高耸火箭，工程师在设计任何装置时需要考虑的主要问题就是弯曲和折断的发生。**每一种装置都必须足够坚固，才能抵御它将面对的力的作用而不至于断裂；每一种装置的刚度都必须足够大，才能在上面说的那些力的作用下维持形状。**有些装置，比如能够钓起一只旗鱼的钓鱼竿，就要在坚固的同时有一定的韧性。而有些装置则可能需要很大的刚度，但不需要非常高的强度。一只水晶高脚杯可以被一次高频率的看不见的压力波击为碎片，这个现象之所以出现，可能是因为人们想看看当易碎物体的固有频率与一个高频颤音吻合时会发生何种现象。共振加强了作用于玻璃杯上的力的效果，灾难随之而来。当然，还有别的力可以打碎一只玻璃杯，比如让它掉到一个坚硬的表面上，或者让它与洗盘机中相邻的玻璃杯发生过于剧烈的碰撞。所以，珍贵的水晶器皿必须用手清洗，凯瑟琳就是以这种方式对待我们那套精致的高脚杯的，那是她的一位姨妈从瑞典寄来作为结婚礼物送给她的。

在一次为了招待我的一位同事及其家人的假日聚餐中，凯瑟琳拿出了这套水晶高脚杯。当我们成年人在一边享受饭后饮料一边谈话时，我同事的妻子给他们 5 岁的对事物充满好奇的儿子喂水。她握着酒杯的柄，轻轻地把盛放着液体的杯子放到他的嘴唇上。他却猛地一口咬在杯子的边缘上，就像咬鸡蛋壳一样把杯子咬碎了。我们原谅了这个破坏行为，但凯瑟琳再也无法在正规的 12 人餐桌上摆出一套水晶高脚杯了。她后来确实也从瑞典订购了一只酒杯作为替代品，但它完全没有被打碎的那只那么薄、那么精致。显然，这些年来，这种酒杯做得比原来更结实了，或许就是因为它们太容易被打破了。然而，在凯瑟琳的这些水晶酒杯中，没有一个因为被哪位成年人放到嘴唇上用来喝饮料然后放回桌子上而损坏。难道说，应该因为有人可能会不恰当地使用它而修改一个优雅的设计吗？

在设计一项基础设施的关键部件时，工程师必须让它能够抵御各种正常情况下会出现的力，以及预期会在非常少见的情况下可能出现的力。所以，一座桥梁将被设计为能够承受日常交通和正常风力，以及偶尔由于交通堵塞或者冬季暴风雪而导致的过载。日常交通负载乘以一定的安全系数得出的值可以作为确定结构成分标准的基线，它将决定结构的强度与刚度。有时也会考虑与低概率事件相关的力，但在政府没有要求的情况下，是否考虑极端力将取决于一种判断，即这些力是否来自一两百年才会出现一次的暴风雨。

工程师了解力的多种表现，并运用他们的知识来设计各种结构、机器和系统，为我们提供庇护、方便、乐趣和欢喜。正是通过事前的评估，知道什么样的力会作用在桥梁、摩天大楼或者过山车上，以及如何对抗这些力，工程师才能在它们还是纸上或者计算机屏幕上的概念时就能确定这些设施的安全性。而且，尽管某个结构可能被认为足够坚固，能够抵抗风力，但如果它在一次暴风来袭的时候颤动、弯曲、扭转或者摇摆得太厉害，则使用它或者在其中居住的人可能会感到不舒服。当处于一座晃动的桥梁上或者身处摇晃的建筑物中时，他们可能真的会担心自己的生命。一个设计得很好的结构不仅必须结实，以抵抗任何可能压碎、拉扯或者撕开它的力，而且必须有足够大的刚度，以维持其形状不变。

大自然似乎遵循着类似的设计哲学。一只鸡蛋的壳必须坚固到可以承受母鸡生产通道中的外界压力，也必须足以承受坐在它身上孵蛋的母鸡的重量。但如果蛋壳的强度和刚度过大，在其中孕育的小鸡能够在壳上施加的力或许不弄折它使它开裂，小鸡最后也不能破壳而出。

大自然中的强度与刚度也可能具有负面的影响。在通过病人的输尿管和尿道口时，有些很大的肾结石会让人备受痛苦。与此同时，这块结石也可以被一种称为碎石术的非入侵性医学手段发出的冲击波击成较小的更容易通过的碎片。

在大自然和制造业中，关于强度和刚度的问题无处不在。强度和刚度必须以一种平衡的方式相结合，才能产生有效的结构。

钢质货运集装箱改变了国际贸易与商业的性质，但船运货物的包装与装载需要更合适的材料。板条箱、大桶和麻袋必须足够坚固，这样才能让装卸工人进行搬运，但也不能太坚固，否则会太重，无法安全、经济地移动。它们必须能够经得住在世界各地码头上装载与卸载的考验，更不用说要能够在风高浪急的大海施加给它们的力中挺过来。当在船上就位之后，它们必须承受压在它们之上的其他集装箱的压力。类似地，长约 6 米的钢盒式集装箱必须能够支持许多同样的箱子，它们像积木一样一层压一层。在中转与储存期间，无论受到什么撞击抑或从空中落地，每个集装箱都必须能够保持自己的形状，这样才能正常地与起重机啮合，并与它相邻的集装箱相互锁定。通过使用足够数量的抗断裂、抗弯曲、抗屈曲的钢材，这些目标才能实现。

面包店里对力的观察

国际统一货运集装箱是一个极为成功的设计，但用远没有那么大刚度的材料制造的尺寸较小的盒子也同样很有意思。我是从经验中知道这一点的，尽管这种经验是间接的。星期六的时候，我经常陪父亲去面包店，在那里，我发现柜台后面那位店员的动作非常有趣，就像糖果店陈列台中的糖果一样吸引人。我对商店中的装备和小设施等物品有很大兴趣，对一下就能把整块面包切成片的机器也非常好奇。店员用双手从机器中举起切成片的整块面包，并像拉风琴一样将它握在手中，随后她把面包稳稳地放在一只手的手掌上，同时用空出来的另一只手从柜台下面拿出一个平坦的白色纸袋。接着，她在空中用从容的动作将纸袋打开，伴随这一动作的还有一个如同抽打鞭子的声音。她其实就是把空气"抓"进袋子，这些空气能把袋子向内的褶皱推开，让袋子如同船帆一样鼓起来。这个打开的纸袋看上去如同大厨头上的高帽子。她把敞开的袋子套在面包顶上，同时用一只手把整块面包向上推，另一只手把袋子往下拉。内容物与容器之间的吻合看上去如同活塞与汽缸一样紧密。她让袋子继续敞着，因为她担心新鲜面包会在系紧口袋的时候被压塌。不过，她其实不必对一整块黑麦面包如此谨慎，因为面包壳会让面包具有对抗压力的刚度和强度。观赏整个无缝连接的过程，并想象其中涉及的力，对我来说是自面包被切开以来最有意思的事。

另一个让我全神贯注的动作，是把馅饼或蛋糕放进盒子里。盒子是由柜台下面堆放着的许多大而平展的形状不规则的纸板做成的。这些纸板已经被小心地剪裁过，它的轮廓就像一个庞大的拼图中的一部分。经验丰富的购物者在寻找其他可买的糖果，而我却被面包店店员如同魔术一样的表演吸引，只见她将盒子的 3 个边折叠起来，用巧妙的手法将它们连接在一起。她把我父亲选好的刚刚出炉的馅饼或蛋糕从盒子开口的一侧放入，同时她将盒子未开口的那侧放低，这时馅饼或者蛋糕就会朝被放低的一侧滑动并进入盒子，在这一过程中，馅饼或者蛋糕的外壳没有掉一点渣，糖霜也没有丝毫损伤。甜点放好后，她又一次用变戏法的动作将盒子的最后一面掀起来，好像它是运货卡车的后挡板。当店员将盒子的纸板顶盖放下并关闭盒子时，她灵巧的手用拇指引导挡板留在外面，不让它侵入盒子内壁和内容物之间的空间。如果她没有用面包师常用的棉绳捆住盒子，那些挡板就会像鸽子的翅膀一样自由扇动。她用的棉绳有时候是纯白色的，但更多的时候是像糖果条纹那样红白相间的。力的混合作用将一张扁平的纸板变成了一个漂亮的盒子，这真是一个奇妙的魔术表演。

面包师的棉线缠成了一个大卷，线卷像一个截锥体（上端被一平面截去了的锥体），可以随意围绕处于中心位置的纺锤旋转。我之所以知道这一点，是因为它就在我眼前，要么直接放在工作台上，要么悬挂在工作台上方。但无论它放在哪里，棉线都很容易拉出店员开始用棉线捆盒子，前面三四圈固定了盒盖和侧翼，随后的三四圈缠成十字形固定了前翼。在准备最后打结时，店员用戴着不锈钢戒指的手指一弹，割断了棉线。这个不锈钢戒指上镶着的不是宝石，而是一个形如微型镰刀的小刀片。当我们需要把两个或更多的盒子带回家时，它们被摞成宝塔形，并用更多的棉线捆在一起。

我很乐于接受将甜点盒子拎回家的挑战。尽管棉线紧紧地缠住了盒子，但因为棉线本身的弹性和薄纸盒盒子的柔韧性，几个盒子的组合上总是会有棉绳松弛的地方。这不但可以让我把手指放到棉线和上层盒子顶端之间，还能让我感觉到某种程度的弹性，于是，一摞盒子的上下运动就与我的脚步形成了共振。因为担心盒子碰到混凝土路面或者我的腿，所以我必须拎起这些盒子并且不能让它们触碰我的身体，于是我必须向上举起胳膊，并向外展开一个角度，这个姿势相当累人。但我却能够从中体会到责任感、成就感和用棉线缠成的"鞭子"驯服了不羁的引力的自豪感。

蛋糕盒与比萨盒的设计

有一件事确实让我想不通，那就是面包店的食品通常是圆的，而盒子通常是方的。但在物质世界中，有大量搭配不当的物品，对不上的桩子和孔洞标志着不匹配、不完美和妥协。然而，即使在这些缺点中也可以学到一些东西，比如知道它们为什么这样设计，以及了解在这种情况后面的力。它们的故事揭示了这么多事物会组合在一起的原因，哪怕这种组合并不完美。

在今天的超市，烘焙食品的包装方式已经不再使用老式面包店的做法了，那里有很多预先包装好的货物，它们装在适合内容物形状的透明塑料容器里。在透明圆顶下面的圆形馅饼吸引着我们。随着"咔嗒"一声响，上面的盖子扣住了下面的盒子，严丝合缝，用不着棉线或带子。那些包装材料既不可降解，也不方便单手携带，但与圆柱体的罐头和瓶子、球状和管状的水果和蔬菜一样，它们确实可以被妥帖地装进购物车的巨大梯状立体空间中，并与同样放在那里的谷物、意大利面和蛋糕粉的棱柱形盒子和平共处，尽管它们的几何形状不是完全一致的。制造出来的东西和我们发现的东西之间不一致，这是生活中的事实，而如同大多数生活中的事实一样，我们接受它们，因为情况就是如此。如果一切事物都是方的和立方体的，包括钉子和孔洞，包装起来的货物和购物车，或许能够更有效地利用自然资源和空间，但谁会愿意切一个正方形的馅饼呢？

我们通常不仅会接受看到的事物的形状，而且会适应它们的特点。比如放在矮矮胖胖的方形瓦楞纸板盒子里，由我们自己买好了带出来或者由比萨店送来的圆形比萨。早期的比萨盒也和烘焙食物与早餐谷物一样，是未曾加固的软纸薄板盒，但这种盒子根本不适于承受这样一张直径约 40 厘米或 45 厘米的圆形大饼。用软纸薄板盒盛放烘烤出来的馅饼和蛋糕没有问题，因为它们是放在馅饼锡盒或者蛋糕托板上面的，锡盒或者托板的刚度能让软纸薄板盒的底部承重。与此相反，比萨盒则不同，它们必须依靠自身的几何形状来维持比萨的形状，特别是薄、软、易塌陷的热比萨。而在比萨与盒子之间最多只有一层脆弱的渗蜡纸，其目的不过是让橄榄油不至于渗透到纸板里，让盒子的结构不会因此被破坏。

然而，20 世纪中期，刚从烤箱里拿出的比萨改为放在一种新的材料做成的包装里，这种包装对于室温下是固体的烘焙食物来说没有问题，但用来包装刚刚从非常热的烤箱里拿出来的食物来说并不理想。新鲜比萨高热、高湿度的特点，让这种大而浅的盒子变得更脆弱、更软、更容易向下塌陷。用更结实、刚度更大的瓦楞纸板制造比萨盒可以解决这一问题，20 世纪 60 年代，达美乐比萨的创建人汤姆·莫纳汉（Tom Monaghan）委托厂家为该店设计与制造了这种盒子。

在盖紧的时候，瓦楞纸板比萨盒更加坚固。我们知道，密封的早餐谷物盒子经历了在工厂里装满内容物、向超级市场发运、堆放到货架上、放进购物车、扔进食品杂货口袋、在旅行车里挤成一团、放上早餐餐桌一系列过程，但它们仍然能够保持形状并保护其中装着的东西。然而，盒子一经打开，我们就能感受到它的刚度降低了，因为盒子密封的顶盖能维持盒子的刚度。

我们通过打开一个标准的早餐谷物盒子就可以很容易地知道某个容器几何形状的重要性。我们打开盒子上盖、清空里面的所有东西并去掉盒底的密封后就得到了一个两端开口的结构，即一个纸板通道，这时我们可以很容易地感觉到，它要比在两端封死的情况下刚度小得多。这个两端都被打开的盒子就像一根管子，可以从一端看到另一端。然而它与一个圆形管子不同，如果不用某种形式把圆形管子压扁，就无法明显地改变其形状。而我们无须改变任何一个面的形状，就可以将一个早餐谷物盒子的开口从长方形变成平行四边形。正是长方形的这种性质，我们常要在建筑物或者桥梁的框架上的一系列结构性长方形内加上一条或者多条对角线。一条对角线将一个四边形分为两个三角形，三角形的形状不会轻易改变，因此，大批桥梁的结构模式往往以三角形为主。我们称具有这种特点的结构为桁架（truss），这个词引申自一个中世纪英语单词"trusse"，其词义之一是"一束棍子"。我们也可以在正在施工的钢制建筑物框架中看到对角线，但已完成的结构中，它们会隐藏在建筑物正面之后。有对角线或者结构细部给予支撑的长方形就像没有打开的谷物盒子的顶和底，而没有它们的长方形更像是机件而不是结构。我们可以找到通常沿着早餐谷物盒子一角向下的接缝，并将胶水粘住的表面分开，这时我们就可以把盒子完全解构，使其变成一张平坦的硬纸板，这张硬纸板与面包店店员从柜台下面拿出来的那张十分相似。

更结实些的盒子，比如用来装运更重些的物品如笔记本计算机、打印机和其他电子设备的盒子，是用瓦楞纸板制造的，它们的刚度要比薄纸板更大。硬纸板甚至可以用来制造设计台、椅子和其他家具，美国后现代主义及结构主义建筑师弗兰克·格里（Frank Gehry）在 20 世纪 70 年代时就开始这样做了。2021 年，东京奥运村的宿舍中就装备了可以回收的硬纸板床，这种床能够支持体重达 200 千克的运动员。

瓦楞纸板盒非常适合运输热比萨，这无疑是它们的设计与使用在几十年间基本未变的原因。它们在使用前是平展的，所以储藏时占用的空间相对小，这对于小型比萨店是一大优点。波纹化过程在夹层结构中形成了空气通道，这就让瓦楞纸板具有隔热性质，有助于给盒装比萨保温。但任何设计或者使用都不可能十全十美，普通的比萨盒可能也有缺点，但店主和顾客往往都能理解，并采取对应措施补救。然而，任何不足都很难不让发明家、设计师和工程师看到，他们总是在寻找设计的缺点并将其改进。但是，即使对于这些专业人士而言，用正方形盒子盛放圆形比萨也没有什么值得讨论的缺点，当然，如果说比萨形状与盒子形状不匹配也算作一个问题的话。目前盒子正有一些渐进性变化，以尝试解决几何形状不搭配的问题。达美乐比萨改良了它的多边形盒子，它们能够进一步接近其中盛放的圆形比萨的几何形状，这也让他们的盒子与竞争对手的盒子有所区别。另外，还有用聚苯乙烯泡沫塑料和其他可塑形的材料制造的圆形比萨盒，但其实没有必要采用如此奢侈的解决方案。

除了几何问题，比萨盒还有一些无法通过花费不大的方法轻而易举地解决的问题。除最挑剔的消费者和发明家之外，绝大多数人往往都看不到或者会忽略这类问题，其中一个问题是，当盒子里装有一个比较大的热比萨时，由于封闭环境中水蒸气过多，盒子的顶部下垂得特别厉害。另外，当装在盒子里的比萨被放在汽车里，而汽车要跨越铁轨或者在不平的道路上颠簸时，我们可能会在这样的运输过程之后发现，盒顶朝下的那面沾上的奶酪比比萨饼上的奶酪还要多。宽容的顾客或许会把这些奶酪刮下来重新涂在比萨上，但发明家总是会注意到这些小细节。

从浴缸里向下水道放水时，水在流进下水孔时形成的漩涡在北半球是顺时针方向，而在南半球是逆时针方向；但无论在地球的哪个地方，在一辆颠簸的汽车里，比萨总是会受到盒子施加的向上的作用力。阿根廷发明家克劳迪奥·特罗利亚（Claudio Troglia）找到了一种不让比萨和盒子有接触的方法，并于1974年以"比萨分离器"的名字获得了专利。这种"分离器"看上去像一个微型板凳，有3条腿，放置在比萨中央。10多年后，当一份美国专利颁发给纽约州迪克斯山市的卡梅拉·维塔尔（Carmela Vitale）时，她的专利里没有提到特罗利亚的装置，尽管她的塑料三脚架本质上解决的是同一个问题，但只是上下方向颠倒了而已。她的"包装保护器"强调的不是盒盖下面的比萨的作用，而是在比萨上面的盒子的作用。尽管如此，她显然曾经因为硬纸板上沾上了过多的奶酪这件普通小事而烦恼。

　　正如维塔尔在她 1985 年的专利中解释的那样，制造成本低廉的一次性容器，"尤其是用于装运比萨或者大蛋糕或者馅饼的那些容器，是一些带有廉价纸板材料制成的相对大的盖子"，它们的"中间部分"往往会"下垂或者很容易压到盒子里装着的食物，所以装着食物的这种容器在存放或者运送过程中可能会损坏或者沾染馅饼或者蛋糕"。她的解决方案是"提供一种由耐热塑料"制成的"轻便且廉价的装置，这种装置能够抵御高达 260℃的温度"。她首选并在专利中图解说明的装置是一个实用的小三脚架（图 13-2），它看上去像一个 3 条腿的微型板凳。她在描述这个所谓体现了一切要求的首选装置时解释说，这些腿应该有"尽量小的横截面，这样就能在被保护的食物上留下最小的印记"，同样也"让所需的塑料的体积最小"，从而降低成本。

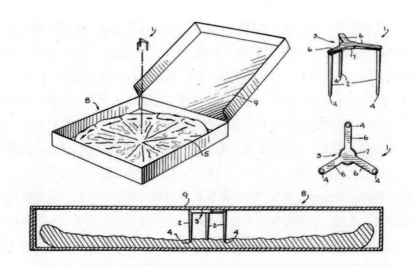

图 13-2　"比萨保护器"的专利图

注：本图说明了一个微型塑料三脚架是如何插在正在运送过程中的比萨和盒顶之间，从而让它们无法相互接触的。

资料来源：U.S. Patent No. 4,498,586。

这一装置被称为"盖子支撑器"或"比萨叠放器"。它的一个版本以商品名赫拉克勒斯出售，尽管也可以命名为阿特拉斯。[①] 维塔尔声称，这种三脚架的真正好处是"防止盖子损坏包装内的食物"，这说明她用的"包装保护器"这个词语是有问题的，因为受到保护的并不是一次性的包装，而是被包装的食物。因此，这种支撑盒盖的装置被重新命名为"比萨保护器"。尽管许多人赞美这个装置能够如此有效地保护比萨上的奶酪，但知道这个名字的人寥寥无几。事实上，人们对于它最常用的称呼是"万能小不点"。这个描述可以让人很容易理解并想象出一个微型三脚架的形象。人们也很欣赏它细长的小腿，因为它在比萨上留下的脚印很小，浪费的比萨也很少。

尽管形式上不算特别令人惊艳或优雅，但从技术上说，维塔尔解决这一浪费奶酪的问题的方式确实简单、干脆、有效。很显然，这个小巧且廉价的装置的设计初衷就是：它和比萨盒一样，是用过即弃的消耗品。但并非每个第一次看到比萨保护器的人都会把它扔掉，特别是从事艺术和手工创作的人，他们往往会把它洗干净并放在一边，以备不时之需，而且他们确信总有一天它会派上用场。一些人觉得，在孩子们玩过家家用的玩偶屋里，这样的比萨保护器可以被当作"比萨桌"，成为玩偶屋中的一件微型家具。有一位装饰彩蛋的业余爱好者发现，将比萨保护器倒转，就能让它成为放置鸡蛋的理想画架。然而，她觉得其中美中不足的一点就是这个"小不点"价格相当贵，因为她必须购买它的包装，也就是说，必须买一个放在大盒子里的大比萨，而这个总开销超过 10 美元。

尽管比萨保护器可以算作一个优雅的解决方案，但并非人人都认为它本身是一个在美学、经济和结构上都毫无瑕疵的佳作。一位发明家发现了它

---

① 赫拉克勒斯、阿特拉斯均为古希腊神话中的大力神。——编者注

的一个重大缺点，尤其是对于那些带有实心圆顶的比萨保护器而言，如果有人要买的不是一个比萨保护器，而是一批比萨保护器，那这些比萨保护器应当如何包装？要知道，那些小型比萨店想要这种比萨保护器放在手边随时可用，他们的进货量或许高达 1 000 个，且每个只花大约 1 美分。这些比萨保护器通常的包装方式是随意地放在一个大纸板盒子里，它们会像玉米片一样，在运输过程中沉在底部。半空的盒子会在拥挤的比萨店里占据过多的空间。这位发明家的改进方法是，在比萨保护器的顶上钻孔，第二个比萨保护器的腿就可以插进这个孔里。与随意乱放的比萨保护器相比，经过嵌套之后的比萨保护器占用的空间自然就少了。然而，这位发明家似乎忽略了将这些三脚架嵌套在一起需要的劳动力成本，从而增加了本应降低的成本。发明家往往不能面面俱到。

但是，即使你不是一位拥有专利的正式发明家，也不意味着你不具备解决一些令人烦恼的问题的能力。有一次，我和凯瑟琳点了一个比萨，让快递小哥送到我们的酒店房间里。我们非常欣赏这家比萨店独出心裁的一个想法，他们找到了三脚架式比萨保护器的优秀替代品，而且这个替代品并不是专业化的设备，而是手头已有的物品，同时，这个替代品节省了空间。他们不是把比萨放在一个小桌子上，而是在它的中心放上了一个倒扣的塑料杯，这种塑料杯在炸鱼店或者其他不那么正规的餐馆里用来盛放番茄酱、调味酱和其他调味品。这个优雅的解决方案确实非常巧妙。

一些发明家常想用一个多用途装置解决多个问题。他们的发明有时可能成功，有时也可能不成功。2000 年，艾奥瓦州发明家马克·沃韦斯（Mark Voves）因为设计了一种"切割与食用比萨的工具"而获得了一份专利，这个工具将切割轮和叉子合为一体，它能让比萨食用者在切开比萨饼之后直接叉上一片开始品尝，而无须另外使用刀叉。这个工具同时也能解放比萨食用者的另一只手，让他可以手持智能手机自拍。一些发明家因一种"盒盖支持器兼取食助手"而获得专利，这个专利其实就是一个塑料三脚架，其中一条倾斜的腿长于其他两条并带有锯齿，这使它能够用来切断粘在一起的奶酪和比萨饼硬壳，从而将整张比萨切分成几块。这个三脚架的顶部平台带有一个方便食指插入的孔，这就可以让人在切比萨的时候有良好的着力点。这个平台的形状可以让各个三脚架像折叠椅子一样嵌套在一起，从而节省了运输与存放的空间。

并非所有的发明都能获得专利，可能就连一些发明者本人都觉得，他们那些未获专利的发明算不上什么发明，他们也几乎不认为自己是发明家。然而，有时他们的想法可能会得到广泛应用，这中间就包括一些我们在日常生活中的一些做法。这些想法当然来自个人，但它们往往会广泛地在社区或者一片区域中传播，以至于无法考证究竟是谁创造了这个想法。例如，食用圆形比萨时常常分成一块块的，即"一片比萨"。

做抓住一片比萨酥皮的动作时，手臂就形成了一个悬臂梁。对于烤饼类比萨，这样吃比萨毫无问题，因为它的基底会变得很干，能够维持本身的形状。但一片纽约风格的比萨往往很软，水分比较多，这样的一片比萨常常会下垂，可能会滴落橄榄油，也可能会有一层奶酪和番茄酱流下来。当然，也可以把这样一片比萨放到盘子里，然后用刀叉食用。2014 年，当时纽约市的新市长白思豪（Bill de Blasio）在斯塔顿岛的一家比萨店时就是这样做的，但这让当地的人们大为吃惊，有人模仿他的行为，也有一位评论员表示，这种表现违背了"本市长期以来食用比萨的礼仪，即无论比萨何等油腻，你都必须用手拿着吃，也只能用手拿着吃"。

事实上，按照纽约传统的吃比萨方法，你只能用一只手沿一片比萨中心向边缘中点连成的一条半径折叠，这样就形成了一道槽。同时，在用手拿起被折叠的比萨片时，要让弧形边缘酥皮的位置略低于前尖，这样这道槽就托住了浇在酥皮顶上的馅料。这种方法能够起作用是因为折叠任何一种结构都会增加其刚度。这一原理对于凹陷的纸盘子、面包店中用的馅饼罐和蛋糕盘、用来卷香烟的卷烟纸都有效。而且，许多食物产品会因为形成了褶皱或者弯曲而增加刚度，例如薯条和玉米片。卷曲的玉米饼壳和有凹槽的墨西哥玉米薄饼也利用了这一原理。

可以很容易地用一张纸清楚地展示这一结构的原理。当沿着一边抬起时，一张未经折叠的平展的纸很容易下垂；但如果像制作纸飞机、折扇或者瓦楞纸板那样把它折叠一次或者多次后，这张纸就变厚了不少，这就会大大增加其刚度，使其能够保持形状。通过折叠或者其他改变表面形状的方式增加刚度是结构工程学中常见的技巧，从有沟槽、凸起、波纹的铁皮屋顶到经过雕刻的混凝土外壳、成形的汽车板件等，都体现了这个原理，这也是为什么可伸缩钢卷尺中间有凹陷，钢制货运集装箱的表面带有波纹，钢桶上带有一对凸起的环。具体而言，钢桶上那一对凸起的环不仅能增加桶侧面的刚度以对抗弯曲与凹陷，同时也能形成一条突出的臂架以防止钢桶在被某种机械举起并移动时滑脱。而且，在紧凑的存储空间中，这两个环也能让钢桶之间形成缝隙，以便任何抓取或举升设备的爪子能够进入相邻的钢桶之间。一般来说，机械结构很少只有一个或者两个作用。

很少有人意识到，携带一摞盒子或者折叠一片比萨这类日常小事，也能向我们介绍力的世界和它们的灵活性。然而，我们感受到的在纸上和比萨饼上作用的力，也同样是那些作用在房子、汽车、行星、恒星上的力。**正是这些作用在生活中简单事物上的力，让我们可以通过感受这些力的作用，逐步获得对于更遥远、更不易接触的物体的力的感觉。**我们可以通过自己的指尖、手指、手、胳膊、肩膀感觉到的力，帮助我们理解肌肉和肌腱、建筑物和桥梁、飓风和海啸、灰岩坑和地震、墙壁和地板与屋顶、星系和宇宙等的运动。将热比萨装箱、运输和递送这些日常的行为，以及切开、端上、折叠与食用比萨的过程，也为我们提供了实际的例子，让我们可以理解人们是怎样认识强度和刚度问题的，以及人们在各种复杂系统的设计和施工中是怎样得到解决方法的。确实，任何人类创造并使用的东西都能用来说明发明、设计和加工的过程。

第 14 章

卷尺，家家都有的"变形金刚"

桥梁也会晃动

与自行车、汽车、火车等运动的机械不同，大型土木工程结构的设计目的是让它们在建筑工地原处保持原样不动。所以，一座桥梁是横跨河流的固定通道，一座高层建筑也可以成为人们熟悉的灯塔。所有这些建筑中都一定会有力在其中发挥作用。

桥梁需要设计得坚固且具有较大的刚度，但它们可能还是会动，金门大桥就是一个很好的例子。人们在金门大桥上行走时，特别是人们接近桥中央时，如果有沉重的公共汽车和卡车通过桥面，人们就可以很容易地感觉到桥的晃动。1987 年，人们将这座桥开通 50 周年的纪念日命名为"行人日"，这天，金门大桥禁止机动车通行，庆祝者蜂拥而至，他们摩肩接踵，实际上占据了这座桥的公路和人行道上的每一寸空间，使这座桥承受了有史以来最大的负荷，这一状况显然出人意料。在这座悬索桥上的人们感觉到桥在摇晃。在正常情况下，桥面的轮廓会呈现明显的拱形，而这时，桥面的轮廓显然在变平，同时在一段距离外观察这一现象的工程师也对此表示担忧。幸运的是，这座桥通过了这次考验，最终安然无恙。在 75 周年庆祝日那天，人们没有让它再次承受这种考验。

一切桥梁都有某种程度的跳动与摇晃。如果把它们设计成完全固定不动的，不但建筑成本极高，它们也无法适应钢材与混凝土因热胀冷缩产生的力。有些桥梁被刻意设计成可移动的。伦敦塔桥就是一个例子，它具有跳开结构，可以打开让层高极高的船只通过。再比如像电梯一样运转的升降桥。即使那些被视为刚性典范的建筑物，也会在受到强风和发生地震时摇晃，所以有些建筑物在设计时就有可运动的部分。

2001 年，密尔沃基艺术博物馆增添了一个由类似鸟翼的部件构成的遮阳板，可以通过调整遮阳板为中庭遮蔽阳光。这与传统建筑物不同，属于可伸缩结构，这种结构可能不止一个合适的构型。在阿拉伯联合酋长国的迪拜，人们计划修建一座 80 层的动感摩天楼，这座动感摩天楼每一层都能360° 旋转，居住者可以看到不断变化的景象。与此同时，当各楼层以预先规划的方式运动时，这座高楼也呈现出动态的外观，看起来像是一个钻头正在穿透蓝天。

事实上，有许多种类的可变动结构，它们在工程的各个分支上具有广泛的应用，包括可伸缩汽车天线、纸质食品杂货袋、薄纸板与瓦楞纸板盒子、帐篷、折叠翼飞机、降落伞、天文望远镜、在恶劣气候下遮盖运动场的庞大的活动屋顶。雨伞是我们最熟悉而且最方便的可变动结构之一，它们中许多都可以通过按下一个按钮来打开。而当雨过天晴时，一些伞可以恢复为足以放入公文包或者钱包中的紧凑形态。

卷尺的设计

许多行业都与可变动结构有密切联系。例如，音乐家演奏时会用到风笛和手风琴；摄影师会使用可展开的反光镜来间接照亮他们的拍摄对象，也会使用可折叠的三脚架稳住相机。木匠因为经常需要测量一些尺寸大于他们工具箱的东西，所以，19 世纪中叶，折叠尺被发明出来之后就成为他们常用的一件辅助工具。我曾发现，控制折叠尺的"之"字形运动需要一种我不具有的灵巧和协调性，尤其是需要快速运动的时候，因此改变它们的形态很不容易，而且它们很容易被折断。钢卷尺具有自我矫正、收放自如、便于使用的特点，它于 20 世纪 20 年代发明、发展并进入市场，这对职业木匠与业余木匠来说都是一大喜讯。尽管在许多情况下激光测距仪可替代卷尺发挥作用，但它仍在工具箱中占有一席之地。在演示与力、形变和运动有关的现象时，卷尺也是一个可以用来实验和展示的"手持实验室"。

1939 年，一项名为"可卷曲刻度尺"的美国专利（见图 14-1）颁发给了康涅狄格州新不列颠市发明家弗雷德里克·A. 沃尔兹（Frederick A. Volz），随后，他将专利权转让给了总部设在该市的工具制造厂商史丹利集团。沃尔兹发明的刻度尺的工作原理与可伸缩卷尺非常相似，后者也是由史丹利集团制造的，现在我的工具箱里就有一把可伸缩卷尺。我的这把卷尺不算大，全部拉出来只有 3.66 米，但它有许多有趣且有用的功能。这把"强力锁尺"型钢卷尺带有一个滑动塑料按钮，它能在我想要的长度上固定拉出的钢尺。钢尺的尺身是"救生员黄色"，这让它在建筑工地上很显眼。尺身前端装有"真正零点钩"，这是与尺身成直角的一个小钢片，可以将其视为一个在可变动结构上的另一个可变动结构，因为它只是通过一对铆钉松弛地连接在尺身上，铆钉从小钢片上比较长的孔洞中穿出。这就可以让这个小钢片以等于钩子厚度的距离在卷尺上前后移动。例如，如果推动钢尺碰到门柱内部时，钩子就会退回来接触尺身的前端，这就补偿了钢尺标记中缺失的最前端的 0.8 毫米。当挂住一块木板的一端时，钩子就会向前延伸相应的长度，于是，钩子朝内的那一面就是测量的真正零点。

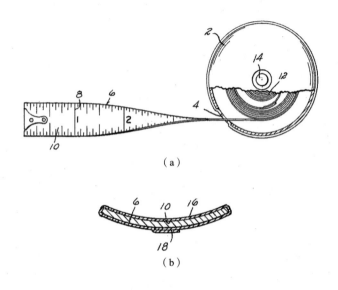

（a）

（b）

图 14-1 "可卷曲刻度尺"的专利图

注：图（b）说明了"可卷曲刻度尺"的尺身是如何沿着其长度中间凹陷的，这让它具有在使用时不会下垂的刚度。

资料来源：U.S. Patent No. 3,121,957。

我经常使用这把卷尺，它身上已经可以看出不少磨损。它的尺身上带有一个说明，显示它受到 1964 年颁发给新不列颠市的威廉·G. 布朗（William G. Brown）的专利保护，这份专利权后来也转让给了发明家布朗家乡的史丹利集团。布朗的专利主要针对覆盖尺身的塑料膜。尽管它没有提供任何结构上的优点，但这层膜确实保护了尺子本身。根据布朗的专利，未曾覆膜的尺子的表面会受到腐蚀和刮擦的损伤，这会让尺子上的数字和标记模糊不清，从而降低这一装置的可用程度。人们经常在尺身上喷上一层漆，但这会增加尺子的表面摩擦力，这一缺点让尺子不够灵活、不易伸缩。布朗推荐使用"各种线性聚酯薄膜，尤其是聚对苯二甲酸乙二酯纤维"制成减少摩擦的涂层，"已有证据表明它特别适用于这种应用"。在我的卷尺上覆盖的是杜邦聚酯纤维，哪怕这把尺子用了几十年，现在仍然像新的一样。

在作为测量工具使用之后，带有弹簧功能的可伸缩卷尺可以让使用者在使用后迅速改变它的形态，并将尺身收回盒内。如果只能用手把尺子推回去，这样一根长卷尺很可能会出现弯曲、褶皱和扭结。多次发生这种事情后，它以后可能就无法进行准确的测量了。

将卷尺拉出这一动作会将盒子里的弹簧上紧，并储存了将尺身拉回盒子里所需的能量。这一行为让我们有机会感觉冲击力的动态效果。任何使用过这类卷尺的人都应该有这种经历：当让卷尺在伸出不短的长度后以最高速度回缩时，尺端的钩子会以相当大的力撞击盒子。这不仅证明了运动物体能够有效地对静止物体施加力，也说明了偏离中心的力可能产生相应影响。这一点很容易证明，只要将盒子平放在一个光滑、平展的表面上，然后让尺身回缩即可。当钩子击中盒子时，它会让盒子原地转动，这个现象以一种新的方式表明一个线性力在沿切线方向作用时可以产生旋转运动。当把盒子拿在手上时，你能通过它的扭转运动感受这一现象。如果你没有紧紧地握住盒子，它确实可以旋转着从你的手中飞出，尤其是当卷尺很长、很重的时候。我在参加一个比我以前尝试过的项目大得多的项目时就得到了一把这样的卷尺，它是一把长 9.14 米的宽尺身史丹利卷尺。用手拿着一把钢卷尺，当它前端的钩子撞击盒子时，你感觉到的力是动态的，这说明在质量与速度的共同作用下，力的效果会被放大。减轻钩子与盒子相撞的效果能够延长卷尺的寿命，已经有不少发明家由此获得了专利。

可伸缩卷尺的一个重要特点是它让尺身在离开盒子一段距离后仍然在某

种程度上保留了刚度，而且这时它仍然能够足够灵活地在角落上操作，甚至可以缩回紧凑的盒子里。这些特性能够让人们在没有其他人协助的情况下独自测量屋顶高度、木块长度和大型空间的尺寸。我曾观察过木匠和地板承包商将卷尺的一端放到一间大房间的一边，然后在走向另一边时拉开卷尺，并在一直保持站姿的情况下得到准确的结果。当结束时，他们让卷尺自然缩回盒子（尽管有时速度太快，产生了危险的鞭打动作），然后将其放进口袋、围裙兜或工具箱，有时还会别在腰带上。

沿着尺身观察，我的可伸缩卷尺从两边向中间凹陷，它形如一个浅浅的排水管道，按照沃尔兹专利中的术语来说，它具有"凹陷的横截面"。它的这种结构特性有许多作用。如果它完全是平的，那么尺身在拉出盒子一段距离后会明显下垂。这种结构能增加卷尺的曲率，让卷尺具有一定的结构刚度，不会如同一根湿面条一样下垂。事实上，在拉出大约 45 厘米时，尺身的顶端才开始轻微向下弯曲。继续向前拉卷尺会让尺身的弯曲越来越明显，尺身的这种弯曲称为弹性曲线（见图 14-2），对于它的分析是 18 世纪数学家与力学家特别感兴趣的课题之一。

当拉出 60 厘米以上时，卷尺的弹性曲线明显变大了。当拉出的长度接近 90 厘米时，无论是沿竖直方向，还是水平方向，我都难以用手抓牢它了；只要我手中的盒子略有移动，尺身就会摆动、摇晃。如果把盒子在桌子上放稳，我可以把它伸展到大约 75 厘米，此时卷尺前端比桌子平面矮了大约 60 厘米。在这种情况下进一步拉长尺身会让它猛然弯曲，然后它会像单摆那样振荡几个周期，最终在几乎竖直的方向稳定下来。

如果将那把长 9.14 米的史丹利卷尺固定在书桌边上重复这个实验，我将它作为悬臂梁的尺身拉出去大约 2.1 米时，它才会碰触 75 厘米下面的地板。

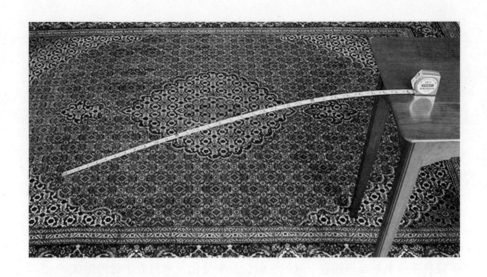

图 14-2 弹性曲线实验演示图

注：在被拉出大约 90 厘米后，一把钢卷尺形成了一条弹性曲线。

资料来源：Catherine Petroski。

　　结构也可以存储能量并将其猛然释放。这种非常吸引目光的行为使类似玩具的装置可以用于广告与娱乐。一个直径约 2.5 厘米的薄圆盘就是一个这样的装置。尽管看上去不像金属物质，但它确实是用两种不同的金属结合在一起制成的。它的凹面经常装饰着举办大会或者招聘会时发放的实体标志。只要用手加热这个圆盘并推它的凸面直至变为凹面，圆盘就会被"激活"；这一点很容易做到，只要把圆盘的凹面朝下放在食指和中指之间的缝隙上，并用拇指按压凸面最高处就行。当它"啪"地轻轻响一声时，拇指所受的阻力会突然减少，这标志着，拇指已经输入了用于改变圆盘形状的能量。当把仍有余温的圆盘凸面向下放在桌子上时，它相对的两面将会冷却并以不同的速度收缩，圆盘也会很快恢复本来的形状。这时，圆盘边缘将迅速向下推压桌面，将圆盘抛向空中并让圆盘飞到空中。对于不知情的人来说，它似乎是自发地跳起来的。让圆盘跳起来的操作简单又神秘，这是大会主持人想要保守的秘密，这样他们就可以一直展示圆盘提供者的标志了。

另一种有趣的装置是拍打手链，它是 20 世纪 80 年代末和 90 年代初适合青少年的时尚物品。它由一片长 23 厘米、宽 2.5 厘米的弹簧钢制成，看上去好像是从一个可伸缩卷尺上截下来的。这种手链有两种稳定形状：一种是如同可伸缩卷尺那样的直的形状，另一种完全是圆形，就是卷尺缩回盒子后的形状。拍打手链外经常裹着一层彩色编织物，这使得它们的金属性质不易被察觉。正如一个可伸缩卷尺可以在盒子外一段距离上形成悬臂梁一样，这个短金属条也会在受力发生变化之前保持直的状态。如果把金属条凹面向下放在手腕上并轻轻拍它，这时它就会发生变化，弯曲成手镯的形状。

力可以如此有趣。人们对于它们的感受和它们所能做到的一切，取决于人们创设的环境。

第 15 章

压缩力与拉伸力，桥梁变形是坏事还是好事

女像柱的拟人模型

长期以来，一些古代皇家人物的身体被我们当作测量一切有生命或无生命事物的标准。而在急用的时候，普通人的脚、手和手指则变成了临时测量的便携工具。我的脚长接近 30.5 厘米，以从脚跟到脚趾尖的长度为一足，通过数出足数，我可以估算出一个房间或者一片地的大小。我的拇指在骨节处宽约 2.5 厘米，因此可以用来近似测量较短的距离。但社会与文明的历史远不止测量。过去，建筑师与工程师通常是同一个人，他们有时被称为建筑大师。他们的创作综合考虑了美学、象征性、规模和结构等多个方面。在设计庙宇、纪念碑和其他神圣建筑时，人们用经验、试错、直觉和灵感补充了原始的测量。

想一想，作为简单的结构和建筑中的基本要素，柱的比例是怎样的。公

元前 1 世纪的罗马建筑师、工程师维特鲁威（Vitruvius）在他的《建筑十书》（*Ten Books on Architecture*）中，描述了古希腊人是怎样将平均尺寸的人当作陶立克柱的建模标准的。当时平均尺寸的人的脚长通常是其身高的 1/6，人们便由此确定了古典柱的脚或者基座的直径是其柱高的 1/6，其中柱高包括柱顶，柱顶代表头部。最明显的拟人柱称为女像柱（见图 15-1）。它们是根据来自卡里埃城的女子形象制造的，该城在伯罗奔尼撒战争中站在波斯人一边对抗希腊人。在希腊取得了这次战争的胜利之后，希腊建筑师便根据卡里埃城的女子形象设计了表现女子人像的柱子，用以承担她们头上的公共建筑物的结构负荷，从而让该城的人记得他们对抗希腊的叛变行为。今天，看着一座正面融入了女像柱的建筑物，如雅典奥勒坡上的伊瑞克提翁神庙的少女门廊、伦敦的希腊复兴圣潘克拉斯新教堂、芝加哥的科学与工业博物馆，我们仿佛可以感觉到这些女像的身体承担的压在她们头顶的石头重量。

　　从本质上说，一根柱子不管是什么样式的，也不管是由什么材料制造的，不管是女像柱，还是陶立克、石头、混凝土、木头、钢材等材料做成的立柱，它必须支撑的重量都会从柱顶通过柱脚向下压。工程师称这种力为压缩力，这也是金字塔中的石块、电网中的木质电线杆和摩天大楼中的钢柱必须对抗的主要作用力。虽然我们可能不会将自己直接比作那些纯粹用于功能性目的的构件，但我们可以很容易地理解并感同身受一根女像柱，进而想象她承受的苦楚。我们或许也能感受到维特鲁威提到的让古希腊人的手臂和腿感到疲乏的力，达·芬奇在描述他的一份素描时也认为画中的人具有"维特鲁威所说的人体比例"。研究力的学者认为，这位据说具有理想人体的人似乎会移动他的手臂和腿，因为他希望在做出这种张开四肢的姿势时休息一下，轻松地站一会儿。**尽管谈起石头或者钢材这类无生命物质时并不能明确感受到压力，但工程师能够将自己想象为结构的替身，并将结构拟人化，设身处地地感受力。**

图 15-1　女像柱

注：在建筑学和结构学上，女像柱可以发挥柱子的功能，支持横梁。

资料来源：Vitruvius, *The Ten Books on Architecture*。

压缩力与拉伸力

在某种意义上，无生命的材料确实会疲劳，尤其是当它们必须在漫长的时间内对抗力的时候，或者要重复同一个动作的时候。随着年龄的增长，老年人会因为钙的流失而变矮；同样，随着时间的流逝，结构柱的高度也会因蠕变现象而变短，梁会因反复加载与卸载引起的疲劳而变得不那么坚固。工程师在描述和讨论结构时，使用与人类感觉相关的词，与我们使用拟人化的结构模型的原因相同，都是为了将这些抽象的概念与人类的体验联系起来。

　　与压缩力对立的是拉伸力，也就是我们在拔河比赛中直接感受到的力。当参与这样的活动时，我们能观察到，有些没有石柱或者钢柱那样大的刚度的事物在受到拉伸与压缩时的表现存在差别。在两支拔河队拿起他们将要拉拽的绳子之前，这根绳子通常会弯弯曲曲地躺在地上，像一根未加收拾的花园水管。然而，一旦被人拿起，这根绳子可以变得如同一根钢缆一样又直又硬，但这种状态只在有足够的力拉着它时才会出现。我们也可以通过在手指上缠上一截绳子、缝衣服的线或者牙线并把我们的两手分开，建立由我们的拉力与绳子的阻力构成的模型。当这样做时，我们的手指会感觉到线陷进肉里，而且，我们能不能把线绷断取决于线固有的强度大小和我们对于疼痛的耐受力。但是，正如胡威立在他有关力学的专著中所论述的那样，无论沿着水平方向使出多大的拉力，我们也永远不可能让绳索绝对笔直，它总会有一点下垂。

　　并不是结构的每个部分都必须处于纯拉伸或纯压缩状态。实际上，例外情况才是常态。想象在一个建筑工地的沟上架设一块板子，在板子上面走过的工人会因为板子向下的颤动感受到板子的易弯曲性，而在板子上蹦蹦跳跳则会增加板子的颤动。颤动时板子的弯曲是推与拉的结合，即板子向下时板底被拉伸，板顶被压缩。如果在这块板子上覆盖着比较脆的油漆，则板顶的油漆会起皱，板底的油漆则会有裂缝。任何事物在弯曲时都有这样的表现。

　　在说到力的强度时，工程师常使用应力这个术语。决定物体会在什么时候断裂的是物体能承受的应力强度，而不是某个固定的应力值。对于人类来说，处于紧张状态说明某人面临压力，我们称容易惴惴不安或情绪极为激动的人处于"高度紧张"状态。高强度的结构应力也能造成断裂，如绷得太紧的吉他弦。与吉他一样，如果音乐家弹奏时用力过猛，乐器就会断弦。**一切**

事物都有断裂点。

想象一只用细金属丝悬挂在天花板上的小桶，同时想象有沙子通过漏斗流进桶里。达·芬奇就使用了这样一种装置，当金属丝断裂时沙子会停止流动。于是，桶与沙子的总重力就是让金属丝断裂的力。达·芬奇用不同长度的同种金属丝重复了这个实验，结果发现，与较长的金属丝相比，让较短的金属丝断裂所需的沙子反而较多。这一结果与经典力学相悖，经典力学认为，金属丝的强度只取决于它的直径。

事实证明，达·芬奇的结论虽然与经典力学相悖，但也可能是正确的，因为在他的那个时代，拉制金属丝的工艺并不完善，同批号的成品金属丝也有不同的直径，而接受测试的金属丝越长，出现某个薄弱点的可能性就越大，本来不应该出现的断裂就发生在这些薄弱点上。今天拉制的金属丝的直径相对来说更均匀，整根金属丝的材质也相同，因此金属丝各部分的抗断程度不会出现很大的差别。然而，通常在金属丝和其他形状的材料上进行强度测试时，仍然会显示出不同的强度值，这是因为微小的几何缺陷，如缺口和凹陷以及内部的材料缺陷，会影响材料能够承受的应力。

在建造桥梁之前，约翰·罗布林是钢丝制造商，但由于存在潜在利益冲突，罗布林被禁止为他正在建造的布鲁克林大桥的主悬索提供钢丝。罗布林了解到，19 世纪后期，钢丝拉制已经达到了很高的水平，但无良制造商经常试图以次充好，出售劣质产品。为了保证让布鲁克林大桥使用的钢丝全部是优质品，罗布林从运到工地上的每一卷钢丝中取出一个样品，并用机器做上述达·芬奇所做的实验，即通过测试钢丝断裂点确定钢丝的强度。如果使样品断裂的力低于预期的标准值，整卷钢丝都将被退货；而强度合格的样品所在的整卷钢丝会被打上标志并用于桥梁建造。

　　不幸的是，钢丝供应商采取了一种欺骗行为，他们用劣质的钢丝代替合格的钢丝。直到桥梁使用了大量的劣质钢丝，这种欺骗行为才被发现。这时约翰·罗布林已经去世，他的儿子华盛顿·罗布林接任总工程师一职。华盛顿·罗布林没有拆掉悬索进行测试，也没有去除劣质钢丝，而是决定使用更多的合格钢丝。时至今日，布鲁克林大桥的悬索中仍然有劣质钢丝，但每根钢丝仅仅承担钢缆上承担的总力的一部分，如果其中一根钢丝因脆弱而断裂，邻近它的几根钢丝能够共同承担断裂钢丝所承担的力。换句话说，这与"三个臭皮匠，顶个诸葛亮"是相似的道理。

压力与压强

　　单一的力可以产生的应力大小，取决于它是分散在一个比较大的表面上，还是集中于表面的一小部分上。 当泰德还是只小猫时，它早上会在我们的床上蹦蹦跳跳，把我们吵醒。它似乎在施展捕捉老鼠的本能，而当它小小的前爪落在我的四肢上时，我会明显地感到不舒服，对于这样一只小猫来说，这确实很令人吃惊。这就证明，作用区域小能够大大增强动态力的效果。难怪这样的行为能够一举震慑被捕捉的猎物，并令其俯首投降。我们不需要找一只猫来演示将力集中在一个小区域内造成的效果，只需要让拇指和食指对推做一个捏掐动作，就可知晓这个效果。无论这两根手指具体是怎样接触的，所产生的力总是大致相等，因为都是由那几块同样的肌肉产生的。大部分人的手指肌肉不够强劲，产生的推力达不到使自己感到疼痛的程度。然而，如果我们不再使用拇指指腹，而是用指甲尖压在食指的肉上，这时就会感到更加集中的力的作用，而如果拇指的指甲比较尖利，这种感觉就会达到令人疼痛的程度。这时我们的拇指就会停止施力，因为食指已有痛感，而人类通常会本能地避免伤害自己。

疼痛与压力感知是科学家在探索感觉的分子基础方面所面临的最后的尚未被完全揭示的领域之一。嗅觉和味觉主要集中在鼻子和舌头，这也为研究嗅觉和味觉提供了方向，但疼痛与触觉可以在整个身体中感知，这让"人类感知热、冷、触碰与他们自己的身体运动的关键机理"这一发现有资格获得诺贝尔奖。确实，2021 年，诺贝尔生理学或医学奖由生理学家戴维·朱利叶斯（David Julius）和分子生物学家阿登·帕塔普蒂安（Ardem Patapoutian）共享，他们分别独立地在理解这一现象的研究中取得了突破。

尽管许多工程结构没有感知能力，但涉及大量相互作用的力，这些力的复杂程度远远超过两只相互按压的手指、简单的柱、一截绳子或者横跨一道沟并受到压缩、拉伸或弯曲的木板。要了解这些力以及它们在结构中的相互作用，我们需要比手指更复杂的类比和模型。

坐落在北卡罗来纳州罗利市州博览会上的多顿竞技场，是一座独特的建筑。这座竞技场于 1953 年竣工，由一对经过强化的混凝土拱状构件组成，每个拱状构件都沿一个缓缓的角度向地面倾斜，并像一张折叠椅的两条椅腿那样交叉。在这两个拱状构件的顶端之间，有一个由钢缆组成的网状结构，支撑着一个比较轻的屋顶。倾斜的拱形构件重量让钢缆处于紧张状态，而紧张的钢缆又反过来让拱形构件不会向后滑落。这种安排与进行拔河比赛的两支队伍有很多相似之处。设计这样一个创造性的建筑结构，是为了提供适合马匹和牲畜表演的无柱内部空间，因此这个建筑早期被称为"牛宫"（cow palace）。人们曾将它体现的结构原理与可折叠的导演椅中的结构原理进行比较，这种椅子的帆布吊在两对椅子腿之间，每对椅子腿分别在中点交叉。坐在这样的椅子上的人由帆布支撑，这就如同他在吊床上一样，另外，这个人的体重在帆布上产生了张力，这个力向内拉动椅子腿的顶端。与此同时，因为椅子腿在它们交叉的地方松散地相连，所以它们承重时如同剪刀的两半边一样，它们的底部被向外推。拉与推的结合使椅子可以承重。

用拟人模型解释建筑案例

工程师威廉·贝克（William Baker）使用了一个拟人化模型来说明他为哈利法塔设计的结构是如何抵御风力的。当哈利法塔作为世界上最高的建筑物建成时，它代表了超高建筑设计的新典范。贝克发现，使用一个易于理解的哈利法塔模型对于解释其抵御高风力的能力非常有帮助。他在芝加哥市的街头找到了一个容易理解的类比：一个人用打开的伞抵住水平吹来的风和雨，他的一条腿撑在身体后面作为支架，在风雨的肆虐下，他稳住了自己。贝克将哈利法塔的结构描述为一个"支撑核心"，塔的中央主体包含建筑物的电梯和大堂，而这个中央主体又由从中心向 3 个方向辐射的逐渐收束的楼层支撑。大多数人都有过在暴风雨的天气撑开伞的经历，因此，这个模型是一个很好的工具，可以让大多数人更容易地理解哈利法塔如何抵御可能使其倒塌的外部力量。

拟人模型可以让我们感受到结构失效时问题出在哪里。堪萨斯城凯悦酒店的客房位于大堂中庭一侧的塔楼内，而会议室和礼堂则位于另一侧。高架人行道横跨中庭，这不仅可以避免来来往往参加会议的人群聚集在大堂内，还增添了设计元素，使得空旷的空间变得更加丰富和有趣。人行道有两条，其中一条位于另一条的上方，它们通过螺母和垫圈组件以及锚固在屋顶上的螺纹钢筋来支撑并保持悬挂在空中的状态。为方便施工，原始设计中的每根长钢筋都被两根较短的钢筋替代。上面的那条人行道仍然由屋顶支撑，但现在下面的人行道是由上面的人行道支撑的。1981 年夏天，在毫无征兆的情况下，在折价新开业的酒店里，两条沉重的钢制人行道掉落到地板上，而当时地板上满是跳舞和狂欢的人。这起事故导致 113 人死亡和许多人受伤，成为美国历史上最严重的结构事故。一个简单的拟人模型有助于解释这起事故发生的过程及原因（见图 15-2）。假定一条人行道是一个人，而钢筋是一根绳子。初始的设计，就像是两个人抓住了一条从健身房天花板上垂下的一根绳子。这根绳子足以支撑他们两个人的体重，但他们每个人都必须抓得足够紧，才能保持自己的位置，以防止下坠。现在想象一下，如果下面的人抓住的不再是绳子，而是上面那个人的腿，这就类似这起事故中对人行道支撑结构所做的改动。这一改动虽然没有改变绳子，但它意味着上面的人必须用更大的力抓住绳子，因为他不仅要支撑自己的体重，还要支撑挂在他腿上的同伴的体重。如果上面的人的抓力无法支撑增加的重量，那么两个人都会因为失去平衡而摔到地板上。在这座酒店里，一根连接在钢筋上、通过螺母和垫圈连接的四楼横梁，无法继续承受两条走道以及使用走道的异常庞大人群的重量，这会导致横梁与钢筋脱节，就像上面那个人抓住绳子的手承受的负荷，超过了其所能承受的最大限度而没法抓住绳子那样。一旦这种情况发生在上层人行道的一个结构连接处，其他部分就必须来补位，但它们没有做到这一点，因而造成了坍塌。

图 15-2　凯悦酒店的拟人模型示意图

注：在绳索攀爬训练中，一位海军士兵只要能始终抓住绳子就能够悬挂在空中。如果另一位跟着他爬上去的士兵不再抓住绳子，而是抓住他的脚踝，上面士兵抓住绳子的力必须加倍。如果他无法承受这个力，他们两个都会摔到地上。

资料来源：Library of Congress, Prints & Photographs Division, FSA/OWI Collection, LC-USE6-D-005795。

那种作用在一个非常规结构上的力的感觉，哪怕只是间接的，也会让工程师、大学生和外行人直观地理解它的工作机制。如果我们可以成为模型的一部分并且直接感受力，就更容易理解模型的工作机制。或许，对于一项重大工程项目最具标志性的拟人模型，是与爱丁堡附近第一座横跨宽阔的福斯河河口的桥梁有关的模型。随着北不列颠铁路向北推进，需要在福斯河与泰伊河的河口建造固定的过河通道。如果没有这样的通道，就需要在各个河岸的渡口之间转运源源而至的材料和旅客，这将延缓向东海岸地区的运输。铁路工程师托马斯·鲍奇（Thomas Bouch）接受了委托并设计了跨越这些河口的桥梁，其中跨越较浅的泰伊河河口的桥梁于 1878 年竣工。这不是一项特别大胆的设计，而这座桥梁的引人注目之处主要在于它的长度几乎达到 3.2 千米。不幸的是，1879 年 12 月的一次暴风雨让这座桥最长、最高的大梁崩溃了，导致一列正在跨越桥梁的火车中的 75 人丧生。一幅漫画描绘了一位拟人化的"风暴之灵"，他用力推打、猛击这座桥梁，直至其无法坚持下去。或许可以说，在这位精灵来到之刻，结构已经感受到了力。

福斯桥的设计原理

一个调查法庭认为，鲍奇设计的这座桥的"设计、建造和维修都十分不妥"，这位桥梁工程师的名声尽毁，同时，其设计的另一座跨越更深的福斯河河口的悬索桥停建，随后，杰出的工程师约翰·福勒爵士（Sir John Fowler）和他年轻的合伙人本杰明·贝克（Benjamin Baker）的公司接受委托，对桥梁进行了全新设计，后者因该桥梁的设计受封爵士。贝克几年前曾出版大跨度铁路桥的书籍，他也是新桥的首席设计师，他曾坦率地承认这一任务的艰巨："如果我说假话，说福斯桥的设计与施工不会让与之有关的人现在与将来都感到担心，任何有经验的工程师都不会相信我。在没有先例存在的情况下，成功的工程师就是犯错误最少的那位。"对于工程师来说这句话反过来也是成立的，即每当面临前无古人的项目时，他们往往极为谨慎，因此也更可能取得成功。

贝克的设计基于伽利略两个多世纪前阐述的悬臂梁原理，虽然这一原理此前在英国的桥梁建设中用得并不多。但维多利亚时期的工程师思想开放，能够接受新想法，公众也很喜欢解释科学与工程学最新发展的公开演讲。1850 年，当伦敦的海德公园建设具有创造性的水晶宫时，有一场利用道具的现场演讲，向普通观众解释了这一设计的结构原理，同时还解释了在那个时代一些不常见的桥梁的结构原理。本杰明·贝克后来在英国皇家研究院发表了有关福斯桥的演讲，那里也是 1859 年法拉第发表有关物质之力的著名演讲的地方。

在准备这次演讲时，贝克"必须考虑怎样才能让一般观众更好地理解在福斯桥上的应力的真正性质和方向，而在参考了一些现场工程师的意见之后，决定使用一个活人模型"（见 15-3）。这个模型代表着这座桥上的一个桥墩跨度，后来被称为"人体悬臂梁"，事实证明，这个模型成为这次演讲中最令人难忘的部分。尽管贝克并没有说这个想法完全是他本人的，但从那时起，这个著名的模型便一直与他紧密相连。

这一生动的模型由三名男子、两把椅子、四根木头支柱、两堆装在运货板上的砖头、一个秋千座椅和一些连接用的绳子组成。两名男子端端正正地坐在椅子上，每人都抓住一对支柱的顶端，支柱的末端刻下了切口，紧紧地安装在椅子座位的边缘上。在每个人两侧形成的三角形代表着桥的一部分结构，它是对称地从桥塔伸出的悬臂。秋千座椅的两侧分别悬挂在距离中心较近的支柱的顶端，秋千座椅代表桥墩跨度的中央悬挂部分。外侧的每个悬臂都是由坐在那里的那个人的另一只胳膊和与之相连的支柱组成的，悬臂被捆在砖堆上，那堆砖是提供平衡的配重，平衡了悬挂着的秋千座椅和坐在上面的那个人总重量的一半。

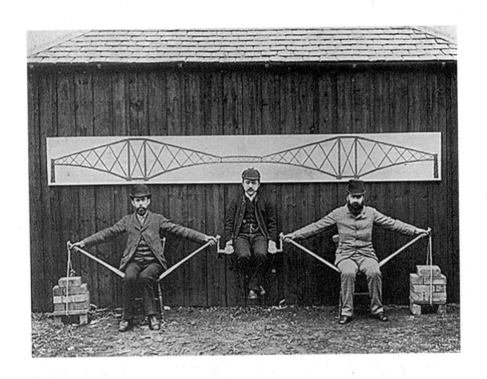

图 15-3   本杰明·贝克演讲时的"人体悬臂梁"

注：在 1887 年的演讲中，工程师本杰明·贝克使用了一个"人体悬臂梁"，用以解释当时正在施工中的一座桥梁的新颖设计，这是一座创纪录的钢架悬臂铁路桥，横跨爱丁堡附近的福斯河河口。

资料来源：*Engineering News*，photo by Evelyn George Carey。

在贝克的演讲中，人体模型后面挂着一幅桥梁的大型示意图，清楚地说明了模型的各部分分别对应着桥梁的哪些部分。以下是贝克的原话："当中央大梁上向这个系统施加荷载时，两边的两个男人的胳膊和锚绳受到拉伸，棍子和椅子腿受到压缩。而在福斯桥中，椅子之间的距离是 536 米，男人的头高出地面 91 米，他们的胳膊代表庞大的钢架结构组件，而棍子或者支柱是直径 3.7 米、厚 3.1 厘米的钢管。"

不过当时"活人模型"并没有在演讲现场由活人演示，而是用幻灯机投射的，这也是有关桥梁的著名插图的来源。美国桥梁工程师托马斯·C. 克拉克（Thomas C. Clarke）曾于 1887 年参观了施工现场，正是他提供了那张美国行业杂志《工程新闻》（*Engineering News*）做成版画的照片，这张照片与有关这次演讲的报道一起发表，报道称该演讲"得到了与会者全体一致的响亮喝彩"。

这篇报道大约出现在演讲之后 3 周之内，在英国出版物《工程学》（*Engineering*）发表它之前大约一个月，这也说明了 19 世纪后期工程学新闻、知识与文件能够在大西洋两岸迅速传播。甚至到了 21 世纪，前去访问这座桥并模仿这一著名的人体模型的人仍然络绎不绝。当我 2003 年访问那里时，在访问者中心的庭院中还有一对钢制椅子和其他一切需要的设施，可以让桥梁爱好者在观赏结构本身的同时亲身体验这一模型。

这些装置后来被转送到河口对岸的南昆斯费里，放在奥罗科码头餐厅的后院里。正如工程师、工程学者、藏书家以及桥梁爱好者罗兰·帕克斯顿（Roland Paxton）所说，这一复制品是"该镇的福斯桥纪念委员会租借给这家餐馆的，是该委员会于 2012 年从福斯桥游客中心信托基金会得到的赠品"。信托基金会的董事们曾在最后一次会议上留下照片作为纪念（见图 15-4），他们摆出了这一人体模型的造型，其中帕克斯顿主席持坐姿位于照片中央，尽管并不像原始模型中来自日本的交流工程师渡边嘉一（Watanabe Kaichi）那样离地面那么远。

图 15-4　福斯桥游客中心信托基金会董事们于 2012 年再现人体悬臂梁

资料来源：Prof. Roland Paxton, Chairman, Forth Bridges Visitor Centre Trust (1997–2012)。

　　当提及对于力的感受时，我们还可以发现在两个时隔 125 年的演示之间的其他一些有趣的不同。在 1887 年的演示中，代表桥塔的人坐着时双腿紧靠在一起，这样做的部分原因无疑是木柱限制了他们的大腿。而在 2012 年的演示中，木柱的限制不大，坐在椅子上的人可以将双腿分开。在 19 世纪的演示中，坐在椅子上的两人握住支柱的手掌朝向照相机，而且他们似乎握得很紧，这说明他们的胳膊确实受到了拉伸，而如果他们的胳膊能够支持秋千座椅如此之高地离开地面，这样形成的角度必然会对他们的胳膊造成拉伸。然而，在 21 世纪的演示中，坐在椅子上的人将手掌背对照相机，这是一种不太自然且不太高效的方式，观众会认为需要用比这更大的力才能支撑支柱，尤其是当支柱的倾斜度较小时。

　　而且，在本来的人体模型中，坐在椅子上的人在支柱上的握点尽量靠近远端，这就只需要最小的力，便能形成等腰三角形悬臂梁。与此不同的是，信托基金会的董事们大约抓在支柱的中点上，这样做并没有赋予模型应有的真实性。加之，他们握住支柱的方式说明，他们并没有支持支柱，坐着的两个人反而实际上靠在支柱上，这样一来，他们的手臂没有受到拉伸，反而受到压缩。这一点，在坐在左边椅子上的人张开的右手上面表现得尤其明显，他甚至没有让自己的手指握住支柱，他看上去只是让自己的手掌根靠在支柱上歇息或者把支柱往下推。至于坐在右侧椅子上的人，他的胳膊似乎略微弯曲，这进一步说明，它们并没有因为受到拉伸而完全伸展。这些人只是利用模型装置做了一番摆拍，但看上去并没有经历或者传达原始模型那种程度的力。

在原始模型中，渡边嘉一的手紧靠身体侧面，抓住秋千座椅，可能是在保证自己的平衡。然而，在 2012 年的演示中，帕克斯顿的手歇在支柱上，或许因为其他的男士让出了地方，让他可以这样做，但这让旁观者感到困惑，因为他们不清楚结构真正的工作机理是什么。事实上，考虑到坐在椅子上的人看上去在抓住支柱时胳膊并没有受到拉伸，这一模型中间部分的实际结构似乎更像是构成一个角度的拱，或者一个 A 形框架，而不是悬臂梁。让秋千座椅和坐在上面的人维持所在位置的是椅子和椅子上坐着的人，它们起的是桥台的作用，而不是塔的作用。

最后，在贝克的演示中，每个支柱切口的末端，紧紧地安装在椅子座位的边缘上，这迫使坐在上面的人双腿紧挨在一起。然而，在 2012 年的演示中，情况并非如此。通过任何一根支柱的可见部分可以推测出，它的下端似乎并没有靠在椅子座位的边缘上，而是在座位下方的某个位置交汇，从而为参与者提供更多的腿部移动空间。更仔细地观察支柱上端与悬挂座位的连接点，会发现它看起来像是一个焊接接头。这说明这些支柱是金属管，使用这种连接方式可能是为了保持模型的完整性，以便随时准备好供游客重建模型并拍照，而不是为了给他们提供感受力的机会。由此可见，工程学以及对它的理解，都体现在细节中。

福斯桥作为一个成功的工程项目和结构现象，在很大程度上得益于人体模型，悬臂梁结构也在工程师和非工程师中广受欢迎。在 19 世纪末 20 世纪初，无论在何处考虑建造一座新的大跨度桥梁，尤其是这座桥需要承载铁路列车时，悬臂梁都被视为一种可行的甚至是首选的方案，人们不再局限于悬索桥这种传统结构。因此，有人建议，利用悬臂梁结构设计横跨纽约市哈得逊河和澳大利亚悉尼港这些广阔水域的桥梁。

魁北克大桥崩塌之谜

并非每个人都认可福斯桥。著名的美国铁路工程师西奥多·库珀（Theodore Cooper）认为它是"有史以来人类设计的最笨拙的结构；是工程学最尴尬的作品"。他认为福斯桥是过度设计的结果，而且他坚信可以在这座河口上用大约一半的成本建造一条与之相当的通道。当作为首席顾问工程师参与修建魁北克市附近的圣劳伦斯河上的桥梁时，他看到了证明自己的机会。最初的计划是，利用悬臂梁横跨一个长 490 米的主墩距，但对设计进行了改进，将桥墩靠近河岸，从而减少被冰川碰撞的可能性，并降低建桥成本。这让魁北克大桥主跨度增加到 549 米，恰巧让其成为世界上跨度最大的桥梁，这也是年迈的库珀职业生涯的巅峰之作。

福斯桥和魁北克大桥的设计存在很多相似之处，但是由于库珀认为福斯桥被过度设计，他在设计魁北克大桥时选择了更加轻盈的结构，无论是在外观还是在结构上都更加简洁、轻便。到了 1907 年 8 月，魁北克大桥南边的悬臂部分已经延伸到约 224 米的长度（见图 15-5）。然而，不幸的是，它在进一步延伸之前坍塌成了一堆钢铁，75 名建筑工人因此丧生。

图 15-5　正在建行的魁北克大桥

注：这张魁北克大桥的照片显示了它 1907 年在建时的状况。向圣劳伦斯河上空伸展的桥身悬臂梁的重量得到了向岸上伸展的部分的平衡，其中与塔顶连接的钢件受到拉伸，在底部的支柱受到压缩。如果这些部件的强度不足以抵抗使之拉开的力或者使之崩塌的力，或者这些部件被不断变长的桥身的重量压弯，那么桥将发生崩塌，而这一事故就发生在这张照片被拍下之后不久。

资料来源：Canada. Patent and Copyright Office, Library and Archives Canada. British Library, Digitised Manuscripts, HS85/10/18815。

　　事故可以归咎为几个因素，其中之一是一位年轻工程师似乎对他所计算的力没有概念。他低估了桥梁的总重量，并据此在之后的设计中采用了相应的钢件，因此在他的计划中，桥梁在建造过程中会受到过度应力且钢构件也不够坚硬。因此，在桥梁建造过程中这些钢件受到的应力过大，而它们的刚度不足。库珀没有对项目进行适当的监督，未能及时发现这些错误并拯救这座桥梁。在大桥崩塌后大约一个世纪，瑞典咨询工程师比约恩·奥克松（Björn Åkesson）出版了《理解桥梁坍塌》（*Understanding Bridge Collapses*），详细分析了这次事故，但他在其中使用的模型不是用椅子、支柱、绳子、砖头这些实物制造的，而是数字化的，他用杆状结构代表悬臂梁桥身，同时还有一个补偿平衡的虚拟的巨人化身（见图 15-6）。他使用 PowerPoint 和其他类似的演示程序，绘制了一个正在建设中的悬臂梁桥身示意图，用巨人的重量和强度平衡向岸边伸展的桥身。巨人由 8 个椭圆组成，分别代表躯干、头部和四肢，就像一个艺术家的木制人体模型的各个部分。巨人的手抓住了悬臂梁的顶部，手臂向后拉，调整身体的姿势以保持平衡，双脚和双腿向下施加力以维持位置。这一模型证明了悬臂梁是如何通过这种动作保持平衡的，但当时的设计并没有考虑到一个事实，那就是当更多的钢材被加到构架上令其进一步伸展并跨越河流时，虚拟的巨人必须增加力量和重量，或者重新分布力量和重量，以保持悬臂梁的水平。

如果我们能够理解这个虚拟巨人以及它的姿势，我们就可以感觉到其中涉及的各种力，并看出桥崩塌的原因。当悬臂的长度增加时，我们的手臂和腿必须分别对应地提供更大的拉伸力与压缩力来维持平衡。也就是说，当越来越多的钢材加进来之后，我们的手必须抓得更紧，我们的手臂必须对抗越来越大的拉力，我们的脚和腿必须推得越来越猛，而且必须一直这样坚持，直到悬臂与来自河对岸的桥身在河中央合并。只有那时我们才能略微放松，不再如此辛苦。然而，即使是虚拟巨人，它的强度和耐力也有极限，所以，建桥进度过慢可能会让它难以承受。它可能会怎样失效，这一点取决于虚拟巨人身体上的什么地方会丧失力量。如果手或者手臂无法坚持，对应着拉伸力失效，例如手无法握住或者手臂强度不足，代表着可能会出现骨折；而腿无法坚持则对应着压缩力失效，例如一只脚崩塌，或者一个膝盖扭伤。对于现实中的桥梁，通常发生的是后者，这时压缩部件无法再承受压在它们身上的负荷。

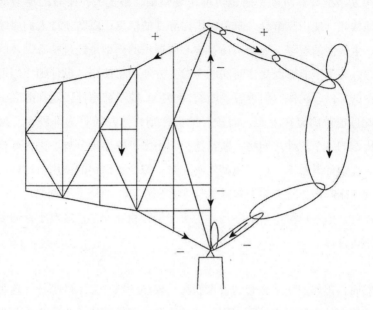

图 15-6　魁北克大桥的巨人模型

注：我们可以通过图中所示的巨人模型，间接感受平衡魁北克大桥的悬臂部分的力。只有当图中所示的巨人的肌肉、肌腱和骨骼能够施展足够的力，抵抗拉扯它的手和胳膊的拉力，以及压缩它的脚和腿的压力时，它才能够让结构稳定不动，否则桥梁便会崩塌。

在科技发达的计算机时代，使用真实的人体模型可能已经过时了，而使用虚拟的人体模型可能更符合当下的技术发展。奥克松承认，本杰明·贝克的福斯桥人体模型为巨人的悬臂平衡行为提供了灵感。尽管与贝克模型中的真实人物相比，这个由奥克松称为"想象中的'存在'"的虚拟巨人，显得像是一个简陋的布娃娃，但它足够有感染力，能够传达出所涉及力的感觉。

正如信托基金会的董事们无意中错误地诠释了福斯桥模型一样，工程师在应用复杂的计算机模型时也可能出现错误。事实上，所有的模型都必须谨慎地构建、使用和解释，避免提供误导性的信息，以防止让人们对结构和力量产生错误的理解。福斯桥访客中心所展示的模型是经过精心设计的，以便在户外环境下能够经受住时间的考验并方便游客使用。设计师使用钢材作为模型的部件，确保它们不容易断裂或磨损。椅子被螺栓固定在混凝土基座上，配重也被固定在上面，而较轻的部件则铰接在较重的部件上。这样一来，模型的各个部件之间将会紧密连接，不太可能出现分离、丢失或被盗的情况。在设计者看来，这个模型完美无缺，符合其预期的使用目的，同时这个模型使用起来非常方便，只需要三个人坐在椅子和秋千座椅上，然后拍下照片即可。原始模型中需要参与者的手与手臂相互配合，这对于普通游客来说并不适合。

然而，正如信托基金会的董事们演示模型的照片显示的那样，这种看上去便于使用的模型很容易被误用，即使经验丰富的结构工程师也不例外。所有人只需要在相互连接的座位上就座，这样他们的重量就足以使中央的秋千座椅锁定在原位。与此不同，原始模型需要参与者在设置模型和保持姿势时格外小心，这样他们才能真正体会其中涉及的力。当这一模型演变为单纯的照相背景板时，它便丧失了自己的有效性。坐上椅子和秋千座椅实在太容易了，完全不需要关心手和手臂应该准确地放到支柱的什么地方、如何握住它们，或者如何感受产生的力。在使用计算机模型时，如果仅仅将其当作演示工具而不是计算工具，这种不经思考的错误可能会更容易发生，并且后果可能更加严重。

第 16 章

看不见的手，风的破坏力

生活中的风

　　著名经济学家亚当·斯密曾在他的著作《国富论》中，提到了一只看不见的手，它在无意间产生了不消极的结果。尽管无人得见也无人知晓，但这样一只看不见的手，能够将个人消费者追求自身利益的行为，转化为对整个国家经济有益的结果。看不见的手在社会的各个领域中发挥作用，甚至包括明确涉及物质结构的领域。每当风吹过，我们都能感受到一种看不到的力的存在。它让下垂的旗帜傲然招展，让散落一地的落叶四处飘荡，犹如播撒新鲜的种子。它也能将旗帜撕成碎片，让已经播下种子的田地成为不毛之地。为了避免被强劲、持续的狂风吹走，我们迎着它弓起躯体，好像背负着包袱。但是，如果没有做好应对变化情况的准备，当风停下来时，我们可能会摔倒在地。

"谁曾见过风？"英国诗人克里斯蒂娜·罗塞蒂（Christina Rossetti）问道，但她接着回答说，"非你也非我，但当树木弯下头颅，风正在悄然走过。"当我们在寒冷的日子里呼出温热的气体，它会变成可见的雾气，如同在蜡烛、香烟或者烟囱的青烟中飘荡的气流。一只充满氢气的气球也能证明空气与风能够施展的力。当然，它向上升起，是因为其中的惰性气体的密度低于空气。被较轻的气球排开的空气较重，它提供了让气球上升的浮力，此时气球像香槟酒玻璃杯中的气泡一样上升。热空气的密度低于冷空气，因此充满热空气的气球会腾空升起。

达·芬奇曾经思索过让热空气上升的力，18 世纪末，法国的蒙戈尔菲耶兄弟也曾这样想过。在观察烟囱里上升的烟雾和天空中飘浮的云朵时，他们看到了热气球的可能性。他们的第一只热气球于 1783 年升空，直径约 12 米。一簇小些的气球也可以达到同样的目的。比如，如果我们把足够多的气球绑到一张铝制草坪椅上而不把它拽住，它就会飘起来。如果有非常多的气球，椅子甚至能够带着坐在它上面的人一起上升。这一点在 1982 年得到了证实，当时一位加利福尼亚州男子把 40 多只直径 2.4 米的气象气球绑到了座椅上，结果座椅带着他上升到大约 4 570 米的高空，并在那里随风飘荡。他本来打算在想下来的时候用随身携带的 BB 型气枪打爆气球，但这支枪无意间从"飞行器"上掉落了，于是座椅在空中飘荡了好几个小时，还进入了管制空域，这让他自己、该区域的飞机以及地面上的人全都面临危险。和其他所有气球一样，他的气球也慢慢泄了气，浮力变得越来越小，这位探险家最后缠绕在输电线上，好在他很快被救了出来，但接着他就被逮捕了。

飞机迎风起飞，是因为机翼的形状利用了风力，使它们能够飞行。在飓风的推动下，横截面 5 厘米 ×10 厘米的木块可以击穿窗户，砸开大门，如同对准城堡大门攻击的攻城锤。风的破坏性久为人知，但人们之前对于它的推力有何等巨大却没有正确的量化认识。法国土木工程师、埃菲尔铁塔设计工程师古斯塔夫·埃菲尔（Gustave Eiffel）其实也是一位桥梁工程师，他清楚地认识到，具有能够抵御风的袭击而不翻倒的强度对埃菲尔铁塔来说很重要，因此，他在设计塔的形状时充分考虑了风力的影响。然而，并非所有工程师都有这种先见之明，未能做出明智决策的工程师所设计的结构会失效甚至崩塌。正如我们在前一章读到的，泰伊桥于 1879 年的崩塌，这一结果源于不可抗拒的风暴之力，这一风暴被拟人化为一个肌肉发达的巨人，他推倒了这座桥梁。有关这一事件有一幅尽人皆知的报纸插画（见图 16-1），表现的是这个野蛮的家伙挥拳重击桥梁结构的场面，插图说明为："我来，我见，我征服。"① 或许可以把强阵风的作用比作进击中的军队的攻击波。它们可以摧毁路径上的一切，留下只剩了无生气的防守者尸骨的萧瑟战场。

对崩塌的泰伊桥残骸进行更为现实的"法医"分析后，人们将这一事故归咎于结构，因为它无法对抗作用在它身上的力。理性的调查认为崩塌事故应由首席工程师负责，他应该能够看到全局，包括隐藏在背后的看不见的力。一切社会结构，无论是公司、机构或者政府，都有它自己的总工程师，虽然称呼可能不同。无论称呼是什么，总工程师应承担主要责任。企业也同样可能因为在构思、执行和管理方面存在问题，最后被迫破产或被收购。

在《国富论》出版几乎两个世纪之后，企业史学家小艾尔弗雷德·钱德勒（Alfred Chandler）的著作《看得见的手》（The Visible Hand）出版，他在其中描述了美国的管理革命。他认为，公司远不仅仅是由首席执行官控制。非常明显的是，从原料到最终产品及其之后的所有环节，控制生产力的是整个管理体系，福特公司、通用电气公司和标准石油公司就是其中的例子。

---

① 原文为拉丁文："Veni, vidi, vici。"这是古罗马统帅、政治家盖乌斯·尤利乌斯·恺撒于公元前 47 年在泽拉城附近彻底击溃法尔纳克二世之后致罗马元老院的报捷信中的一句话。——译者注

力可以是看不见的或者看得见的、物质的或者象征性的，但它们的效果永远是真实的。

图 16-1　泰伊桥崩塌的报纸漫画

注：在泰伊桥于 1879 年崩塌之后，人们认为，风力是令其崩塌的罪魁祸首，并把它拟人化为"风暴之灵"，如图所示，它正在猛烈袭击着泰伊桥的锻铁和铸铁结构。

资料来源：*The Illustrated London News*。

金桥与盲人摸象

　　在越南岘港附近，一片山麓的自然美景掩映着一座优雅的金色人行桥梁（见图 16-2），这座桥名为金桥。金桥象征着一位居住在起伏山峦之间的巨神捧献在普通人面前的一块金砖。事实上，这双出现在地表之下的岩石中的神灵之手是由金属丝网格和玻璃纤维铸成的，经过处理后表层看上去像石头。这座桥的设计是为了让游客欣赏该地区的壮丽景色。但单单根据这两只手，我们可以推测出有关这位巨神的整个体态与目的的哪些信息呢？

图 16-2　位于越南岘港附近的金桥

注：看上去，坐落在越南岘港附近的金桥是由一位巨人的双手支撑的，据说这位巨人居住在花岗岩山峦之间。

　　这种情况让人想起了盲人摸象的寓言。其中的一个版本是，6 位盲人分别摸到了象的不同部位，并且仅仅摸到一个部位，因此，对于整头大象看上去像什么，他们都产生了片面的想法。摸到象鼻子的盲人将其想象为一条巨蟒；抓住尾巴的盲人认为它犹如绳子；触碰到身子的盲人觉得其实大象是一堵墙；摸到大象的象牙的盲人想到了长矛；摸到耳朵的盲人认为大象如同蒲扇；摸到大象腿的盲人则认为大象像树干。他们交换了各自的心得并将探索的信息汇总在一起，得出了一个奇怪的动物形象。仅从一个部分的视角来看待事物，无法获得对整体的完整、准确理解，这个结论是无可争议的。

但是，如果我们请这6位盲人以同样的方式，仅凭自己的触觉来抓住与捅戳一个无生命物体的一个部位，以此感觉它的形状、纹理和刚性并从中刻画这一物体，情况又将如何呢？例如，对于一台带有长长的圆筒形机体，并可以拉着它的软管到处走的老式吸尘器（见图16-3），他们将会如何刻画呢？

图16-3　老式吸尘器

注：试想如果盲人各自触摸一台老式吸尘器的一部分，他们会将整台机器想象成什么样子？

资料来源：iStock/OlegPhotoR。

如果这台机械正在运转，在它的软管上的一只手会感到有什么东西正在通过一根易于弯曲的、有棱纹的管子流动，这说明它可能是一头正通过长长的鼻子深深呼吸的小象。用一只手压在吸筒的光滑一端的人会觉得有吸吮力，这说明它可能是一头食腐动物或者传粉动物的口鼻，如果吸尘器前端连接了清洁工具，则会让人觉得是海象的胡须或者食蚁兽的口鼻。接触了这个物体的另一端的一只手会感到空气在涌出，这或许会令他联想到一头非常大的哺乳动物的喷气孔。抓住了电线的人会摸到一根光滑、易于弯曲、好像在微微蠕动的细细的东西，这会让他想到一条很长的蚯蚓；在电线终端奇形怪状的插头可能是个骷髅头，它伸出的金属小块是牙齿，或者是带有长爪子的兽爪。如果把手放在正在振动的筒状机体上，手的主人或许会觉得它的一端带有金属的冷意，而另一端则温暖的，里面可能是它的心脏正在剧烈跳动，而外面戴有护甲，像乌龟壳一样坚硬而且不易凹陷；举起整个机器的人会觉得它像一具沉重而且笨拙的身体，这可能会让人认为是某种滑溜溜的鱼类正在摇头摆尾。试想，将这些组合起来，他们最终可能会得出什么样的整体画面呢？

当我们触摸某物时，产生的感觉部分取决于我们的手的状态，以及我们正在用手做些什么。除非在指尖上镶嵌了磁体，不然我们很难分辨钢和铝之间的区别。我们或许能够感觉出质地，不过制造厂家可以在不同的材料上模仿同一种质地。不过我们应该能够分辨金属与非金属，因为前者通常摸上去更凉一些。如果可以敲击某物的表面，我们听到的声音对判断是什么物品应该有帮助。通过一件东西在我们的手指或者手掌的按压下凹陷时所作的反应，我们可以得到有关它的弹性或者刚性的许多信息，尽管有时候可能需要用两只手。我们摸到的那个部分可能包括、也可能不包括这个物体最显著的特征。另外，我们无法知道我们没有感知到的地方。

风的破坏力

无论一个孤立的力或者与其他力结合的力有多复杂，它通常会以下面两种基本方式之一作用在一个物体上。第一种是通过直接接触发挥作用，比如当我们的手指操纵一颗衬衣纽扣穿过扣眼的时候，或者当用张开的手推动一辆陷在雪里的汽车后面的时候。第二种方式是跨越一段距离发挥作用，比如当我们开心地跳起来又被引力拉回地面的时候，或者当一块磁体让距离它不远处的一根圆柱销从桌子上跳起来的时候。接触力是有形的；引力和磁力曾被认为具有一种"神秘的性质"，因为这些力是通过稀薄的空气从一个物体传送到另一个物体身上的。但其实还有另外一种力，它似乎介于二者之间，因为它通过接触发挥作用，而且我们可以感觉到它在向我们施加推力，但施加这种推力的物体并不容易见到。这就是空气本身的力，它可以通过风的压力证明自己存在。

从一辆在高速公路上疾驰的汽车的车窗向外伸出一根手指，我们就可以体验到风力。在高速行驶时，我们会感受到空气将我们张开的手往车后推，就像一块石头将悬臂梁的末端拉向地面，与石头不同的是，由于空气的作用，张开的手会产生摇摆不定的运动，就像在风中飘扬。我们可以将手掌朝下，使手更像叶片而不是风帆，这样手就更容易在风中保持稳定。如果我们将手指对着风，让手像海豚引领船一样上下弯曲，我们会感受到手在看不见但能感知到的风的"海洋"中交替上升和下降。手从一种形态翻转到另一种形态的现象，就像一把伞的伞面会在猛烈的暴风雨中突然翻转过来一样，这种现象在工程领域被称为不稳定性。结构自发地从一个期望的状态转变为一个不太理想的状态，这是不稳定性的表现；这是工程师通常希望避免的情况，因为它可能在没有警告的情况下发生，使结构无法正常工作、遭到损坏或发生事故。当然，总是有例外的情况：双金属跳动圆盘能够工作，正是因为它只在受到有意压紧时才会被激活，而在那种状态下它处于不稳定状态。

直到 19 世纪中叶，风施加的力的大小仍然是一个相当混淆、充满争论、有时被彻底忽略的问题，正如泰伊桥的坍塌所证明的那样。事故发生的几年前，泰伊桥的工程师托马斯·鲍奇曾寻求关于福斯湾风力性质的权威建议，他当时正在为苏格兰北部铁路设计第二座桥梁。英国天文学家乔治·艾里（George Airy）提出的建议是：预计在单位面积上，平均风压不应超过 0.68 个大气压，但阵风产生的局部压力可达 2.72 个大气压。显然，鲍奇在对更北的泰伊桥工地的计算中使用了较低的数值，事实证明，他严重低估了那里的风力。在泰伊桥坍塌后，本杰明·贝克接受了从头开始设计一座新的福斯桥的任务，显然是因为时常乘坐火车的公众（以及铁路本身）已经对鲍奇的工程能力和判断丧失了信心。出于对风的担心，贝克完全按照他过去的方式设计了新桥。对于风的压力，他没有依赖专家的意见，而是开发了一种测量实际风压的仪器，并把它设置在建桥现场附近的平地上。这套仪器类似于从运动中的汽车的窗户里伸出的手，通过测量弹簧被压缩的程度对力的大小进行数值计算。正如莱特兄弟所理解的那样：无论是风吹在静止的物体上，还是物体以风的速度穿过静止的空气，风的作用都是相同的。他们利用这一原理，在他们的自行车作坊里建造了一个简陋的风洞，旨在飞行器上天之前，研究风与不同形状的飞行器部件之间的关系。

在设计福斯特大桥时，工程师不仅要确保桥梁的实际结构足够坚固，还要使它看起来就能够经受住任何强风大雨的考验，因此，这座桥的设计与泰伊桥几乎没有任何相似之处。泰伊桥的上部结构是竖直向上的，而福斯桥的侧柱并不与地面垂直，即在建造的过程中使其向内倾斜。每个人都知道在大风中不要站得笔直，我们本能地会采取张开双腿的姿势来使自己保持稳定。在肖像画中，这种姿势被称为"霍尔拜因跨姿"，以亨利八世的宫廷画家汉斯·霍尔拜因（Hans Holbein）命名。霍尔拜因绘制了这位君主和其他人的全身肖像画，画中他们双腿分开站立。让福斯桥采用这种分开的结构，可以在视觉上传达出一种稳固和稳定的感觉。

我记忆最深刻的几次与狂风的对抗发生在芝加哥，尤其是当我沿着与密歇根湖的湖岸垂直的街道行走的时候。在卢普区，街道两边矗立的高层建筑让这些街道成为名副其实的峡谷，风以强大的力扫过这个峡谷。在向湖边走去时，我确实时常因猛烈的阵风而停下脚步，它们抵消了我前行的动力。当风稳定地吹动时，我必须身体前倾，躯干与人行道路面形成某个角度，用受到的向下的引力及其力矩，平衡风向后的力与力矩。当稳定的风突然减小时，我需要迅速做出反应。在道路的交叉点上，我可以清晰地感受到风的存在，它卷起了尘土和报纸，在我的背后旋转，让我的脚步蹒跚摇晃。我必须随时警惕阵风，并采取霍尔拜因跨姿对付侧风。只要在这样的状况下行走过，你就永远不会怀疑来自稀薄空气的力的真实且有形的存在。

1887 年，当福斯桥在建的时候，本杰明·贝克写信给伦敦城市与行会学院的土木工程与机械工程教授威廉·昂温（William Unwin）寻求帮助，因为该院的强度测试设备比建桥工地上的更好。贝克告知昂温，他将把一件来自断裂钢筋的样品寄给昂温，并请他确定材料的质地差异是否足以成为断裂的原因。贝克在信中附带表达了他希望昂温能够在"某个有风的日子"访问大桥工地的邀请，以便"看一下风的压力何等飘忽不定"。据贝克说，一天晚上，在高 113 米的塔顶上的所有工人都被"监禁"在那里，"因为风的压力让他们无法通过升降机或者楼梯下来。那里是一个很可笑的睡觉地点"。贝克还记录了另一个现象，在一次呼啸的狂风中，他随身携带的一个气压计，在大梁的不同位置显示了不同的读数。

在设计和建造福斯桥的同时，埃菲尔也在努力理解风力的全部本质。他的公司一直专门设计和建造铁制拱桥，以让铁路穿越深谷河流。正如他在一篇回忆录中所写的那样，工程师不得不使用"没有科学根据"的安全系数。特别是在设计高层结构时，尤其需要考虑风力的影响。工程师面临着很多未解决的问题，其中一些问题包括"风压随着表面积的增大而增加还是减小"，以及"在斜面上的压力是多少"。即使工程师已经找到了这些问题的答案，他们还必须认真考虑造成这些问题的原因。1978 年，距离埃菲尔的难题已经过去了近一个世纪，一位大学生询问 59 层的花旗银行中心大厦的支撑结构为何如此与众不同，这引起了该建筑的总工程师威廉·列米苏里尔的注意。斜风是否能够把它吹倒？如果在曼哈顿遭遇大风暴之前没有采取补救措施，这样的事情或许已经发生了。

埃菲尔曾经为埃菲尔铁塔如何才能在来自各个方向的狂风袭击下屹立不倒绞尽了脑汁。在竣工前两年，他对一位记者解释了它将会安然无恙的原因："它的 4 根支架的曲线是我们根据计算得出的，以庞大的基座为基础向上建造，并向顶部收紧，这将让我们对这座塔的强度与美感留下深刻印象。"确实，埃菲尔铁塔优雅的外形与数学分析得到的曲线一致，该曲线证明，推倒结构的风力（它的力矩）的影响在其基座上最大，因此其结构在基座处最宽。

风一直以来都是悬索桥的噩梦。19 世纪初，这种桥梁的桥面经常在风暴中受损或者被摧毁。约翰·罗布林研究了这些故障的原因，并于 1840 年前后发现了一些可以让悬索桥抵御猛烈风暴袭击的设计原理。然而，在整个 20 世纪，桥梁设计者们严重违反了罗布林的指导原则，认为这些原理过于保守，没有和轻、浅、窄的桥面体现的美学进化与时俱进。20 世纪 30 年代，这些桥梁的桥面在冬季开始以惊人的规模移动，最令人震惊的是 1940 年塔科马海峡悬索桥的崩塌，当时狂风摧毁了它长、轻、易于弯曲的桥面。

金门大桥是在 20 世纪 30 年代修建的悬索桥。它的设计是按照流行的轻便、纤细的原则进行的，这在某种程度上令其桥面容易过分弯曲，超出了今天认为的明智的标准。1951 年，桥面的运动太大，足以造成对结构的损伤；两年之内，人们额外用钢材加固了桥面以下的构架。今天，在通往旧金山的桥梁旁边建立的可动手尝试的露天展品中，就包括一件显示本来的构架与加固后的构架的展品，并配有与实物成比例的模型，游客可以通过亲手扭曲，直接体验它们之间的不同（见图 16-4）。还有一件展品可以让游客推一块板，感觉一下需要多少力才能抵挡以不同速度吹来的风，它可以让游客感觉到，风力的增加并不与速度成正比，而是与速度的平方成正比。这些直接接触经验，显然超过了工程学大学生能够在课堂上听到、在课本上读到的内容。通过操作这些模型，任何人都能够感受力可以对结构做些什么，也能够知道结构是如何抵抗力的，以及结构的抵抗力是如何变化的。

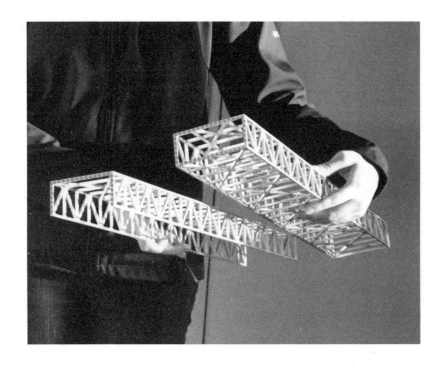

图 16-4 金门大桥桥面大梁模型

注：该模型说明了金门大桥桥面大梁原来的开放构型（左）和加固后的封闭构型（右）之间的不同。

资料来源: The holdings of the Golden Gate Bridge, Highway and Transportation District. Photo by Elisabeth Deir。

风速为每小时 48 千米时，华盛顿纪念碑的顶端运动幅度可以达到 0.32 厘米。更高、更轻、刚度更低的结构的运动幅度自然更大。1999 年，锻铁结构的埃菲尔铁塔在一次风暴中的摇晃大约为 10 厘米。当结构的运动让其中的人感到不舒服或者可能损伤结构本身时，就必须采取措施减轻摇晃。一种方式是使用调谐质量阻尼器，就是把一个大质量物体放置在一座高层建筑物的上层，然后让它向与建筑物的运动方向相反的方向运动。这个装置的工作原理类似于我们小时候在秋千上的动作。当我们在秋千上荡来荡去时，如果想要减慢或停止荡动，我们会用力向相反的方向施加重量，以抵消秋千的运动。调谐质量阻尼器的使用始于 20 世纪 70 年代，其中最为著名的是在纽约的花旗集团中心大楼中的应用。自此之后，调谐质量阻尼器便以多种形式出现。马来西亚的双子星塔，曾经是世界上最高的建筑物，尖顶内部悬挂着沉重的链条，当尖顶部发生移动时，链条会被带动起来，以减小其对整体的影响。在中国台湾的台北 101 大厦中，在接近塔顶的一个 5 层高的中庭内悬挂着一个涂上了鲜艳的黄色油漆的 700 吨钢球，这成为该大厦的一个建筑学特色。当建筑物在风中或者因地震运动时，这个大型单摆也会运动，这便减小了整座建筑物的摇摆幅度。2015 年，当台风以超过每小时 160 千米的速度吹过时，这个球体相对于建筑物的运动超过了 0.91 米。虽然这类装置需要承受很大的力，但它们的目的是减少建筑物的晃动或振幅，使建筑物内的人感到安全和舒适。

为了更详细地了解风如何影响桥梁或摩天大楼的设计，工程师会建造这些结构的物理模型，并将其放入风洞中。通过风洞，空气的流动比在城市街道上要更加可控。在风洞测试中，工程师寻找的特定行为之一是桥梁或摩天大楼模型在不同风速下的稳定性。如果在风洞测试中发现模型在某个特定的风速下出现异常的剧烈振动或颤动，而传统设计中在相同风速下并不会出现这种情况，那么这个设计就需要改进或放弃。有时候，对于桥梁的平台或摩天大楼的外形，工程师会在相同的条件下直接比较不同的替代设计。在塔科马海峡悬索桥坍塌之后，人们意识到风力对结构的影响可能比想象中更大，因此工程师开始在风洞中测试新设计的模型是否足够稳定，以防止再次发生类似的灾难。如今，几乎每座新的重要的悬索桥的桥面设计都会在施工开始之前在风洞中进行测试。

当哈利法塔被设计为世界最高建筑物时，很难找到一个比它稍矮的建筑物为其提供参照，说明风会如何与哈利法塔相互作用。然而，因为这一结构比世界第二高的建筑物（当时是中国台湾的台北 101 大厦）高大约 60%，工程师敏锐地意识到，在新的高度下，一些尚未发现的现象可能对于较小的结构是可以忽略的，却有可能会以令人吃惊的方式在这座塔上表现出来。所以，人们对与这座建筑物成比例的缩小模型进行了测试，寻找异乎寻常、出乎意料的表现。结果，这些测试发现，这座建筑物逐步缩进的螺旋式布局会逐步演变为一种有效的方法，能够将风引开，使之不会形成对结构系统的袭击。通过在某种程度上将风打乱，形成凌乱的模式，建筑物就可以在不可见的混乱气流中更稳定地屹立。

如果风影响了某个建筑物的行为，那么这个建筑物也能影响吹过它周围的风的行为。在风洞中测试摩天大楼模型时，人们也会相当细致地复制大楼周围的城市景观，以保证能够正确地体现风与建筑物之间以及建筑物相互之间作用的复杂性。任何人都不想紧挨着一座已经存在的高塔建筑一座超高建筑物，因为在竣工之后你会发现，在这两座建筑物之间将形成一个隧道，风吹动的猛烈程度甚至会超过芝加哥的某些街道。

第 17 章

拱桥与拱顶，集体大于个体之和

童年的搭积木体验

小时候我喜欢玩积木，当时主要有两大目标，一是要把积木垒成一个高塔，二是要把积木越垒越高，一直到它塌下来。积木的高度不仅取决于下面的积木块相互对齐的程度，还取决于我的手在加积木时有多么稳定、多么有把握。无论一块积木在逐步增高的塔中的位置如何，扮演关键角色的是我的手所用的力。把第一块积木放在平坦的地面上不过是小事一桩，因为这块积木到底放在哪里无关紧要。把第二块积木放到第一块上面也很容易；这块积木不需要与第一块完美对齐，就能形成一座二层宝塔。但有经验的孩子都知道，它们对得越齐，成功搭建一座更高的塔的机会就越大。

玩积木如此千篇一律，容易让人感到厌倦。当到了不再爱玩这种积木的年龄时，我便开始寻找新的体验，它们不仅能够考验我尚不成熟的运动技能和手眼协调能力，而且能够考验我解决复杂的新问题的能力。成功达成这些目标的一种方式，是使用几套大小、形状和重量各不相同的积木。如果手头没有这样的积木，我就会临时创造。每个星期六上午，当母亲带着她每周采买的食品杂货从超市归来时，一套新的临时积木就同时到来了。每个购物袋里都有一批玩具，它们是袋装的豆子、早餐谷物盒子和各类罐头。正是在各种大小和重量的罐头中间，我发现了其中隐含的挑战：要把这些新式积木搭成比之前用传统积木更高的宝塔。

一个重重的番茄汁罐头显然是用来做宝塔底座的最佳选择。然后我会按照直径逐渐减小的顺序，依次放上桃子罐头、芦笋罐头和番茄酱罐头，最后再放上一小瓶塔巴斯科辣椒酱。按照这种方式搭建几乎是再简单不过的事情了，因为一个罐头的底部可以轻松地嵌套在下面一个罐头的顶部，而且由于罐头的高度大于它们的宽度，所以这个塔很快就在高度上超过了任何由传统玩具积木搭成的塔。每周的罐头组合各不相同，但这一点对于初露头角的工程师来说不足以构成新的挑战，因此我开始尝试将一个较大的罐头放在一个较小的罐头上，以此突破逻辑顺序的限制。当我开始使用通常被忽视的沙丁鱼罐头和饼干罐头时，游戏又有了新的挑战。有些塔已经不再像具有阶梯式外观的帝国大厦，而是像惠特尼美国艺术博物馆那样，上面的楼层突出在下面的楼层之外。通过尝试不太常规的形式，孩子们不仅可以锻炼力量和平衡感，还可以拓宽对结构和建筑的理解。

孩童时期，我喜欢的另一项具有挑战性的建筑活动是搭建一座桥来连接两个空隙。因为普通的积木套装中没有楔形的积木，所以搭建罗马式或哥特式的拱是不可能的。但是，扁平的正方形或长方形的积木可以用来搭建突拱。搭建突拱时，每次向上搭的一层，都比作为它的基础压在下面的那一层向前突出一点，与对面一段正在向上搭建的对应的那层的距离也更加靠近一点。至少 5 000 年前的古人就已经知道了如何利用沉重的石块搭建突拱的技术，古代通道墓穴与金字塔的墓室中就有突拱天花板。

对于想要搭建突拱的孩子，第一个挑战就是要以一种方式拓宽两边，即每加一块积木，都要比它下面的那块足够多地向外突出，但也不能突出过多，这样每块新添积木都会让高度增加不少，同时不会危及其稳定性。孩子需要在一直这样做的时候感觉到放上去的积木的重量，并在下一块积木可能会让构造摇晃之前，调整好它的位置。数学家喜欢解这类问题，即确定当结构倒塌之前可以用多少块相同的积木做成突拱。一个数学模型指出，用 64 块 2.5 厘米长的理想积木，可以从底座算起向外延伸 60 厘米。数学家可以得到理论上完美的答案，但实际上，无论对于紧张的孩子还是成年人，每当铺设他们觉得可能是最后一块突拱积木时，他们颤抖的手可能会导致计划失败。

拱的力学原理

突拱向我们更熟悉的真正的拱的演变，并不是通过一点一点地凿掉悬臂的建材，而是通过使用楔形建材达到的，优雅的曲线是建筑过程的副产品。这种建筑可以通过在垂直两侧搭建横梁，留下为窗户和门提供的直边开口。但建造拱并不仅仅是简单地一块接一块地堆砌石头，因为石块的排列必须向外水平延伸。

在大约 4 000 年间，人们逐步开发了带有圆形、反圆弧和尖状轮廓的拱。因为圆形拱或者罗马式拱是由一系列拱石，也就是带有两个相对但不平行的边的楔形石块组成的，在最后一块位置最高的拱顶石就位之前，这些石块都无法自我支撑，因此，必须在拱完成前一直保留木头支撑架。拱凹进去的下表面自然地紧贴支撑架凸出来的上表面，拱石就是在支撑架上组装的。在拱顶石就位之后，人们从石拱下面敲掉支撑架，让完整的拱跨越拱基之间的缺口。当以这个过程为背景来观看一座屹立的拱时，我们或许会将自己代入那些努力摆放石块的工人，感受他们所经历的力。

并非所有的拱都有显著的顶石。许多普通的古老石拱桥，拱石的大小和形状都差不多。早在古代时期，建筑师便经常在墙壁上的壁龛、窗户和门口周围使用砖拱，以支撑上层砖石的重量，特别是在墙壁上的洞口和凹陷处。随着时间的推移，拱从半圆形的罗马式（由于几何形状的限制，孔洞的高度是拱的跨度的一半），逐渐演变得越来越平坦。这样的拱开始被用于连接铁和钢制的 I 形梁之间的空间，从而为 19 世纪末建筑物的上方楼层提供支撑。拱顶的极端情况是没有隆起的平拱，拱石在其中的主要楔形作用力是严格向外推，而不是同时向下和向外推。

如今，在窗户和门的上方，常常可以看到一层纵向放置的砖块，看起来并没有明显的楔形或拱形结构，也没有明显的弯曲效果。事实上，这些假横梁通常安装在一块几乎看不见的钢板上。长期以来，更传统的支撑窗户的结构采用抬梁式方法，通过将水平的横梁放置在垂直的柱子上，有效地将窗户开口的重力传递到周围的支撑结构上。这种方法的外观源自古希腊的建筑风格，现在已经演变为人造石制横梁，其长度正好与窗户开口的宽度相同，看起来似乎只是悬浮在空洞的顶部，好像只要受到轻微的扰动就会像活塞一样向下滑。在这样的设计中，人们很难真正理解和体会到所涉及的力，尤其是当拱或横梁的整个功能本来是将负载传递到窗户开口上，然后再由实体墙壁来支撑的时候。在缺乏结构根源的欣赏和理解的情况下，建筑细节的审美演变可能会造就外观看上去很尴尬的建筑。对于非专业人士来说，他们可能很难准确表达出假横梁有什么问题，但他们很可能会感觉到某些地方似乎不太对劲。

现代石头艺术也能蒙蔽人的眼睛。佛蒙特州的石匠西娅·阿尔文（Thea Alvin）将不同的平板石块相互叠放或并排摆放，创造出了令人惊叹的作品。

她那些圆形布局的作品尤其引人注目。每个石块都不小，但它们非常薄、非常平，很难让人联想到拱石。此外，那些直径 1.8 米的石块数量如此之多，肉眼很难数清到底有多少块，更不要说辨别哪一块是拱顶石了。阿尔文的作品之所以迷人且引人入胜，其中一个特点就是它是对一种古老工艺的重新诠释和创新。她的主要工具是锤子，她为她收藏的几十把锤子中的每一把都起了一个名字。她最喜欢的一把锤子重 3.4 千克，她称其为 "Bam Bam"（砰砰）；还有一把重 5.4 千克的大锤，她称之为 "Convincer"（征服者）。无论它的名字是什么，锤子不仅可以削减石块的边缘，将其塑造成她喜欢的形状，而且还提供力，在石块牢固放置后，用以移开支撑架，使石块能够自行支撑。

搭建一座古典拱的挑战是一种备受欢迎的实践演示活动，在许多被称为科学博物馆的机构中得到了推广和支持（大多数这样的机构实际上是科学、工程和技术博物馆或实验室，但这个太冗长、明确的描述通常被精简为"科学博物馆"，其中"科学"二字被错误地认为是一个包罗万象的词语。位于华盛顿特区的美国国家建筑博物馆则是一个例外，芝加哥的科学与工业博物馆用一个非常恰当的名字体现了中庸之道）。无论一个博物馆如何自称，搭建拱这一活动虽然涉及少量科学和工程，但更多的是强调技术的运用。做实验的道具可以是一些小木楔，可以让一个孩子在水平的桌面上建筑贴着桌面的拱，而桌面带有合页，可以小心把它的一端抬起，把拱变成垂直平面。与此不同，用大尺寸的楔子搭建拱，则需要几个孩子的共同努力（见图 17-1）。拱石通常是用五颜六色的聚乙烯材料覆盖的部件，是由相对较轻而且可以略加压缩的材料制成的，孩子们可以从中获得有关力的很有意义的触觉经验。这项任务很简单，即用散落在指定活动区域的几十块拱石来搭建一个拱。这些拱石通常会被编号，以表明它们应该按照特定的顺序一块叠在另一块上。起始点标记在地板上，或者是准备好的拱基上。然而，在完成搭建拱的任务时，没有木头、木块或木料这些能够构建支撑架的材料。

图 17-1 搭建一个拱

注：美国国家建筑博物馆的大厅里陈列着许多砖石拱；一群人必须齐心协力，才能成功地在这座大厅里组装一个重量较轻的拱。没有团队合作，这项任务实际上是不可能完成的。

资料来源：Courtesy National Building Museum. Photo by Kevin Allen。

参与者很快会意识到，完成这一任务并不像看起来那么容易。随着拱的两侧逐渐垒高，它们会向彼此倾斜，建造者必须防止它们倒塌。完成整个任务的唯一方法就是团队合作。当两个弯曲的部分即将相遇时，只有在调整好缝隙的宽度和方位之后，才能让关键的拱顶石准确就位。在进行所有操作的过程中，整个结构有可能会坍塌，形成弹跳的积木雨，这些积木最终会乱七八糟地散落在地板上。经历了这样的坍塌后，建造者通常会想再次尝试这个任务，这一次他们将从失败中吸取教训。现在，他们明白了每块积木的摆放有多么重要，他们将通力合作，专注地嵌入拱顶石。完成这一切后，建造者团队就可以悠闲地站着欣赏自己的成果了，而当另一支满怀希望的团队热情洋溢地上前将拱推倒时，一切又重新开始了。

通过参与有趣的合作游戏，孩子们可以学会感觉游戏中的拱的三维对应物，即真正的拱和拱顶中固有的力。《大型建筑》（*Building Big*）是关于结构及其工程的公众电视系列片，有关它的一份教育工作者指南描述了一种"人体拱门"的活动，其中两个孩子相距 60 厘米面对面站立，他们的手掌相互贴在一起，身体向前倾，即组成了一个拟人化的拱门。在这样站着的状态下，这两个孩子可以尽量把他们的脚一点点地向后移，以便更好地感觉在其中作用的力。如果支撑他们的脚向外滑动，这样做可能有危险，但如果在每一个身体前倾的孩子身后的地板上都坐着其他的孩子，他们就可以起到拱基或者扶壁的作用，阻止任何向外的运动。因为可以把一个拱顶想象为由拱绕着垂直于它的轴旋转而形成的，则一个"人体拱顶"就可以通过改变上述拱模型获得。让几个孩子面对圆心站在一个圆上，并用手掌压着一个像足球的东西，他们必须通过合作，平衡手按压球的力。一旦每个人都正确地将力向内推在球上，他们就可以同时略微后退，并同时抬起胳膊，从而将球向他们的头顶上方移动。这就形成了一个拱顶，而他们的手在压着中央的球的过程中体会到的力便如同位于真实的拱顶顶端的压缩力。

建筑杰作之拱顶

世界上一些最宏伟、最令人叹为观止的内部空间都是结构之力的杰作。 站在一座宏伟的拱顶下，你既会感受到自身的渺小，又会有欢欣鼓舞的心情。在今天的美国，拱顶似乎更容易让人们联想到一个封闭的体育馆，如休斯敦的太空巨蛋体育馆和新奥尔良的超级巨蛋体育馆。然而在历史上，拱顶与娱乐场地之间并无关系，而是与教堂和巴西利卡式建筑，以及州与全国的议会大厦这些政府地标有关。但无论在它们下面的空间具有何种性质，拱顶总会吸引人们的目光，人们总是会对它们的宏伟建设与工程上的挑战赞叹不已。

与拱门相比，拱顶的底部展开过程更加复杂，因为拱顶的结构涉及三维空间，而拱门只涉及二维。由于重力的作用，拱顶往往会趋向扁平化，其边缘会向外推展，除非有强大的底部支撑结构来抵消这种趋势。如果拱顶的底部支撑不足以抵抗其自身的重力和形变趋势，拱顶往往会出现裂缝。因为随着圆顶直径的增加，其四周必然会被拉伸。也就是说，拱顶的砖块、石头或混凝土结构会被拉开，而当拉力超过了材料的承受能力时，必定会通过产生裂缝的方式释放过多的压力。许多著名的拱顶都存在这样的裂缝。

我们可以通过想象咖啡滤纸或烘焙松饼使用的那种平底锅沉淀来感受相关的力和形状变化。在最开始的时候，这些熟悉的厨房辅助材料都是圆形的平展的纸张。通过将纸张的环形区域折叠起来并打褶，可以实现平底的形状，同时赋予它足够的刚度以保持其形状。如果把这样的一个有褶的杯子底朝上放在桌子上，并用手掌轻轻地在平底的中心区域按压，令其略有压缩，那么其中的褶将会张开，边缘将向外扩展。当压力解除时，褶会恢复原状，边缘也会相应收缩，这就说明，这类普通物体在结构上可被视为弹簧。真正的拱顶当然不是平底的，上面也没有褶，但当它们受到自身重力的作用而被压缩时，其周长会增加，边缘会以类似的方式展开，从而扩大拱顶底部的直径。由砖块、混凝土和木材制成的结构通常无法像咖啡滤纸那样，但如果拱顶足够重，它围绕着支撑边缘向外扩大的力会有很大的强度，以致伴随的周向应力会导致裂缝出现。

世界上最著名的圆顶建筑之所以令人印象深刻，是因为最古老的圆顶建筑往往也是最宏伟的（见表 17-1）。今天仍耸立在罗马的万神殿，建于公元 2 世纪，现在的神庙完全采用砖和混凝土构建，庙宇原来的木质屋顶毁于一场大火。万神殿的半球形拱顶的顶部有著名的圆形开放天窗，它坐落在一个被称为"鼓"（drum）的圆柱形结构上，这个结构构成了整座建筑的主要垂直封闭部分。尽管鼓壁上有许多通孔和凹陷，但其厚度足足有 6 米，使其有足够的强度来支撑拱顶并抵御其向外的推力。

表 17-1　著名的拱顶

拱顶名	所在城市	年份 / 年	跨度 / 米	材料	备注
万神殿	罗马	128	43	混凝土	包括圆窗
圣索菲亚大教堂	伊斯坦布尔	563	32	砖	斗拱
佛罗伦萨主教堂	佛罗伦萨	1436[①]	43	砖	双八边形
圣伯多禄大教堂	罗马[②]	1626	42	石头	双重拱顶
圣保罗大教堂	伦敦	1710	34	砖、木	双重拱顶加圆锥
美国国会大厦	华盛顿	1866	29	铸铁	双重拱顶

万神殿内部宽约 43 米，其内部空间具有明显的跨度，据说它的拱顶比

[①] 佛罗伦萨主教堂于 1431 年完成拱顶，于 1470 年完成采光亭后整体竣工，此处时间为作者原书所写时间。——编者注

[②] 圣伯多禄大教堂目前位于梵蒂冈，其建造时该地点属于罗马帝国，此处地点为作者原书所写地点。——编者注

之前建筑的任何结构的跨度都大得多。无法知晓这一拱顶当年的建筑方法，但人们普遍认为，当时的建筑工人在建材应该就位的地方安装了一些临时支架，这样就可以将湿的混凝土灌注在支架上。这一拱顶厚1.52米，在围堰处仅仅略有降低，围堰可能是直接灌注到混凝土中的。尽管这些凹处可能是为了节省材料和重量而制造的，但这样做也可能是为了装饰，而且这种装饰确实做得很成功。直径8.2米的圆窗减轻了拱顶的重量，但没有降低其坚固性；可以将圆窗的边缘视为一对水平的半圆形拱，它们相对排列，将开口分为两半。

从内部看，拱顶的几何形象如同球面的一部分，实际情况也确实如此。从外部看，与众不同的是，拱顶的基座上有一系列看似同心圆的台阶。与这个建筑物的其他方面一样，人们猜测这些特征是不是最初设计的一部分。有关它们的存在，最有可能的解释是：它们是在围绕拱顶较低的周边开始出现裂缝的时候增补的，那里是周向拉伸应力最大的地方。通过增加周边混凝土的重量，可以在这一区域内对拱顶施加压力，从而使裂缝闭合，同时也能防止产生新裂缝。这一建筑物经历了将近2 000年的风雨，这本身便证明了这种增补的智慧。

在结构上，万神殿用柱子支撑的正面门廊独立于拱顶和鼓；尽管如此，这一门廊也是人们仔细探讨的课题。人们认为，最初的设计打算采用更高的柱子支撑门廊，而实际使用的是16根高11.9米、直径1.5米的柱子。建筑物入口处空间有限，无法竖立更高的整体柱子，因此实际采用了每根重60吨的较短的柱子，从而将山墙最高点的高度降到了鼓顶之下。因此，门廊相对建筑物本身显得更为矮胖。技术上的考虑影响了古典建筑，随着时间的推移，这种情况仍然如此。这方面的例子比比皆是，从在哥特式大教堂中引入飞拱加固其墙壁，到埃菲尔铁塔的外观轮廓，都体现了这种情况。

与罗马的万神殿类似，伊斯坦布尔的圣索菲亚大教堂也是其原有建筑的重建建筑。330 年，罗马帝国的首都从罗马迁到君士坦丁堡，360 年，神圣智慧教堂（圣索菲亚教堂）被确认为大教堂。它具有古典拉丁式大教堂的形式，并采用木质屋顶。404 年，一场大火烧毁了这座建筑物，不过它在 10 年后得到重建，且仍然采用木质屋顶。532 年，这个建筑物再次毁于一次灾难性的火灾，人们在重建时对其采取了更加防火的结构，而它也确实比之前更加防火。新建筑物大约耗时 5 年完成，它庞大的中央拱顶使之成为一座宏伟的建筑。然而，553 年和 557 年发生的地震，让原来的拱顶出现了裂缝，另一次发生于 558 年的地震让拱顶坠落到下面的圣坛上。教堂再次被重建，这次的拱顶更高，并用较轻的砖修建。562 年，该教堂再次被命名为大教堂，这也正是我们今天所称的圣索菲亚大教堂。

圣索菲亚大教堂的顶部是一个叫作悬垂式圆顶的结构，也就是说，对于它的支撑并非来自整个圆周，而是来自人称斗拱的三角形拱，它们提供了从建筑物的正方形屋顶布局向拱顶的圆形基座之间的几何过渡。让这座教堂更加与众不同的地方是，支撑它的东西两端的两个半拱顶将其内部空间进一步扩大。建筑物实体不断受到火灾、地震及自然退化的影响，而且这一神圣场所也因为各种争端经常变成战场。1453 年，奥斯曼帝国苏丹穆罕默德二世进攻伊斯坦布尔，他想让这座基督教城市变成伊斯兰教城市。他对这座城市的围攻成功了，这座教堂也被改建为带有尖顶的清真寺。土耳其共和国成立后，清真寺于 1935 年被改建为博物馆，但在 2020 年，它又重新改建为清真寺。

中世纪大致可以被定义为从君士坦丁堡的圣索菲亚大教堂的建造开始，到意大利佛罗伦萨主教堂的建成结束的时期。以至于意大利语中的 duomo（拱顶）这个词也开始指代大教堂。与许多宏伟的大教堂一样，此地曾经有一座较小的教堂，而在佛罗伦萨，这座在 6 世纪初建成后多次进行改建的教

堂的状况已经逐渐恶化，而城市的人口也已经超过了它的容纳能力。在 13
世纪的最后十年，他们开始兴建一座更大、更壮观的新建筑，即佛罗伦萨大
教堂。建筑速度时快时慢，一直持续了 100 多年，其间多位建筑大师参与了
设计与施工。除它的拱顶以外，这座大教堂最终于 1418 年完工，之后举行
了一场设计竞赛，以选择一位兼具建筑师和工程师身份的专家来完成最后的
阶段。获胜者是菲利波·布鲁内莱斯基（Filippo Brunelleschi），他的职责是
设计一座最大的拱顶，使其无论是在美学上还是在结构上都堪称自万神殿以
来的最高成就。

人们很难从街道上看到万神殿的拱顶，但是布鲁内莱斯基的拱顶无论从
哪个角度看，都占据了佛罗伦萨的天际线。尽管罗马拱顶的跨度和明显的可
构建性确实激发并鼓舞了布鲁内莱斯基，但佛罗伦萨的项目并没有明确的结
构先例。因此，这个项目是一次重大挑战，也是一个伟大成就。这座大教堂
的穹顶不是用混凝土建造的，而是用砖块构建的。更特别的是，它是双层穹
顶，也就是说，从教堂内部看到的弯曲的装饰表面实际上是分开的壳状结构
的一部分，而不是从教堂外面看到的一个整体。在两个拱顶之间存在一个环
形的空间，通过这个空间建造了楼梯和通道，以便维护人员可以进入并进行
维护工作。双层拱顶具有许多优点，包括整体结构更轻，内层穹顶的凹凸表
面经过精心装饰，而且能够在一定程度上隔绝外部环境的影响。

布鲁内莱斯基的外层拱顶建造在由垂直拱和水平肋状物组成的骨架结构
上，它们之间的空间被填充了大量的砖块（总计超过 400 万块）。拱顶陡峭
上升的轮廓有助于在没有支撑脚手架或临时支撑的情况下建造拱顶，每完成
一层，砖块都被紧密地压缩成一个自我支撑的拱形环。就像罗兰·梅因斯通
（Rowland Mainstone）在其有关结构形式的专著中所说的那样，佛罗伦萨主
教堂拱顶的结构形式"过于复杂，无法详细描述"，但它的外观和美学设计
非常容易被人理解和欣赏。佛罗伦萨主教堂的拱顶在城市中傲视群雄，它的

白色大理石肋骨与城市中众多屋顶所使用的红色陶瓷填充瓦形成了鲜明的对比。在外层拱顶的顶部，有一个优雅且比例协调的圆顶。圆顶的肋状物横跨圆顶，充当了拱桥的作用，并将整个圆顶的重量引导至圆顶底部，圆顶底部由一个巨大的鼓形结构组成，坐落在庞大的拱基上，而拱基分开了下方的空间。事实上，正是因为八边形鼓结构已经在大教堂的基础上建造好了，才让布鲁内莱斯基的设计大受限制。

圣伯多禄大教堂之巅的拱顶在结构上继承了佛罗伦萨主教堂拱顶的风格。然而，布鲁内莱斯基必须在八边形布局的基础上发挥，而米开朗琪罗却设计了一座真正的圆形建筑。米开朗琪罗的拱顶在结构上更为简单，但他渴望让自己的建筑物超越其他教堂，因此也采用了一些会让建筑物存在风险的复杂方法。为了抑制拱顶基座向外扩展从而出现开裂，基座上连接着锻铁链。然而，开裂并没有被完全抑制，它甚至发展到了鼓上，它的顶端随之受到向外扩展的拱顶基座的推力。事实证明，到了 18 世纪，这座建筑必须开展大型修缮工程来解决这些问题。

为了确保该穹顶的结构稳定并抑制裂缝的形成，20 世纪，人们动用了长 960 千米、直径将近 0.64 厘米的钢丝，它们紧紧地缠绕在伊利诺伊州立大学尔巴纳·尚佩恩分校大礼堂直径 122 米的碟形混凝土拱顶周边，这个大礼堂自 1963 年起一直用于举办体育、娱乐和毕业典礼等各种活动。大礼堂所采用的缠绕形式利用的是钢筋被拉伸后的收缩力，当钢丝收缩时，它的收缩力会与拱顶周边的扩张趋势相对抗，从而保持了拱顶的结构相对稳定。如果没有缠绕在拱顶上的钢丝的保护，大礼堂的拱顶将会变得更加平坦，同时在其建筑中会出现裂缝。

然而，裂缝并不是大型建筑唯一的敌人。与历史上许多教堂一样，伦敦的圣保罗大教堂也经历了多次火灾。这座教堂的历史可以追溯到 7 世纪初，但对于它是否一直位于同一个地点仍存在一些争议。1087年，在一场大火之后，人们开始建造这座被认为是第四座圣保罗大教堂的建筑，在接下来的200年里，由于多次火灾的影响，建设过程几经挫折。这座教堂是一座非常古老的中世纪哥特式建筑，拥有一个木制屋顶，因此容易受到火灾的威胁，它还拥有一个几乎高达152米的尖塔。人们称这次建成的大教堂为老圣保罗教堂，它的尖塔在1561年因为雷击而崩塌，而教堂的残余部分也在1666年的伦敦大火中遭到了严重损坏。甚至在这场火灾发生之前，克里斯托弗·雷恩（Christopher Wren）就已经开始在原地设计一个新教堂；最后确定的设计遵循传统，这也就意味着，它的墙壁必须足够厚，不需要任何扶壁。这个设计包括一座巨大的拱顶。

雷恩设计的拱顶本质上是一个双层拱顶，但实际上有一个额外的元素。他在内外两层拱顶之间加了一个锥形结构，用于支撑顶部的石灯笼，因此大大减轻了双层拱顶中主要拱顶的承重，因此，称其为三层拱顶或许更为合适。内层拱顶的高度大约是外层拱顶的一半，这使得内外两个拱顶的比例与教堂的内部和外部比例相匹配。这个锥形结构厚约45.8厘米，由砖块制成，它具有结构上的优势，利用锥形这一几何形状，施加在其上的负荷将它沿着倾斜的侧面分布，强度逐渐减小，从而在最大程度上降低了底部向外扩张和砖块开裂的风险。此外，有了锥形结构的支撑，内层拱顶可以制造得更薄、更轻，因此也降低了内层拱顶产生裂缝的可能性。

为了确保砖砌结构不会出现间隙，雷恩在他的结构设计中加入了一条锻铁链，这条锻铁链像腰带一样捆住了圆锥的基座。1925年，人们用一条不锈钢链替代了已经腐蚀了的铁链。内层拱顶的建筑材料也是砖块，与锥形结构一样，在大部分区域都只有约45.8厘米厚。雷恩设计的拱顶外壳由木材制成，通过连接到锥形结构表面的支撑网络来稳定。这个木制外壳的表面被铅包覆，这赋予了它独特的灰色外观，并在一定程度上为它提供了防火保护。

对火灾及其后果的担忧也在美国国会大厦顶部的拱顶设计中发挥了作用。美国国会大厦作为美国政府立法部门的核心建筑，在这个年轻国家的成长过程中不断演变和发展。这座建筑的起源可以追溯到 18 世纪的一对小型建筑物，人们在 1827 年通过一个建筑项目将它们连接到一起，这个项目包括圆顶大厅、国会图书馆和中央门廊。然而，到了 1850 年，美国国会的工作需求已经超出了这座建筑的容纳能力，因此聘请了费城建筑师托马斯·U. 沃尔特（Thomas U. Walter）进一步扩建。当建筑项目进入施工后，沃尔特很明显地意识到，两边新建建筑的规模比较大，而查尔斯·布尔芬奇（Charles Bulfinch）原先在圆形大厅上方设计的由砖瓦、木材、铜构成的拱顶较低，这样会使原有的拱顶显得较小且不协调。于是，沃尔特设计了一个更高的建筑结构，取代了布尔芬奇原先设计的较矮的拱顶。

铸铁拱顶被粉刷成与建筑其他部分相匹配的颜色，建筑物的较为陈旧的部分是用浅色砂岩修建的，而较新的部分则是用白色大理石修建的。英国评论家约翰·拉斯金（John Ruskin）认为使用现代材料会使建筑失去被视为严肃建筑作品的资格，但他的观点并没有得到大部分人的支持。铸铁是当时越来越受欢迎的建筑材料，它在国会大厦拱顶上的应用不仅使其重量轻于类似比例的砖石结构，而且也让它具有人们渴望的防火功能，因为在 1851 年，当时仍然位于国会大厦内的图书馆失火，原有的拱顶几乎全部被焚毁。大约一个世纪前，人们通常认为，像沃尔特这样在一个直径 29 米规模的拱顶上使用铸铁结构是完全不可能的。我们回想一下，18 世纪初期，圣保罗大教堂的拱顶以砖块和木料作为主要建筑材料；直到 1779 年，人们才在横跨英国科尔布鲁克代尔的塞文河上架设了一条跨度 30.5 米的铸铁拱桥。这座桥被十分贴切地命名为铁桥，它的成功架设不仅证明，每一块庞大、沉重的铁件可以作为一个整件浇铸成型，而且可以作为一个完整的结构巍然屹立。然而，国会大厦的拱顶几乎重达 4 050 吨，因此，不得不加固既有建筑的墙壁才能承受这一重量。它的拱顶是双层结构，在两层结构之间设有蜿蜒的楼梯。

与砖块和石头类似，铸铁也是一种脆性材料，它在受到压缩时强度较高，但在受到拉伸时强度较低。因此，它非常适合承受由多个拱肋构成的拱顶或圆顶的重量，但在遭受拉伸的地方容易开裂。同样，与砖块或者石头修建的拱顶一样，如果在结构设计中没有充分考虑到这一点，那么在基座的拱肋之间可能会出现不雅观的甚至有危险的裂缝。人们尽量避免在拱顶和其他结构上出现裂纹，因此尽力改进它们的结构和建筑形式，这再次说明，在工程系统的总体发展中，失败的经验和避免失败的动力是多么重要。**伟大建筑物能否生存，取决于我们对与它们有关的力的理解，这些力中有些会将它们聚集为整体，有些则会将它们撕裂。**

第 18 章

金字塔和方尖碑，用工具四两拨千斤

幼年的物资运送游戏

当我还是一个在布鲁克林长大的小男孩时，我们后院有一个相当大的小屋，它更像是一个储藏空间，而不是一个车间。不用的家具堆放在一个角落，旧报纸堆在另一个角落，而满是瓶盖收藏品的钉桶占据了第三个角落。这个空间让我想起了一个货运公司的装卸区，我父亲就是在那里工作的记账员。我喜欢将小屋内的各种物品从一个地方移动到另一个地方，仿佛正在将他们分门别类地装上卡车，然后卡车将它们运往最终目的地。当要搬动一个小桶时，我会让它稍微倾斜，然后像转动方向盘一样旋转桶盖，这样就可以使小桶的底部边缘在地上滚动起来。在这个过程中，我感受到与平常不同的奇怪和陌生的力。如果我不小心，小桶就可能会翻倒或失去控制，瓶盖会抛撒到地板上。这是一个教训，让我明白在感受物体的受力情况时要提高注意力，以防止"灾难"的发生。

报纸会被定期送到废品收购站卖掉，每45千克报纸能卖15美分，但首先要把它们捆成捆。为了捆绑报纸，我们家收到的一切包裹上的各种线绳都会被小心地解开之后放好。这种废弃的材料堆放在小屋里，直到攒够了一堆值得捆成一捆的报纸；但这些报纸也不能太重，要让8岁的我和6岁的弟弟能够搬起来。当这些报纸的捆数越来越多的时候，我们就把它们堆起来，最后形成一个个报纸堆，用它们把小屋的内部分成一个个小区间，这样做让我们觉得其乐无穷。

我和弟弟偶尔也会把我们的手推车推到棚屋门口，把一些报纸捆装到车平板上，然后拉着它在后院里走来走去，我们的目标是完成一次路程，其间报纸捆不掉，手推车也不倒。当感到特别好玩的时候，我们就会推着手推车在狭窄的角落里奔跑。如果成功地回到了起点，我们就再加上一捆报纸，然后再走一遍这条路。我们就这样一直玩下去，直到把所有的报纸捆都玩了一遍。我觉得，这是一个预兆，表明在12岁时全家搬到皇后区高地之后，我会骑着自行车，艰难地沿着坡路上行。那时候，我的自行车上的运货篮里高高地堆放着一捆捆《长岛日报》（*Long Island Press*），而我将与阻碍我、我的自行车和我的货物的力展开"战斗"。这并不是像吴刚砍桂树那样砍了又长、没完没了的任务，但我必须一周7天、不断重复地做下去，其中尤以周四与周日最为艰难，因为那两天的报纸特别重，上面充斥着大量广告和增刊。我当时并没有意识到，我正在进行一个与古代将一块大石块从采石场运到建筑工地，然后通过斜坡运送到目的地的挑战相同的任务。

金字塔建造时的力

大约在公元前2800年，埃及的塞加拉地区建造了已知最古老的金字塔。它具有阶梯状的轮廓，与后来建造的吉萨大金字塔等更常见的平面金字塔有所不同，后者建于两个世纪之后。尽管金字塔的建造细节仍然存在争议，但毫无疑问，这项庞大的工程必须动用大量劳动力。因此，对工程师来说，保持劳动力的健康并知道如何治疗与工作相关的伤害至关重要。在塞加拉地区，这项任务落在了伊姆霍特普（Imhotep）身上，人们认为，他不仅是历史上首位留下名字的工程师，还是首位医生。虽然伊姆霍特普没有留下任何亲自写下的文字作品，但历史学家相信在一份大约可以追溯到公元前 1600年的手稿中记载了他的医学智慧。这份长达 4.6 米的卷轴是由盗墓人于 1862年挖掘出来的。1930 年人们对这份莎草纸文件的翻译显示，其中详细记录了 40 多个创伤性伤害的病例，这些伤害都是建筑工地上的常见伤痛。这些病例之所以引人注目，是因为它们的描述、检查、诊断、预后和治疗看起来非常现代化。人们普遍认为，当时的埃及人会采用迷信的治疗手段和神秘的方法；与之相反，在那时，伊姆霍特普采用了理性的医学方法，比希波克拉底还要早上 2 000 年，后者长期以来被认为是将疾病归因于自然原因而非神秘原因的第一人。

在工作中，工程师总是需要身兼数职。工程师至少需要学习与他们当时从事的项目相关的专业艺术和科学，不论是对建造金字塔的石材进行采掘、加工和安装，还是对工作人员的照顾和管理。为了完成任务，像伊姆霍特普这样的工程师不仅必须在实际应用上理解人类应该如何驾驭力，才能让沉重的石块成形并移动它们，还要理解它们是如何导致骨折的。然而，伊姆霍特普和其他古代工程师如何驾驭力这个问题，是关于古代技术和文化的许多引人入胜的未解之谜之一，换句话说，古人究竟是如何移动如此沉重的石块并建造金字塔的呢？虽然人们给出了许多答案，但大多数答案又引发了更多的问题。

据说，最后的埃及象形文字镌刻于 4 世纪后期，但西方人对于埃及文化的认真研究直到 17 世纪末才真正开始。也就是在那时，人们完成了对吉萨大金字塔的第一次相对精确的测量。18 世纪晚期，法兰西共和国在拿破仑的指挥下向埃及派出了一支大型探险队，其中包括一个处理科学与艺术问题的委员会。这次探险造就了大量的学术研究著作，并偶然发现了罗塞塔石碑，它被认为是解读此前无法解读的象形文字的关键。由此奠定了埃及学的基础，几个世纪以来，在专家和业余爱好者的共同努力下，这一学科得到了快速发展并取得了相应成果。

正如我们所了解的那样，摩擦力总是抵抗物体的运动，而当工人沿着木质或石质路径拖动巨大的建筑石块时，需要努力克服的正是这种力。正如英格兰曼彻斯特的注册咨询工程师詹姆斯·弗雷德里克·爱德华兹（James Frederick Edwards）所说，在将石块提升到它们最后所在的位置时，埃及人或许并没有建造特殊的滑道或者使用渐进式杠杆技术。他认为，他们用的是一种"更富逻辑性与实用性的替代方法"，即将尚未完成的金字塔本身的各面作为斜面，并用撬车把石块沿着这个斜面拉上去。他援引了在卡纳克神庙建筑群内所做的实验，结果表明，"沿着用水润滑从而降低了摩擦作用的石头表面，三名男子可以将一台放置着 1 吨重石块的撬车拉上去"。为了估计摩擦系数，爱德华兹假设一位成年男子能够拉动 68 千克的物体，或者说约为一个普通男性体重的 90%。通过简单的计算即可得出，摩擦系数约为 0.2。

为检验这一结果是否合理，爱德华兹注意到在德尔贝尔萨的一座十二王朝①陵墓中的一幅古代壁画（见图 18-1）。壁画中描述了一大批男子，拉着一辆装载着埃及贵族、陵墓主人杰胡蒂霍特普（Djehutihotep）的巨大塑像的撬车。利用他在卡纳克神庙实验中得到的摩擦系数，以及杰胡蒂霍特普的塑像的已知重量（58 吨），爱德华兹得出结论：大约需要 174 名男子才能拉动

---

① 埃及历史上的一个王朝（前 1991—前 1802），与十一王朝、十三王朝和十四王朝统称中王国时期。——译者注

这一塑像。由于这幅壁画显示拉撬车团队是由 172 名男子组成的，我们可以想象他们共同感受到团队对抗的全部力，因此，爱德华兹认为，他的假设和结果是合理的。[①②] 他接着继续计算，看需要多少人才能将放在撬车上的建材石块沿着吉萨大金字塔的表面拉上去，其中不仅考虑了摩擦力，而且也考虑了将重物沿着正在向上建筑的金字塔的倾斜表面拉上去所必须克服的重力。

图 18-1　一座十二王朝陵墓中的一幅古代壁画

注：根据一幅表现 172 名男子拉着一台承载着杰胡蒂霍特普的庞大塑像的撬车的壁画可以证实，现代工程师对 4 000 年前一个埃及工人所能感受力量的估计是正确的。

资料来源：Encyclopaedia Biblica via Wikimedia Commons, distributed under a CC BY-SA 3.0 license by user Newman Luke。

---

① 译者利用这两个数字（塑像重量为 58 吨，摩擦系数为 0.2）以及爱德华兹的假定（一个男人能够拉动 68 千克的物体）进行了相关计算，得出的结果是需要 170.6 人。译者不知道自己的结果与爱德华兹的计算结果出现偏差的真正原因，但因为误差只有 2%，估计可能原因是原书作者叙述的数据是对爱德华兹所用的原始数据进行了四舍五入造成的。——译者注

② 编者认为爱德华兹的估算方式为：根据在卡纳克神庙建筑群内所做实验的结果，3 个人约能拉动 1 吨的物体，那么要拉动 58 吨的物体所需人数为：3×58 人 =174 人。——编者注

求出将某物沿着一个斜面向上拉需要多少力，这只是一个非常简单的计算，其中仅仅涉及物体的重量、摩擦系数和倾角。为了进行这一计算，爱德华兹假定需要沿着在建金字塔表面拉上去的石块重量为 2 吨，他认为这种大小的石块能够代表建筑中内层石块的状况，并假定这里的摩擦系数与卡纳克神庙实验中所得的相同。他意识到，工人们也必须对抗分别作用在撬车和拉绳上的力，拉绳的直径为 8 厘米，长度不可忽略。他估计撬车的重量为 0.3 吨，而拉绳要拉动的重量为 0.5 吨。爱德华兹在文章脚注中给出了这类数字细节。根据这些假设，他推算出需要一支由 50 名男子组成的团队，才能将一块石头沿着金字塔的表面拉上去，或许在启动时还需要几名推动撬车的人帮助。

他假定金字塔是分层修建的，也就是说，它每一层升高的高度等于一块内层石块的高度，他将这一高度定为 1.5 米。建成的每一层都形成了一个新的平坦表面，也就是一个工作平台，建筑工人可以把石块拉到这个表面上，并推到合适的地方就位，从而向上建筑另一层。在金字塔的高度逐步增加时，外面的表层石块将会被放置到表面的位置，这一表面是石块向上拉时需要通过的斜面。爱德华兹认为，这些表层石块"必须经过石匠的修凿，使其具有与竖直方向形成正确角度的外表面，才能为拉曳石块提供合理的光滑表面"。埃及人选择比实际需要更大的外层石块，所以，一旦所有石块到位，建筑过程中的不平整之处将通过最后的修凿抹去。

爱德华兹认为，在金字塔建设期间，会有一支专门的拖拉团队一直待在未完成的金字塔的平台上，整个工作日都不离开。在建设的高峰期，这些工人甚至可能在金字塔顶部居住，以确保施工的高效性。他进一步假定，在金字塔顶部会有多支团队同时工作，每支团队被分配到一条宽 5 米的滑道上，以确保它们不会干扰到相邻滑道上工作的团队。当金字塔达到其高度的 1/4 时，37 米高的平台每边长约 175 米，因此每边可以容纳 35 条滑道。根据爱德华兹的方案，每条滑道的长度比金字塔斜坡长度（47 米）要短，因此每条滑道上可以同时工作两支团队，而不会相互干扰。这些团队在金字塔的两个相对侧面工作，同时拖拉石块并将它们运送到金字塔的平台，从中心向外逐渐铺设。随着金字塔的升高，工作平台空间将会缩小，可以同时在平台上工作的团队数量也会减少。尽管如此，当金字塔达到一半高度时，爱德华兹估计，按照他的方案，将一个石块从地面拉到平台只需要不到 3 分钟。

当然，将石块沿着金字塔的斜坡拉上去只是建筑过程的一个方面。一旦一个石块到达平台，就必须被转移到正确的位置，并从撬车上卸下来，然后将空的撬车降回地面，解开绳子，并将绳子拴到另一辆已经装好了石块正在等待的撬车上，接着继续重复这一流程。爱德华兹估计，对每个石块执行这个循环需要一个小时的时间。如果在金字塔的平台上有多支团队同时工作，至少在金字塔不太高的阶段，金字塔的体积可能会以每分钟一个石块的速度增长。即使考虑到使用较重的石块及与墓室和通道相关的石块具有更复杂的几何形状，爱德华兹仍然相信，哪怕整座金字塔估计使用了 230 万块不同的石料，应该也有可能在 23 年内完成，其间应该没有任何时候动用过超过 1 万人的劳动力大军，其中包括必须在采石场采集内层石块并将其运往工地的工人，但不包括从更远的地点运来外层石块和其他特殊石块的工人。

爱德华兹承认，随着金字塔接近尖顶，他的建设方案变得越来越难以实施。随着金字塔的高度增加，金字塔的平台面积减小，这意味着拖拉团队必须在比需要拖拉石块的斜坡短的滑道上工作。"从技术上讲，"爱德华兹承认，"金字塔体积的最后 10% 是最不容易修建的。"

尽管爱德华兹对这个伟大的建筑项目提出了一种新的构想，消除了使用附加斜坡和杠杆来将石块升至最终高度的需求，但他的理论并没有深入讨论工人的体力和耐力。根据他的设想，每支团队都将进行重复性极高的工作。

据推测，工作中间会有一些休息时间，因为整个团队中的所有 50 名成员只有在实际拖拉石块的过程中才需要同时参与。有时，工人们可能会有休息时间，在这段时间内，较小的团队将搬动石块并让它们在平台上就位，其他人则会将撬车放下去以重新开始新的工作循环。但在大多数情况下，这是一项极为艰苦的工作。

　　并非所有埃及的纪念碑都是用一块块石头堆砌而成的，杰胡蒂霍特普高耸的塑像就采用了一次性整体移动的方法。为了完成这一任务，需要大量工人齐心协力，同时施加巨大的力量。方尖碑是一个更大的挑战。经典的埃及方尖碑是单独的一整块大石头，通常是石灰岩或者花岗岩，其中最大的那些整块巨石差不多高达 26 米，重达数百吨。方尖碑在平面上呈方形，但除此之外，其几何性质并不是完全相同的。根据一次对方尖碑进行的调查，其基座宽度与高度之比（简称宽高比）可以从相对低矮的 1∶6 到相当纤细的 1∶12.5，其中大约一半调查对象的宽高比为 1∶9 ～ 1∶11，平均值为 1∶9.4，接近通常的标准宽高比 1∶10。但无论方尖碑的底部宽度与高度的比例如何，当方尖碑的高度增加时，它们都会逐渐变细，它的顶端通常会有一个小型方尖塔，方尖塔的各边倾角通常小于基座的各边倾角。也可以将金字塔本身视为非常大的方尖塔，或者特别低矮的方尖碑。

　　从坚固的花岗岩上凿出一根柱子是一项异常艰辛的任务，这个过程被认为是通过反复用更硬的锤子对主石进行锤击而完成的，每个锤子可能重达 4.5 千克。长时间的操作肯定会让挥舞着锤子敲击石头的工匠感受到其中涉及的力，即对抗重力的上举力和石头碰石头的冲击力。一旦一块方尖碑从采石场中被成功分离，将其毫无损伤地运送到安装现场并矗立起来是对古代工程师智慧的极大考验。他们是如何完成这一工作的，这一点我们还无法确认，但其中肯定要付出许多艰辛努力，而且很难保证每次努力都能成功，尤其是当方尖碑特别细长的时候。确实，正如伽利略在他的《关于两门新科学的对话》中所说的那样："当然可以毫无意外地将一个小型方尖碑或者柱子或者其他雕塑放下或者矗立起来，而非常大的那些即使在极其轻微的触动下也可能会四分五裂，而这一点完全是因为它们自身的重量。"伽利略的这番话或许并不是根据自身经验说出的，但他所说的正是从古代埃及到当今时代的工程师一直担心的问题。

有些方尖碑甚至在它们尚未完成之前便碎裂了。在那些曾经有人试图从岩石凿出的最大的整块巨石中，有一块被称为"未完成的方尖碑"。它可以追溯到公元前 15 世纪，至今仍然没有完成，它就躺在阿斯旺附近的采石场里，被石匠们丢弃在那里。尽管关于其确切尺寸存在不同的报道，但几乎可以确定，这个方尖碑高约 30.5 米，重约 750 吨。之所以放弃这座潜在的纪念碑，显然是因为其上面出现了大裂缝。裂缝的出现可能是由于石匠过分用力地敲击，这可能造成材料中原有的缝隙或者不完美之处发展为规模较大的断裂，或许是出于其他原因，但无论如何，这些裂缝使这个巨石不再适合用作方尖碑。

方尖碑的搬运

正如伽利略指出的那样，那些完好无损地从采石场分离出来的大型方尖碑需要被仔细地提升起来，然后运往预定的地点。但许多出自埃及并在该国屹立 1 000 余年的方尖碑，后来却在其他地方的博物馆或者公共空间内重新安家。如今，公元前 13 世纪的那座高 25.3 米、重 360 吨的方尖碑被称为梵蒂冈方尖碑，它就是在诞生 14 个世纪之后，被人从尼罗河三角洲地带的古埃及城市黑里欧波利斯带到当时的罗马的，而且，根据罗马皇帝卡利古拉（Caligula）的旨意，它被安放在当时罗马帝国的首都。当它在罗马人为它确定的安置之地屹立了 15 个世纪之后，16 世纪的教皇西克斯图斯五世（Pope

Sixtus V）设立了建造圣伯多禄大教堂的宏伟计划，而这座方尖碑也有幸成为计划的一部分，它需要挪动大约 83.8 米，重新矗立在大教堂前方的广场中心。为确定这座红色花岗岩石柱的搬迁计划，人们举行了一次竞赛，最终文艺复兴时期的工程师多梅尼科·丰塔纳（Domenico Fontana）的方案被选中。

这次搬迁 5 年之后，丰塔纳于 1590 年出版了一部插图精美的著作，书名为《梵蒂冈方尖碑搬迁纪实》（*Della trasportatione dell'obelisco vaticano*），这本书记录了这次历时整整一年的搬迁工程的详情。首先，必须将方尖碑从它原来矗立的地方提升起来，这就需要搭建一个如同起重机一样的脚手架，然后利用 4 个长 12.2 米的杠杆、许多结实的绳子和滑轮组，以及数量足够多的工人完成这项工作。为保护方尖碑，人们在它周围包裹着木套。当从它原有的基座上被提升起来之后，人们将方尖碑旋转并使其变为水平状态，接着人们利用放在碑下的滚筒，沿着一条专门修建的提升坡道转运方尖碑。转运路程不到碑的高度的 10 倍。到达新地点之后，74 匹马和 900 名工人共同转动 48 台绞盘才能抬起方尖碑，并让它落在新的基座上（见图 18-2）。

在即将让方尖碑重新沿竖直方向挺立的时刻，工程师丰塔纳命令旁观的群众保持绝对肃静（否则将被处以极刑），以便工作人员能够听得到指挥者的命令。那天中午，方尖碑的倾角已经达到 45° 左右，但绳子已经开始变长，并且在绞盘上滑动。突然，人群中一位对绳索及其能够承担的力极有经验与感觉的老水手大声喊道"往绳子上浇水"。这位老水手知道，绳子被打湿后就会像它们在海里那样收缩，这时就又能正常负载了。浇上水之后的绳子确实绷紧了，这让工作可以继续进行。违反肃静命令的行为得到了宽恕，因为这位老水手的高声提醒避免让这次行动功败垂成。今天，这座纪念碑仍然矗立在圣彼得广场上，它是埃及境外最大的保存完好的方尖碑。

图 18-2　梵蒂冈方尖碑移动示意图

注：1586 年，为了让梵蒂冈方尖碑移动到新的位置，人们耗费了相当大的人力、物力及协调能力。

资料来源：Fontana, *Della trasportatione dell'obelisco vaticano*。

　　其他重新放置的方尖碑大多是从距离远得多的埃及搬来的，而且大多数搬运行为发生在 19 世纪。埃及的方尖碑通常是成对的，由两个非常相似但不完全相同的碑组成。在搬运路途最为遥远的那些方尖碑中，有一对埃及方尖碑，俗称"克娄巴特拉的针"。其中之一现在矗立在伦敦的泰晤士河河堤上，而另一个则在纽约的中央公园，距离大都会艺术博物馆不远。矗立在巴

黎的协和广场上的著名的方尖碑也有"克娄巴特拉的针"这一绰号。尽管
这些方尖碑都有这样的名字,但它们中任何一个都至少比埃及的末代法老、
希腊女王克娄巴特拉七世早 1 000 年。电子工程师、藏书家伯恩·迪布纳
(Bern Dibner)写了一本带有华丽插图的书,即《搬运方尖碑》(*Moving the
Obelisks*),其中简要叙述了搬运这些方尖碑的有趣故事。被搬运的巨型方尖
碑见表 18-1。

　　巴黎的"克娄巴特拉的针"高约 23 米,重约 240 吨,是三根"克娄巴
特拉的针"中最高、最重的,它们的搬运要求主管工程师必须具备对超乎寻
常的力的感知能力。巴黎的那根针是在 1826 年作为送给法国的礼物来到巴
黎并于 1833 年重新矗立的,但顶端的方尖塔已经不在了。据传,它在 25 个
世纪以前在埃及时就已经被损坏或被盗。1998 年,人们最终为它加上了一
顶镶着金叶子的帽子,它提醒人们,古代方尖碑的顶端经常由黄金或者其他
闪光的金属包裹着,它将在太阳掠过天穹时反射阳光。这实际上让方尖碑的
顶端看上去像一个光源,所以人们相信,方尖塔代表着太阳神的宝座。

表 18-1　被搬运的巨型方尖碑

方尖碑名	出发地点	到达地点	年份 / 年	高度 / 米	重量 / 吨	工程师
梵蒂冈方尖碑	圣伯多禄大教堂	圣彼得广场	1586	25.3	360	丰塔纳
巴黎方尖碑	埃及卢克索	协和广场	1833	22.9	240	勒巴斯
伦敦方尖碑	埃及亚历山大港	泰晤士河堤坝	1878	20.9	210	狄克逊
纽约方尖碑	埃及亚历山大港	中央公园	1881	21.2	225	戈林奇

　　巴黎方尖碑的侧面镌刻着与拉美西斯二世的统治有关的象形文字,而这
座纪念碑的第一次矗立就是为了纪念他的;碑的基座上包括描述这块巨石是
怎样被放倒、运输并在现在这个地点矗立起来的图案。这些图案说明,人们
动用了绳索、滑轮和支柱挪动这块巨石,从而使之变为水平状态,在基座的

一面安装着做成合页的橡树原木，它同时也保护了那部分巨石，使之免于受损。人们建造了一艘驳船并命名为卢克索号，这个名字是以方尖碑在古代底比斯城的最初所在地命名的，人们把它停泊在低潮的尼罗河中距离巨石最近的地方。巨石刚一上船，驳船打开的船头便关闭了，而当尼罗河涨潮时，驳船就可以漂向尼罗河河口。到了尼罗河河口，斯芬克斯号轮船便开始拖着驳船和它庞大的货物跨越地中海，沿着欧洲海岸航行，转过伊比利亚半岛，进入英吉利海峡，最后抵达塞纳河。驳船的设计令其具有恰当的吃水和高度，使之既不会在浅水搁浅，也不会撞上低矮的桥梁。驳船从埃及到巴黎的码头，总共历时两年。人们动用了 5 套复合滑车和绞盘，每套由 48 人操作，将方尖碑从驳船拖到岸上，再沿着一条斜道送至协和广场。曾有使用蒸汽机拖曳的提议，但当时相对较新的机器人们认为不够可靠。这块巨石最终矗立在法国，其过程与它在埃及的所在地被放倒的过程完全相反。

另外两根"克娄巴特拉的针"可以追溯到公元前 14 世纪，它们作为一对方尖碑，一直矗立在赫里奥波里斯，直到奥古斯都·恺撒统治期间，才被搬迁到亚历山大港，并作为罗马纪念碑存在。人们相信，公元 14 世纪初的两次地震之一将其中一座推倒，它在那里慢慢地被沙子掩埋。1801 年亚历山大港之战结束后，英国人决定将躺在地上的那块方尖碑作为战利品取走。但他们需要解决如何将它运回英国的问题。最初的计划是利用一艘被击沉的法国三桅战舰，为此他们让战舰浮出了水面，但一次暴风雨将三桅战舰冲走了。几十年过去了，运走方尖碑的计划一直没有实质性的进展，因为这座巨型方尖碑高约 21.3 米，重达 210 吨。直到 1877 年，在铁路、桥梁和港口建筑方面具有广泛经验的土木工程师约翰·狄克逊（John Dixon）接受了搬运这座方尖碑的任务，这件事才真正开始有了进展。狄克逊签署的合同要求他将这块巨石运到伦敦并使其矗立在泰晤士河的河岸上，而承诺的总拨款数目只能在他的规划完全不出错的情况下才足够开销。但实际并没有想象中那么顺利。据估计，运送方尖碑的开销实际是合同中 5 万美元的 4 倍。

狄克逊的计划需要使用现代机械，除了蒸汽机，还包括液压千斤顶和适于航海的铁船。然而，人们并没有将方尖碑拖上一艘完全建好了的船，而是在这块巨石周围组装了一艘新船，其间方尖碑一直在沙地里沉睡。船体的组件是在伦敦的一家造船厂里预先造好的，并被送到亚历山大港进行组装。按照设计，这个长 28.3 米、直径 4.6 米的圆筒状结构上带有 10 个防水隔间以及木材缓冲装置，这些可以让方尖碑在波涛汹涌的海上平稳航行。在将方尖碑包裹起来之后，人们小心翼翼地将这个浮筒滚动到水边，浮筒下水之后再配上龙骨、船舱、船桥、桅杆和船帆。另外一个小细节就是要拆除陆地与水之间的一座堤坝，狄克逊在这里使用了炸药。

这只船基本按照计划下水了，但就算计划再周密，实际工作中也经常会出现意外。人们很快就发现，船体被一块尖锐的石头刺破了，而且因为疏忽，防水壁的门没有关紧，结果水流涌入了几个防水隔间。因此，在放入压舱石之前就必须修理船体并把水泵掉，然后克娄巴特拉号便可以启航了。1877 年 9 月，蒸汽机轮船奥尔加号开始在海上拖曳克娄巴特拉号。但人们很快便发现，克娄巴特拉号并不适合在海上航行。它在海上颠簸和摇晃得太厉害，随后，一场风暴让船上的压舱石位置发生了变化，这让克娄巴特拉号侧卧在水中，船体最宽的船幅与水面垂直。一些水手被派去稳定压舱石，但这些水手和克娄巴特拉号都葬身大海了。奥尔加号返回了英国，却没有带着方尖碑。幸运的是，防水的浮筒实际上并没有在风暴中沉没，另一艘船发现它在海中随波逐流，于是将其拖进了港口。1878 年 1 月，藏身于奇特船只中的方尖碑终于抵达目的地。

这座方尖碑将被矗立在泰晤士河的堤岸上，一个新的基座已经准备就绪。为了将方尖碑从浮筒中取出来，人们在涨潮时将浮筒放置在一个木床上。木床将其运到基座附近后，人们便拆散了浮筒，让方尖碑沿水平方向暴露。人们用液压千斤顶把它提升到合适的高度，然后在那里用螺旋千斤顶推到准备好的基座上。为了让巨石旋转到竖直位置，人们使用了一个庞大的木框架，框架的设计使其能够利用巨石重心的运动学与动力学规律。这项工作持续了 8 个月，最终于 1878 年 9 月完成。从方尖碑自亚历山大港启航算起，在历时近两年之后，这枚"克娄巴特拉的针"终于矗立在泰晤士河的堤岸上，它被称为伦敦方尖碑。这枚"克娄巴特拉的针"在沉睡了将近 600 年后，又一次指向蓝天。

伦敦方尖碑最初被直接安放在基座上，但一些观察者觉得它看上去不太稳固。而且，作为搬运、矗立和重新放置大型石件通常会有的结果，方尖碑基座外缘和尖角常会被磨平，这座方尖碑进一步让人们加深了这种印象。在一些情况下，这种现象是由方尖碑从基座上掉下来造成的。要让这样一座纪念碑看上去稳定，而且在某些情况下保证其稳定性，就需要将如同人脚一样的楔状物嵌入纪念碑的各个角落。人们相信，那些石头或者青铜支撑物的形状可能是立方体、球、颅骨、狮子脚和螃蟹，其中，螃蟹与圣甲虫相关，而古埃及人认为，圣甲虫象征着永生。人们对伦敦方尖碑进行了处理，用装饰性的青铜铸件掩盖了基座的状况。

纽约方尖碑的矗立

第三根"克娄巴特拉的针"后来也被称为纽约方尖碑，它比伦敦方尖碑大约高 30 厘米，重 15 吨。直到 1879 年被运走之前，它一直矗立在亚历山大港；一年多一点后，它在纽约中央公园的一个基座上再次矗立。这座方尖碑的每个角落下面都嵌入了一个重 408 千克的青铜蟹状物，但角落上磨平之处仍然清晰可见。在搬运过程中，它必须被放低为水平状态，运送到一艘船上，跨海旅行，跨过大洋，拖过半个曼哈顿岛，最后以竖直状态坐落在大都会艺术博物馆后面的基座上。主持这次搬运的工程师是美国海军少校亨利·H. 戈林奇（Henry H. Gorringe），他以丰塔纳的方式记录了这一成就。

在被转运到亚历山大港之前，这座方尖碑在赫里奥波里斯矗立了将近1 500 年，随后，它又在亚历山大港矗立了更多的年月，之后被运至纽约，它的主柱的 4 个面上全都镌刻着象形文字，方尖碑的各面上也同样如此。这些铭文记录了巨石的创造过程，同时说明它是为了纪念法老图特摩斯三世而矗立的，这位法老在公元前 15 世纪统治着埃及。这座方尖碑上也有拉美西斯二世的名字，他在公元前 13 世纪左右统治着埃及。这座巨石纪念碑还纪念了公元前 10 世纪到公元前 9 世纪的法老奥索尔孔一世。这座方尖碑从亚历山大港向纽约搬运与在纽约矗立的费用是由"海军准将"科尼柳斯·范德比尔特（Cornelius Vanderbilt）的长子威廉·H. 范德比尔特（William H. Vanderbilt）提供的，他在去世的那年被认为是世界首富。但富人并不是随便乱花钱的。据估计，范德比尔特为此向戈林奇提供了大约 7.5 万美元的费用，条件是在这座方尖碑完好无损地矗立在中央公园后，这笔款项才会支付给戈林奇。

考古学家反对搬动这座方尖碑，但因为它已经正式由埃及总督赠送给美国，所以他们除拒绝合作搬运之外想不出别的具体措施。然而，戈林奇有能力在没有他们帮助的情况下有效地完成这一工作。他的计划需要在面对方尖碑各面的石砌支墩上竖起钢塔。这些钢塔的顶端是与方尖碑重心等高的耳轴，这些耳轴套在木质套筒内，其平衡位置周围安装了钢圈。这样的布置可以将方尖碑从竖直位置放低到水平位置。随后，人们便在方尖碑两端的下面竖起木料堆，并分阶段地用能顶起重 60 吨的物体的液压千斤顶在石柱的底部与顶部之下交替操作，使其躺倒在地。为了防止在这样的操作下石柱过分弯曲，人们在它的套管上装上了"钢绳桁架"，它们有助于在液压千斤顶移动时支撑处于悬臂状态的半个方尖碑。从装置抵达亚历山大港开始，将巨石放低并放入沉箱的过程仅仅历时 6 个月。处于漂浮状态的沉箱会把方尖碑运上一艘等待它的轮船。

德绍号轮船停泊在距离方尖碑大约 1.6 千米的一个干船坞里，但戈林奇无法用穿过城市的方式将方尖碑拖上船。也就是说，它必须在沉箱内绕过一段防波堤，绕一段大约 16 千米的弯路才能上船。此后，方尖碑便被放上了一个围绕着轮船设置的木制平台，然后通过船体上的一个开口被拖进轮船。这件主要货物就位后，船体上的洞便被关闭，以便让船可以在海上航行。方尖碑重达 50 吨的底座和基石是利用重型起重机通过甲板舱口运入轮船的。货物周围设置了木质支撑与衬板，以免它们在海上移动。从方尖碑漂进干船坞到做好启航准备，历时大约 6 周。

经过大约 5 周的海上航行后，德绍号驶入哈德逊河，并停靠在西 51 街街口。底座和基石首先被搬走并且运往立碑处。按照纽约市有关长短街区的长度标准，到达大都会艺术博物馆后面的山丘顶上的距离大约相当于 6 个长街区和 30 个短街区。准备好的地点是一片著名的曼哈顿花岗石基岩，那里已经被清平，底座就设置在基石上。移动一块块石头没有什么出奇之处，但移动那块重 50 吨的底座是一个考验。就像它在亚历山大港装船时的情况一样，必须用两台起重机合力操作，才能从船舱中卸载这块石头。当穿过城市街道时，底座被吊在一辆由 32 匹马拉着的马车框架上。每当马车轮子陷在路上的凹陷处而且马匹无法将其拉出时，人们便会动用液压泵解围。

运送方尖碑本身就已经非常困难，而干船坞主人想要挣得更多的利润，使得这一任务变得更加复杂。为了避免支付过分离谱的费用，戈林奇让德绍号驶往斯坦顿岛，它的船体可以在那里打开，只需支付合理的费用就能卸载这个独特的货物。人们最初使用老办法，让重物在钢质球上滚动，但沉重的压力造成了钢球运动通道的破损。于是只好改变计划，动用在钢轨上行驶的压路机，将方尖碑转运到一座木制浮筒上，在浮筒的带动下，这座方尖碑漂到了西91街的一个码头上，那里距离博物馆较近，但仍然有足足6个长街区和10个短街区的距离。从码头到底座有3.2千米，其间需要跨越一条铁路主干线，并提升70米的高度。依靠与方尖碑安放在同一平台上的一台小型蒸汽发动机的帮助，这块巨型纪念碑总算走过了这段距离。一个滑车系统将发动机的鼓与位于前方一段距离的锚连接在一起，发动机带动平台，越过在木材上转动的滚轮，这些木材在方尖碑越过它们之后再重新放到前面继续使用。从码头出发至到达目的地的这段行程耗时112天。方尖碑到达目的地后，人们用与在亚历山大港放倒方尖碑相反的过程，转动水平放置的方尖碑，使之改为竖直方向。1881年1月，这座方尖碑最终在底座上就位，从移动任务开始至完成历时仅仅16个月。这让范德比尔特非常高兴，他欣然将搬运费全款10.4万美元支付给戈林奇。

人们相当完整地记载了方尖碑的现代搬运过程，但古人当初将它们矗立起来的行为，一直被认为是"古代世界最有趣的工程壮举之一"，而且，与人们对于金字塔建筑的无数学术研究与猜想相比，这一壮举在很大程度上被人们忽视了。

为了让人们对于方尖碑这个问题有更多的关注，公众广播电视服务科学电视系列节目《新星》(Nova)于1994年开始了一个项目，试图仅依靠人力集体拉动绳索，移动与矗立一个长13米、重40吨的方尖碑。出于对电视节目制作时间安排的考虑，这一进展缓慢的尝试被放弃了。第二次于1999年所做的尝试同样失败了，但同年晚些时候，一座重达25吨的方尖碑被成功地矗立在马萨诸塞州的一座码头上，这证明单纯依赖沙坑技术可以完成该任务，尽管这座方尖碑的规模较小。当然，即使有这样一个成功的示范，也无法证明当初古人就是用这种方法完成任务的，但当时采石场工人确实完成了这一任务，而且，即使使用现代装备，移动方尖碑的任务也非常艰辛，这让古人取得的那些成就更加令人赞叹。

巧妙开启芦笋罐头

并非一切艰难的任务都涉及在庞大且沉重的物体上施加巨大的力。在电视情景喜剧《生活大爆炸》（*The Big Bang Theory*）的一集中，谢尔顿假装费力地试图打开一个芦笋罐头，这给了他一个借口，好让他请求他的室友莱纳德来帮他打开，以便给莱纳德的约会对象斯蒂芬妮留下好印象，表现出自己是"阿尔法雄性"[1]。但莱纳德发现这项任务真的非常困难，这让他发出了真实的努力与沮丧的吼叫。在反复尝试无果后，莱纳德将罐子放在身前，然后将罐子紧贴身体再次尝试，但都没有成功。接着，他将罐子在柜子边轻轻地敲了一下，希望这样做能让顽固的盖子松动一些。但这样做仍未奏效，这时莱纳德更用力地在柜台上猛敲了一下，结果玻璃罐破裂了，割伤了他的手指。斯蒂芬妮是位外科医生，她把莱纳德带到医院，缝合了伤口。

如果实验物理学家莱纳德仔细思考了作用在罐子和带螺纹的盖子之间的力，他或许可以证明自己比谢尔顿强，从而给斯蒂芬妮留下深刻的印象。但他没有理解的是，与科学幻想故事一样，电视情景喜剧并不总是按照自然的真正定律发展。如果当时工程师霍华德在场，他或许会建议莱纳德应用以工程科学的形式出现的物理学知识，这就能比较容易地打开盖子。霍华德可能会诙谐地说："这不是科学幻想故事，这是科学上的摩擦。[2] 让我们看看是怎么回事吧。"

芦笋和其他蔬菜可能会在罐头里保存几年。在制造罐头的过程中，人们首先加热装在罐头里的蔬菜，此时温度达到了水的沸点。这不仅杀死了细

---

[1] 阿尔法雄性（alpha male）是生物学名词，用来指称狼群中的领袖，这一类型的物种，天然有一种要成为领导者、占绝对优势的基因。——编者注

[2] 原文在这里使用了谐音词双关：科学幻想故事的英文是 science fiction，科学的摩擦的英文是 science friction，fiction 和 friction 的发音与拼写都非常相近。——译者注

菌，而且，当整个罐头冷下来之后，其中的内容物与大气压之间的压力差紧紧地封住了罐头。只要在盖子的中央压一下就可以证明这一点，即如果它不会凹陷，就说明里面的内容物得到了有效的真空密封。有些盖子的中央有所谓的按钮，那里位置较低，能够让我们的眼睛确信里面的东西确实是"真空包装"的。我们可以把这个按钮视为一种弹簧或者跳动圆盘。于是，如果任何病菌在罐头加工时扛过了高温，或者密封时未能完全隔绝空气，罐头内部的压力便会增加，这时按钮就会隆起。所以，商家一般会建议消费者不要食用任何按钮隆起了的罐头盒或者罐头瓶内的食物。

对于一个未受损的芦笋罐子来说，保持盖子紧密封住的力量本质上与使它难以打开的力是相同的。打开罐子的难易程度与两个部分之间的螺纹接触几何形状有关。通常情况下，盖子内螺纹的下表面会被向下拉，与罐头的外螺纹的上表面接触。当我们试图旋开罐盖时，施加的力会产生一个扭矩；而沿着螺纹之间的摩擦力，以及盖子的下缘环形部分与它所接触的罐子边缘顶端之间的摩擦力，将与扭矩的作用相对抗。因为我们的目标是扭动盖子以便将它从罐子上取下来，所以我们的本能不是在扭动时向下按压它。盖子被压得越紧，它与罐子之间的摩擦力就会越大，任务会变得越困难，需要付出越大的努力。但是，当我们用手指抓住罐盖的边缘时，如果我们不用手掌在盖子上方施加适量的压力，就不能有效利用手掌和罐盖之间的摩擦力。皮肤和钢之间的摩擦系数大于玻璃与钢之间的摩擦系数，因此反直觉地向下按压将有助于我们打开盖子。

打开葡萄酒瓶塞和饮料瓶盖的奥秘

拧开各种顽固的瓶帽和瓶盖是一个普遍存在的麻烦事，人们想出了各种方法来解决这个问题。有些人发现，葡萄酒瓶的螺旋顶盖特别不容易拧开。

出现这种困难的原因之一，是金属圈和顶盖本体之间的孔穿得不合适，结果它们一起围绕着瓶颈转动，而不是相互分离。为了解决这一问题，一位葡萄酒爱好者使用带有螺旋开瓶器的大折叠刀自带的刀刃切断二者之间的连接，从而使它们能够分开旋转。还有一些人发现，很难在直径较小的瓶塞上施加足够的力。凯瑟琳从她的一位朋友那里学到了一个简单的解决方法。她的朋友不是在紧抓瓶子不动的时候拧瓶塞，而是在抓住瓶塞不动的时候拧瓶子，因为瓶子的直径较大，她便在更大程度上获得了力学优势。

在处理难以打开的葡萄酒瓶塞或啤酒瓶塞时，我采取的是另一种方法。我用通常用来喝酒的动作握住瓶子的颈部，就像我把一个已经打开的瓶子抬到嘴边，然后抿一口酒那样。但是，我不会用左手从上方抓住瓶盖，反之，我会把左手转过来，以与右手平行的方式握住瓶盖，并让左手的拇指与右手的拇指紧靠在一起。现在，当我开始沿逆时针方向拧瓶盖时，瓶盖就会进入而不是退出我的拇指与食指之间的弯曲部分，于是，当我的手转动时，我握住瓶子的力也增加了，这样我就能像使用扳手松开紧密连接的管子一样轻松打开瓶盖。

瓶装碳酸饮料存在另一个问题。因为瓶内的压力会一直把瓶盖向上推，从而维持配套的螺纹之间的接触与摩擦力，所以直到瓶盖几乎完全打开之前，这一压力都会一直存在。如果瓶盖被非常快地拿掉，压力会让瓶盖一下子飞出去。为了避免这种情况，瓶子和瓶盖上的螺纹通常都是断断续续的，这让人想到有缝隙的螺旋坡道，就如同双车道公路上标示的可以压线的虚线一样。当打开瓶子时，不连续的瓶盖螺纹为释放瓶子中的压力提供了通道。打开瓶子时的"嘶嘶"声可以说明这一点。

▶ 第二部分
理解我们如何改变世界

- 根据牛顿第一运动定律，在不受外力作用的情况下，处于静止状态的物体将保持静止，一个做匀速直线运动的物体将继续保持这一运动状态。这种保持静止或者匀速直线运动状态的倾向叫作惯性。

- 力学是有关力及其作用结果的学科，对于任何工程师，无论他设计的是不起眼的人行便桥，还是极其复杂的空间站，或是拯救生命的医疗器材，他们都必须理解力学。

- 许多工程问题的目的是计算连接力，知道连接力的数值，就意味着知道一个零件在实际结构或者机器中有多坚固。对于工程师来说，力不仅仅是抽象的概念，也是问题的核心。

- 工程师将斜面视为一种简单机械，它在某种程度上克服了引力。

- 一切物质都有一定的弹性，而在碰撞过程中，即使没有别的能量损失，也会有一些能量转化为声能。

- 在大自然和制造业中，关于强度和刚度的问题无处不在。强度和刚度必须以一种平衡的方式相结合，才能产生有效的结构。

- 正是这些作用在生活中简单事物上的力，让我们可以通过感受这些力的作用，逐步获得对于更为遥远、更不易接触的物体的力的感觉。

开始与结束，
理解我们力量的边界

Force

What It Means to Push and Pull,
Slip and Grip, Start and Stop

第 19 章

与大地一起脉动，怎样的结构能够抵御地震

矗立的建筑及其坍塌

建筑物之所以能够稳固地屹立不倒，是因为工程师在设计和构建它们时考虑到了可能出现的坍塌情况。尽管这听起来很奇怪，但确保任何结构，如建筑物、桥梁、塔、大坝等不会坍塌的最可靠方法，就是尝试模拟使其坍塌，当然并不是在实际生活中真的让它坍塌。在没有充分把握一座摩天大楼能够抵御各种可能的威胁和力之前，比如在没有一个良好的预测和分析之前，建造一座真正的摩天大楼将是徒劳无功且耗资巨大的。

所有人造建筑都可能遭受各种自然力的袭击，其中包括引力、地震、飓风和海啸。工程师无法轻而易举地创造或者复制这些结构，但可以建立它们的模型，那些不需要真正的混凝土、钢材、风或者水的虚拟模型。工程师能够判断出一座建筑物能否矗立，因为远在真正的建设开始之前，他们便已经在自己的头脑中、设计纸上、计算机屏幕上甚至实验室里对模型进行过攻

击。实验室模型是真实物体的数字版本，但它们并非完全是计算机游戏。每个孩子都熟悉模型，我们从小就通过玩真实和虚拟的积木和其他材料来构建各种结构，包括真实存在的和想象中的拱、桥梁、房屋、城堡和高塔。我们称这些事物为玩具，但它们教会了我们有关如何想象、创造和将部件组装为整体的大量知识。而且，它们也帮助我们理解和感受其中涉及的力。

年长一些的人可能还记得，他们曾经使用 Meccano 和 Erector 建筑套装中提供的小螺母和螺栓，或者使用 Tinkertoys 和 Lincoln Logs 套装中提供的木制零件来制作结构模型。而今天，孩子们则使用被称为乐高的塑料积木。任何曾经玩过这些建筑套装的人都知道，可以建成的物体的大小是有限度的，有时候是因为我们把积木用完了，有时候是因为我们在使用积木的时候过于大胆，导致建筑在竣工之前就坍塌了。

在设计一个结构时，真正的工程师并不是在玩玩具，但他们的物理模型也同样可能坍塌，或许是因为太重、太不平衡，或者只是因为太脆弱，甚至无法抵御一位同事的沉重脚步造成的力，这种力让地板像地震中的大地一样摇晃。有时候，工程师在一种叫作振动台的大型机械装置上建设更为精致的模型，这种装置能够让他们通过有意摇晃自己的模型来模仿地震。当发生了坍塌时，孩子和工程师都会从自己的失败中积累经验，知道在下次建筑工作中应该注意些什么。很久以前，工程师就学会了以交错方式砌砖或者用铁条把砖捆在一起的方法加固墙壁。现代砖石结构通常融合了穿过空心煤渣砖块的钢筋，这样可以增加墙的强度，不至于被轻易推倒。通过数字模型，现代工程师知道了应该在什么时候，如何使用更大、更坚固的梁和柱。

就像孩子们通过玩玩具来学习一样，工程师通过从失败中吸取教训，了解什么不起作用，什么无法经受住人类和自然界可能带来的力。通过了解过去那些方法或设计未能成功，他们就会有更好的想法，知道设计什么结构可能会成功。这就是自古代金字塔时代以来，建筑结构不断得到改进和完善的方式。那时候，知识主要是通过反复试错积累起来的。今天，建筑物之所以屹立不倒，是因为现代工程师在建造之前尝试了各种方法，试图推倒它们的概念模型、纸上模型和虚拟模型。这一过程叫作分析设计，即对可能出现的问题进行仔细思考和预测。但总会有意外情况发生。

2011 年 8 月，美国东海岸发生了一次罕见的地震，使当地居民经历了一些不同寻常的力，并在一些著名的建筑上留下了深刻的印记。在华盛顿特区，美国国家大教堂的尖顶部分发生了位移，尖顶的装饰倒塌了，大教堂的周围场地上散落着倒下的石头天使雕像。修复工作预计需要花费数百万美元，而且需要数年时间才能完成。19 世纪末建造的养老大楼，现在是美国国家建筑博物馆，由于需要对这座巨大的砖石建筑及其壮观的内部空间进行检查，因此养老大楼被关闭了。尽管养老大楼经过检查后被宣布是安全的，但美国国家建筑博物馆的乐高建筑展览中，帝国大厦和哈利法塔模型中最高的塑料砖石结构坍塌了。真正的华盛顿纪念碑的建成历经了漫长的时日与无数周折，而这次地震在它的碑面上留下了几道裂缝。

华盛顿纪念碑的建造

人们经常把华盛顿纪念碑描述为一座方尖碑，有时甚至说它是一座"真正的方尖碑"，但情况并非如此。如我们所知，真正的方尖碑是一整块巨石，是从单一石块中凿出的石塔，从上到下是一个整体。而华盛顿纪念碑是由不同的石块修建起来的，因此，其正确的描述应该是砖砌结构，这与任何使用砖块、煤渣块等基本建筑材料，无论是用灰浆砌在一起还是只是干堆在一起的建筑一样。人们相信，包含大理石、片麻岩、花岗岩和砂岩石块的华盛顿纪念碑是世界上最高的未加支撑的砖砌结构，也就是说，在石料内没有加入任何铁筋或钢筋，也没有任何铁夹或钢夹。华盛顿纪念碑本身重约 80 000 吨，在这座纪念碑内所有人的总体重量无论何时都不太可能达到 10 吨。换言之，进入纪念碑内的人的总体重量对纪念碑的影响不大。然而，只有穿过纪念碑的外墙，游客才能进入它的内部，只要观察这些庞大厚重的墙壁，就可以很容易地想到让所有石块就位的工作量，以及必定会压在地基上的巨大重量。华盛顿纪念碑的规划、设计与建筑持续了将近一个世纪，而且，考虑到它的意义与位置，它不可避免地会被牵扯到政治、财政和其他非技术性问题中。为纪念美国的第一任总统，除了修建这座未加修饰的纪念碑，人们还有很多想法。

早在 1783 年，《巴黎条约》签订，独立战争正式结束后，当时就有人提议建筑一座骑马雕像来纪念乔治·华盛顿。大陆会议①的一份委员会报告对此持赞同意见，国会决定，修建一座身穿罗马式服装、右手持警棍的将军的青铜塑像。这座塑像将坐落在"国会驻地所在之处"，也就是美国的首都。它将被放置于一个大理石底座上，围绕底座的浮雕将呈现"华盛顿将军亲自指挥独立战争的主要事件"。国会进一步明确，塑像将由一位欧洲雕塑家创作完成，美国将向他提供表现华盛顿的容貌特征的各种材料，以及有关战争的相关事件的描述。这一塑像的创作在当时被外包给欧洲雕塑家，并不是像今天那样出于经济原因，而是人们认为，在 18 世纪后期的美国，很难找到具有足够才华或者能力的艺术家，来完成对于这个年轻的国家来说如此重要的作品。

人们那时还没有为这个新国家选好定都位置，更别说骑马雕像的准确地点了。确实，起草与批准一份宪法的工作还尚待完成。当然，宪法于 1787 年

---

① 大陆会议 (Continental Congress) 是 1774 年至 1781 年英属北美 13 个殖民地的代表会议，是独立战争期间的领导机构。1781 年邦联条例生效后，大陆会议为联邦国会所取代。——编者注

确立，将首都确定在波托马克河之滨的决定也于 1790 年通过。规划这座城市的责任落到了皮埃尔·查尔斯·朗方（Pierre Charles L'Enfant）的肩上。朗方生于法国，但后来来到美国参加独立战争。战争结束后他前往纽约市，在那里建立了一家土木工程公司。朗方在建筑与设计方面声名卓著，完全配得上他在法国卢浮宫的法国皇家学院所受的训练。所以，当他向华盛顿总统表达自己有意规划新首都时，他的提议得到了认真对待。最终，朗方受命，为新的国家首都制定街道布局的图纸，并确定适合建设公共建筑的地点。朗方的任务是古代城市规划中经典的建筑学问题，这一问题在维特鲁威的著作中有所描述。

朗方于 1791 年为联邦城（Federal City）绘制的城市规划，后来被称为华盛顿特区，现今的街道和地标基本上仍然遵循了原始规划中最显著的特征。规划中，美国国会大厦坐落在一座山丘之上，白宫坐落在一座山脊之上，它们都在宾夕法尼亚大道上，大约相距 1.6 千米。美国国家广场从国会大厦向西延伸至波托马克河。规划中包括了乔治·华盛顿的骑马雕像，它计划位于一条穿过国会大厦的东西向轴线与另一条穿过白宫的南北向轴线的交点上，也就是今天华盛顿纪念碑的大致位置。然而，为什么最后不是骑马雕像，而是华盛顿纪念碑？为什么纪念碑不是完全位于朗方指定的位置？这些也是故事的一部分，其中每个方面都涉及多种形式的力。自然界中存在着物理之力，例如拉力和推力，以克服引力和摩擦等物理障碍，但更大的阻碍来自文化、审美观念、政治以及经济方面的"力"。

华盛顿本人在他还活着的时候反对兴建纪念物，这是建立一座宏伟的骑马雕像的计划没有顺利进行的原因之一。在不情愿地履行了第二任总统的责任并拒绝出任第三任总统之后，华盛顿于 1797 年在弗农山的家中退休，并在两年后去世。由于骑马纪念雕像没有取得任何进展，国会任命了一个委员会，以确定如何纪念被尊称为美国国父的华盛顿。在华盛顿去世后的 10 天内，委员会建议建造一座大理石纪念碑，以"纪念他的军事和政治生涯中的重大事件"，并希望他的遗体能够被安葬在其中。国会通过的一项决议规定，纪念碑应该建在尚未建成的国会大厦内。然而，这个想法被搁置了几十年。与此同时，国会大厦的建设已经开始，它的穹顶下还包括一个陵墓，人们期望不仅乔治·华盛顿的遗体会被埋葬在那里，还期望玛莎·华盛顿的遗体也会一同被安葬。当然，这并没有发生，乔治·华盛顿和玛莎·华盛顿的遗体继续长眠在弗农山。

1832 年是乔治·华盛顿诞辰 100 周年，这再次激发了人们纪念美国第一任总统的想法。国会授权拨款 5 000 美元制造一座大理石塑像并计划将其陈列在国会大厦圆形大厅中。美国雕塑家霍拉肖·格里诺（Horatio Greenough）接受委托并创作这一雕像，结果创作的塑像松松垮垮且未穿上衣。这一作品遭到了众人的嘲笑，有人认为这座塑像塑造的华盛顿好像正要走进一个浴室，或者刚刚从浴室中走出来。最后，这座塑像没有被陈列在国会大厦里，而是被降级摆放在外面的庭院里，并在那里饱受风霜。后来，它被搬进了史密森学会。

对于打算以满怀崇敬的方式纪念乔治·华盛顿的人们开始在国会之外成立自己的组织，以便共同为此做出努力。华盛顿国家纪念碑协会于 1833 年成立，首席大法官约翰·马歇尔（John Marshall）当选为协会主席。尽管当时国内经济状况低迷，该协会还是发起了一场运动，动员每个美国人捐赠 1 美元，建筑一座预计耗资 100 万美元的纪念碑。3 年之后，他们只从约 1 500 万美国人中征集到 2.8 万美元，但这已经足以资助一次设计竞赛了。参加竞赛的作品五花八门：有维多利亚时代的塔楼，它们让人想起今天矗立于伦敦与爱丁堡，分别纪念阿尔伯特亲王与沃尔特·斯科特（Walter Scott）爵士的纪念碑；也有从圆形柱廊上拔地而起，看上去如同埃及方尖碑似的纪念柱，不一而足。后者是美国建筑师罗伯特·米尔斯（Robert Mills）创造的作品（见

图 19-1），他也是高 54.25 米的多利克柱形纪念碑的创作者，该纪念碑是在
巴尔的摩建立的，顶端是身穿罗马式宽外袍的乔治·华盛顿塑像。

图 19-1　华盛顿纪念碑

注：1833 年，建筑师罗伯特·米尔斯的提案设想了一座由柱廊包围着的华盛顿纪念
碑。现在许多标志性建筑看上去都与最初的构思有所不同。

资料来源：Library of Congress, Prints & Photographs Division, LC-USZ62-51521。

　　米尔斯认为，他设计的首都纪念碑将成为一座"万神殿"，因为纪念柱后面的空间可以安放美国著名人士的塑像。但是，批评者认为这座矗立于高30.5米的柱廊内的高183米的方尖碑是巴比伦、埃及、希腊和罗马风格的大杂烩。尽管如此，米尔斯还是赢得了这次竞赛，不过，最后矗立的纪念碑并没有完全遵照他的原创。因为不易筹集资金，所以放弃了柱廊，方尖碑的高度也从183米削减为152.4米，人们想或许以后可以再另加装饰。人们打算按照朗方的规划，将这座纪念碑矗立在分别穿过国会大厦和白宫的两条轴线的交点上，为此国会批准了包括那个地点在内的14.9万平方米的土地。然而，在检测了土质之后，发现那里的土壤过于潮湿，无法支撑纪念碑的重量，因此选定了一处位于该处东南方向91.4米的位置，这一决定在某种程度上打乱了朗方的设想。

　　与单块巨石方尖碑不同，这座超高的华盛顿纪念碑无法以水平方向施工建成，然后抬高，再沿竖直方向就位。一段一段地建筑这座纪念碑将是一个漫长而又艰难的过程，而在1848年7月4日为其奠基并开始建筑时，人们对此并没有预见到。其7.3米深的地基是用蓝色片麻岩的大块石头建筑的，它们镶嵌在石灰灰浆和水泥的混合流体中。其地基是边长24.4米的正方形，一行行排列整齐的石块像金字塔的形状一样向上推进，它的底部略大于方尖碑的底部。

　　纪念碑的上层建筑是用石灰砂浆将形状不规则的蓝色片麻花岗岩石块砌成的，而纪念碑表面的外墙和内墙是用大理石建筑的。在设计中，柱体从底部向上逐渐缩小，柱体底部是边长16.8米的正方形，而到137米高的时候变成了边长10.4米的正方形，而且因为墙在升高的时候承担的负荷必须越来越小，它们也必须变得越来越薄，以此保持较大的内部空间。这一空间最终将容纳一个位于中央的电梯竖井，以及在竖井与纪念碑的承重墙之间的楼梯。

工程一直持续到 1854 年，这时纪念碑协会的建筑资金已经快用完了。1855 年，矗立起来的纪念碑主体高出地基 45.7 米，这时国会拨款了 20 万美元，让工程得以继续。不料此时"一无所知党"（Know-Nothing Party）的成员恶意收购了纪念碑协会，于是国会收回了这笔拨款。"一无所知党"担心，数目越来越多的天主教移民将导致罗马教皇控制这个国家；在接管了这个项目之后，该党的成员确实仍在进行建筑，而且确实让纪念碑的高度增加了一些，但他们雇用的是过去因技术水平较低而被拒绝参加建设的石匠。1858 年，随着"一无所知党"的衰落，该党的成员放弃了这项工程，而未完成的石柱在大约 47.5 米的高度上停留了 20 年，这令整个国家蒙羞。但是，由于美国宣布独立 100 周年纪念日庆典即将到来，这迫使国会必须针对这一局面采取一些措施。于是，他们通过了一项法案，授权美国政府接管了这项工程。1876 年，纪念碑协会将未曾完成的建筑和它矗立于其上的土地转让给美国政府，美国陆军工程兵团受命负责完成这座方尖碑。1878 年，托马斯·林肯·凯西（Thomas Lincoln Casey）上校被任命为该工程的负责人，该工程于 1880 年得以继续。

当时，这个工程最重要的任务是加强原有的地基。压在它上面的未完成结构的重量已经大于 3 万吨，而纪念碑尚未达到最终高度的三分之一。为了提高地基的抗压能力，它的深度被增加到 11 米，将外圈扩大为边长 38.54 米的正方形。这是通过逐步在原有的地基下面深挖并填上混凝土的方式大大强化了地基。但是，因为"一无所知党"成员的把持，造成施工质量低劣，而且因多年施工不力，纪念碑的顶部暴露于雨、雪和多次重复的冰冻和融化中，因此纪念碑的上层建筑遭到了损坏。凯西下令铲掉 1.8 米的大理石层并代之以新的石料，它们将纪念碑的几何形状恢复到适当的状态，并为在重新开工后在它们之上的各层结构提供可靠的基础。工程初期使用的大理石来自马里兰州的一座采石场，但当工程兵团接管工程后，有一段时期使用的大理石来自马萨诸塞州。当发现前后颜色不符时，建筑者们重新使用来自马里兰州采石场的大理石，用它们作为碑体表面的材料。

在底部，纪念碑的墙壁厚度达 4.6 米。随着碑体升高，墙壁也越来越薄；在 152.4 米的高度上，墙的厚度只有 45.7 厘米。在到达 137.8 米的高度以前，碑体外面是白色大理石，而墙内则是经过修饰的片麻花岗岩；在这个高度以上，整个墙体全部都是大理石。人们很快就开始仔细审查纪念碑顶部的设计。米尔斯最初将其设计为一个"方尖碑"，顶端是一个相当低矮的金字塔，但在这期间，美国驻意大利的第一任大使乔治·珀金斯·马什（George Perkins Marsh）对一些真正的方尖碑进行了一番研究，他发现方尖碑的高度应是地基周长的 10 倍。因为在建的纪念碑的最底层正方形边长略大于 16.8 米，这意味着最后的总高度应该为 168 米。为了达到这一高度，石柱最上端必须加上一个高 16.8 米的非常尖的方尖塔。凯西中校最初的计划是建一个低矮的方尖塔，而且他打算做一个镶嵌着玻璃的金属塔，让光线进入纪念碑的内部空间。然而，凯西的一位部下、后来设计了国会图书馆大楼和其中的藏书架的土木工程师伯纳德·理查森·格林（Bernard Richardson Green），对此有不同意见。在与格林商讨后，凯西放弃了为纪念碑建筑金属塔顶的打算，因为重量太大，接近纪念碑顶端的薄墙根本无法承受；而且金属也容易生锈，随雨水留下来的锈蚀物会让白色的大理石墙壁变色。因此，方尖碑的顶端也采用大理石。从结构上来说，它将被设计为靠在大理石肋状物上的大理石石板，总重量大约 300 吨。

正如拱门有拱心石一样，金字塔的点睛之笔是让顶石就位。在华盛顿纪念碑上的顶石重 1 500 千克，让它就位需要精心规划和筹备。因为按照设计，这座纪念碑带有一个观景台，它的方尖塔在靠近底部的地方开了 8 扇窗户。它们在建筑过程中也有重要作用，因为在为纪念碑做最后的收尾工作时需要搭建一系列脚手架，而工人需要通过这些窗户才能踏上脚手架。一旦顶石就位，纪念碑外部需要做的最后一项工作，就是在最顶端加上一个金属尖端充当避雷针。当时，铝是一种稀缺且昂贵的金属，但因为它具有高电导性，因此被选为制造避雷针的材料。而且，因为纯铝不会在空气中失去光泽[①]，在它表面流过的水不会在大理石上留下污痕。重量约为 2.83 千克的华盛顿纪念碑铝尖顶是当时最大的铝铸件。

高 23 厘米的铝尖顶的 4 个面上都镌刻着铭文。向北的一面正对着白宫，上面是根据 1876 年国会法案成立的、监督完成纪念碑的联合委员会各位委员的名字。名单最前面的是顶石就位时的美国总统切斯特·艾伦·阿瑟（Chester A. Arthur）。铝尖顶向西的一面镌刻着 3 个重要事件及其发生日期：纪念碑于 1848 年 7 月 4 日奠基；1880 年 8 月 7 日重新开工，当时的第一块石料铺放在 46.3 米的高度上；顶石于 1884 年 12 月 6 日就位。尖顶向南的一面上有总工程师兼建筑师凯西上校及他的 3 位助手的名字，包括伯纳德·理查森·格林。铝尖顶向东的一面简单地刻着两个拉丁词 "Laus Deo"，意思是 "赞美上帝"。纪念碑于 1885 年 2 月 21 日正式落成，这天是华盛顿 153 岁诞辰的前一天，也刚好是星期天。

纪念碑落成后，还需要将其从建筑工地的内部空间变成欢迎游客到访的景点。供工人上下的木板必须代之以 898 块铁制楼梯踏板，另外，这些踏板周围也要加上扶手。同时，必须安装一台游客电梯，尽管这台电梯需要 5 分钟左右才能上升到高 152 米的观景台或者从那里下来。电灯照明系统是当时的新技术，由 75 盏白炽灯组成的这一系统也必须安装妥当，为它们供电的发电机位于一个单独的发电机房里。楼梯旁的墙壁上也安装着纪念石块，它们是来自各州、社团、外国政府及其他组织的礼物，是由纪念碑协会征集用于嵌入内墙的。当该协会感到不容易得到现金礼物时，他们便鼓励人们捐赠

[①] 原文此处陈述不准确。铝是一种很活跃的银白色金属，在空气中与氧气接触会形成致密的氧化物，这种氧化物会阻止氧气与铝的进一步接触，从而保护金属铝。这一过程让铝表面失去了纯铝原有的光泽。——译者注

石头，这也能减少建筑纪念碑必须购买的石料数量。有一块纪念碑石料是来自梵蒂冈的礼物，人们称其为"教皇石料"，但它在"一无所知党"的成员把持建筑工地时不翼而飞了。人们一直找不到这块被偷走的石料，据说它可能被丢进了波托马克河，但最终人们在 1982 年找到了一块替代品。

华盛顿纪念碑于 1888 年对公众开放。这座纪念碑也不乏批评者，有人认为加强其地基毫无必要，因为纪念碑根本不会倒塌。另一些人对于建筑未能更准确地遵循罗伯特·米尔斯的原始设计而大为惋惜，他们认为，不带柱廊的纪念碑是"一根丑陋的烟囱"。这座纪念碑自然也有它的崇拜者，其中就包括景观建筑师、环保主义者小弗雷德里克·劳·奥姆斯泰德（Frederick Law Olmsted），他认为它"不仅是人类最伟大的作品之一，也是人类最美丽的创造之一。的确，它兼具宏伟与简朴，看上去简直就是大自然的杰作"。

落成之时，华盛顿纪念碑打破了当时世界上最高的人造建筑，但这一纪录并没有保持多久，1889 年的埃菲尔铁塔成为新的纪录保持者。然而，时至今日，华盛顿纪念碑仍然是世界上最高的砌石建筑。事实证明，对于改造地基的设计与施工极为成功，自建筑开始至今，这一结构在一百多年的时间里仅仅下沉了 10 厘米。

这座纪念碑的主要缺陷是，人们仍然可以看到它因为建筑中断而留下的不可消除的痕迹。在从地基向上大约四分之一的高度上，一条清晰可见的分界线，这条分界线分开了两种颜色的大理石包层。如果这座纪念碑是从上到下连续施工建成的，使用的石料也来自同一座采石场，那么整个纪念碑柱体上，任何因为岁月与风霜侵袭造成的褪色基本都会同步发生。重新修筑纪念碑就如同修补一段人行道，即要让新混凝土的颜色与原有颜色相一致，这一任务很难完成，成功的概率很低。一旦石建筑完成，便很难再改变。

地震中的力

我曾有过一次极度不适的经历，那时我并不在某个大城市的高楼大厦或纪念碑的顶部，而是在俄勒冈州克拉马斯福尔斯市的一个两层汽车旅馆的一楼。1992 年一个阳光明媚的春日上午，我和凯瑟琳正在房间里看新闻时，突然感到了一种陌生的感觉。我们坐在床边，而那张床一直在轻轻摇晃，脚下的地板似乎也在晃动。与此同时，我们听到外面走廊里的玻璃杯叮当作响，我们猜想这可能是服务员的推车造成的。在地板和床开始晃动之前，我们曾听到服务员将他们的推车放在走廊上，准备清理房间，我想也许是沉重的推车在走廊上的运动，造成了我们的地板的晃动，进而导致了床的摇晃。直到新闻被一则突发报道打断，宣布刚刚发生了一场地震，我才意识到，晃动是由一场发生在加利福尼亚北部，距离克拉马斯福尔斯市约 240 千米的地震引起的。

地震并不一定会伴随着玻璃碰撞声或铃铛的响声。**地震之力有时可以被看作是悄无声息的伤害，但对于非常敏感的声学探测器来说，它们仍然能够探测到微小的地震信号。这些声学探测器被用来在地震仪记录到任何地面运动之前提供预警。就像风可以引发建筑物的振动一样，地震也可以通过在地面上施加力来使建筑物振动。**我很喜欢我的一把长 46 厘米的塑料尺，它非常容易弯曲，我经常用它来向学生演示大地的运动会对高楼大厦产生怎样的影响。只要抓住尺子的一端让它竖直向上，然后前后运动我的手，我就可以说明，塑料尺对于不同的振动频率与振幅有不同的反应。如果我的手缓慢地前后运动尺子会保持垂直，并随着手一起运动。如果我迅速地前后摇晃我的手，尺子会出现明显的弯曲与甩动，其准确形态取决于手的振动频率。如果我的手以尺子的最低固有频率前后运动，它将非常剧烈地前后甩动，好像随时都会折断。尽管塑料尺要比钢铁或混凝土建筑具有更大的柔韧性，但它们都受到相似的物理原理和外部力量的影响。结构设计师的挑战是，将振动控制在可接受的范围内，使住在其中的人不会因为风而感到不舒服、也使建筑物在地震中完好无损。

地震对建筑物造成损害的另一种方式是地面在移动时建筑物被留在原地，就像拿掉桌布时餐具被留在原位一样。当桥梁的主梁支撑在支座上，但没有得到充分的固定时，就会出现这样的情况。要解释这种现象很简单，只需要将尺子的两端放在两只手的手指上，手指分开的距离与尺子的长度差不多相等即可。如果用拇指用力按住尺子，让它稳定不动，则无论双手前后同步运动的幅度有多大，速度有多快，尺子都会随之运动。然而，如果把拇指从尺子上挪开，双手迅速地前后运动，则尺子会滑过手指并最终从手指上脱落。这是因为尺子的惯性会使它随着手指运动，而我的拇指没有加以约束，也就是说尺子没有得到有效的支撑。1994 年，加利福尼亚州南部的许多公路桥在北岭大地震中就是被这种机制摧毁的。**如果结构部件未能得到有效固定，或者它的固有频率与振动的大地的频率过于接近，那么任何结构都无法抵抗地震之力，哪怕宏伟的华盛顿纪念碑也同样如此。**

2011 年的东海岸地震是落基山脉以东地区有史以来记录到的最大地震。华盛顿纪念碑整体上跟随大地一起运动，但由于每块石块都有自己的惯性，所以它们之间也发生了一些相对运动。石块之间的相对运动造成了纪念碑的损坏，使得石块之间的灰浆中出现了裂缝，这些石块相互滑动，有的石块甚至出现了开裂，比如在纪念碑尖顶附近的一块石头上就有宽 2.5 厘米的裂缝，这个裂缝可以让光和雨穿过纪念碑倾斜表面上厚厚的墙壁。当工程师沿着人造方尖碑的各个面检测，评估了结构遭受的整体损坏程度时，也找到了其他表面受伤与开裂了的石块和缺失了的灰浆。为了进行修缮，整个纪念碑周围都搭上了脚手架，就像 20 世纪 90 年代了为了准备千禧年庆典而对它进行修复时一样。与千禧年庆典的情况相同，建筑师迈克尔·格雷夫斯（Michael Graves）接受了委托，为脚手架覆盖了一层装饰性的粗布，粗布上印有尺寸夸张的石块轮廓。在夜间，粗布后面设置的照明系统照亮了纪念碑，使之成为一件宏大的艺术品。

随着损坏的石头被修复或替换，华盛顿的这枚宏伟之针巍然挺立，如同一座艰苦工作与坚韧毅力的丰碑。山峰上的这座闪闪发光的方尖碑提醒人们，要一步一步地建筑一座直插云天的雄伟大厦可能会极其艰辛。遥望这座纪念碑，知道这些故事的我们能够感受到那些努力地推动石块，将它们从它的基础移动到阶梯上，然后一直铺设到方尖塔上的人们所做的一切努力。每当看到一座石拱桥、拱顶或者大教堂时，我都会有同样的感受。那些修建这些宏伟建筑的工人，在克服石块的阻力时，一定会汗流浃背！我回想起自己年幼时与沉重的报纸袋斗争的经历，当时我必须携带沉重的报纸袋并在自行车上承受它们所带来的压力，同时还需要用力将它们投递到投递路线的各个门廊上。我已经不再与这种力斗争了，但我仍然能够感受自己曾经刻骨铭心地体验过的这些力。现在我举起的物体重量很轻，都是书本、镀银餐具、铅笔、钢笔之类，偶尔还有熟睡中的猫，但对于它们的重量的体验，仍然在提醒着我，力在我们的日常生活中起着重要作用。

第 20 章

感受与倾听，终结的序曲

用心感受力的感觉

尽管无生命的物体，如石块或木材，不会像人类一样有感知和情感，但工程师常常使用"感觉"和"反应"等人性化的词语来形容由这些材料构成的结构，以便更生动地描述它们在承受外部负荷时的行为和反应。人类常赋予事物拟人化的感受以让人更好理解其作用。无论存在着何种文化差异，我们都知道或者能够想象得到进行下面这些活动的感觉：携带沉重的水壶，在头上平衡笨重的物品，肩膀上扛着满满一筐砖块攀爬梯子，背着体力较弱的同伴穿过湍急的河流。我们可以同情女像柱并赋予它们感情，难道任何类型的雕塑和纪念碑都不会真正感受到它们所承受的负荷吗？

自由女神像是否能感受到她高擎在手中的火炬的重量？她用铁做成的肌肉和肌腱是否会因她持续不变的姿势而感到疲惫？这些问题听起来可能不

切实际，甚至类比不当，因为无论是女像柱还是自由女神，都不是有感知能力的物体。但这并不意味着雕像不会感受到头上的沉重重量，或者不会因为铆在它们长袍上的铆钉而感到疲惫。牛顿定律决定了雕像对它们所承受负载的反应，就像我们本能地知道，同时解剖学和生理学的法则也告诉我们的一样：**太重的负载会造成沉重的负担，长时间扛着过重的负载会感到疲惫，无论是生活中的人还是雕像都是如此。**

工程师学会了用抽象的方式思考具体问题。例如，他们学会了将跨越相邻两个石柱的框缘和停靠在一对钢柱上的钢梁在本质上视为相同的结构，因为它们都是在两端得到了下面的一对竖直元素支持的水平元素。在工程师的眼睛里，梁是一个受到重力（梁本身的重力加上它承载的所有事物的重力）和连接力与支持力（柱子对它向上的推力）作用的几何物体。负载的大小是可以测量的，反作用力是可以计算的。在梁的内部令其成形的力（或者当它们无法成形时令其崩裂的力）也是可以计算的。梁向下的弯曲程度是由胡克定律控制的，也可以通过这一定律来计算，它的弹簧常数反映了构成梁的材料在梁所处的结构中的刚度。

但是，**如果不理解作为计算基础的最初假定及该假定的有效标准，在工程力学或者任何其他科学中的计算本身都是毫无意义的。**所以，在横跨两根柱子空间的梁的情况下，胡克定律只有在梁是由弹性材料制造的时候才有效，也就是说，当使用胡克定律计算时，制造梁的材料应该可以让梁在令其向下弯曲的力消失时恢复本来的形状。而且，内应力的计算结果只有在与失效标准比较时才有意义。失效标准即材料的极限值，即梁断裂时达到的临界值。这就是在地震中华盛顿纪念碑的石块开裂时发生的情况。

结构元件即使受到的力未达到将其破坏的，也可能会发生损坏。工程师发现，自由女神像手臂内部不恰当设计的锻铁支撑结构，使得应力接近使结构破裂的临界点。在计算这些应力时，需要考虑到手臂和火炬本身的重量，以及支撑它们的内部结构所施加的力，还要考虑风及昼夜温度变化和季节性变化而导致的反复加载与卸载。这种不断变化的负载会导致材料内部出现疲劳现象。随着游客不断爬上爬下穿过支架进入和离开火炬，自由女神像的手臂不断承受进一步的重复伤害，因此，必须减少自由女神像对游客的开放时间并加固自由女神像的铁质结构。这些工作与千禧年庆典之前的修缮工作同时进行。

虽然人不是雕像，但人类确实具有叫作骨骼的内在结构。正是我们的骨骼，以及与它相互连接的肌腱和韧带，为我们的内部器官、软组织和皮肤提供了有效的支撑。同样，我们用头部、肩膀、脊背，以及手臂和手携带的重物和负荷，也主要依靠我们的骨骼并通过腿传递到我们站立与行走的地面上的。如果我们承载过多的负荷或者遭受过分猛烈的击打，我们可能会发生骨裂或者骨折，也可能使肌腱撕裂或者拉断。可以将完全断折的骨头想象为负载过重的梁，或者一个被人擒抱的橄榄球运动员的腿被另一个运动员重重地压上去时发生的情况。有些骨折呈螺旋形，这可能发生在一条稳稳地站在地上的腿上，这是由于上半身突然改变方向，但穿着防滑鞋或者橡胶鞋的脚会因为无法随之运动而造成扭曲。

特别猛烈的冲击或者运动不但会损伤骨头，还会损伤肌腱。有一次，我在准备迎接访客而重新放置家具时发生了肱二头肌肌腱断裂，我当时想把一张日间休息用床从一个有限的空间内挪出去，也就是说，我必须用完全伸直的胳膊对沉重的床框施加推力。为了做到这一点，我让肩膀和肘部之间伸展的肌腱拉长到超过它连接极限的程度，即这根肌腱超过了它的断裂点。当时我听到了"啪"的一声响，根据我后来在互联网上的搜索和一个骨科专科医生的证实，这是一根肌腱从固定的骨头上断裂时的典型声响。随着这一声响，我的那只胳膊立刻丧失了一切弯曲和转动的能力，就连拿起一袋食品或者转动球状门把手都无能为力。事实上，我的那只胳膊在某种程度上丧失了完成日常生活中一些最简单任务的力量和感觉。

按照医学术语中对于伤病的分类，我受的伤叫作肱二头肌肌腱断裂，这种情况通常不建议进行外科手术，但在物理疗法之后固定胳膊还是十分有必要的。我被告知，随着时间的推移，身体的其他肌肉和肌腱会逐渐适应受损部位的情况，以恢复手臂的力量和运动功能。情况确实如此，但我戴臂套约三个月后，手臂力量才恢复到之前的程度，我又进行了大约一个月的理疗，逐步增加对这条手臂的力量锻炼，这时我才感觉手臂在一定程度上恢复了正常。在这次经历中，我不仅感受到了力，还听到了我身体的某个部位运用这个力并达到了它所承受的极限时发出的声音。直到今天，我还能在我手臂的弯曲处看到一个隆起的肿块，它就是肌腱受伤之处，每次看到它，我都会想起那次受伤的经历。

肌腱断裂的那一声闷响是一次性的，但我们的身体也会发出许多重复的声响，有些是可以控制的，有些是无法控制的。它们包括关节因摩擦发出的声响，如膝关节运动和颈椎转动时发出的声响。不仅是人类的骨骼，所有的结构在它们发挥功能和老化的过程中都会发出声音。老旧的房屋会经常发出吱吱、嘎吱等声音，随着房龄的增加，这种声音会变得更加明显。在被人踩过无数次之后，曾经用钉子钉得很稳固的硬木地板和楼梯也可能发出声音。这些声音通常是由硬木地板在地板衬底上滑动造成的。地板发出的声音也可能是钉子交替地在木头上贴紧与滑动造成的，这和橡胶底鞋在篮球场上的情况相似，就像钢质钉子把木质地板和地板衬底当作乐器进行即兴演奏一样。随着时间的推移，地板上上下下的运动会让钉子松动，从而让地板伴随着声音形成运动。

在我们搬到现在住的房子的头几年里，我经常会被几根钉在地板上的钉子绊倒，它们一定是被某位前任房主随意钉在硬木上的，目的是减轻地板的松动和声响。我时不时会用工具将这些突出的钉子敲平，使它们与地板表面齐平。但这种修修补补治标不治本，因为按照"钉紧""滑动""棘轮滚动"的原理，这些钉子终究还是会再次露出表面。每年春天，钉子就会像草坪上的野草一样从地板上钻出来，但与迪伦·托马斯（Dylan Thomas）所描述的驱动花朵生长的力量不同，每一枚钉子似乎都是一个让我情绪失控的钢质导火索。最后，我使用一把羊角锤，把这些令人厌恶的"花朵、茎秆和主根"全都拔了出来，它们发出了"嘎吱"声，我不仅听到了这个声音，还在锤把上感受到振动。拔掉那些令人讨厌的钉子后，地板变得安静了，但也变得更有弹性了，不过我们一家觉得可以忍受。

随着时间的推移，房子的屋顶开始出现漏水，但没有明显的规律。屋顶修理工建议我们更换新屋顶，我们没有同意，他只好不情愿地用与原有屋顶颜色不太搭配的热沥青和新瓦进行了临时修补。然而，这并没有阻止漏水问题在其他地方继续出现。一名屋顶修理工通过提供可信的评估，指出问题的根本原因是旧瓦片下的木材已经腐烂，它们无法让屋顶的钉子稳固地保持在原位，这个评估使得我们接受了更换全新屋顶的建议。由于与交替发生的加热与冷却、结冰与融化这些过程相关的力的复杂相互作用，这些宽头瓦楞钉脱离了屋顶衬底，从瓦下面向上突起，把瓦向上推离屋顶，留下了各式各样的开放型排水沟，让雨水可以在它们下面通过。这名屋顶修理工建议我们拆除所有旧瓦，再换上一层新的木头，然后铺上新瓦。这个方法似乎奏效了，我们的屋顶再也不漏水了。另外，因为在屋顶和生活空间之间有一个阁楼作为隔音区，与以前不同，我们现在不大可能听到钉子时不时发出的砰砰声了。

与木结构的房屋相比，大大小小的船只更容易受到风力、行走之力以及季节性热胀冷缩的影响，它们更容易在港口停泊或航行时发出尖叫声和嘎吱声。拉迪亚德·吉卜林（Rudyard Kipling）在短篇小说《找到自我的船》（*The Ship That Found Herself*）中曾因描写了这一现象而名声大噪。在一艘货轮汀布拉号的处女航中，船主的女儿弗雷泽小姐对苏格兰船长说起了这条船，她认为它的结构制造非常精良。但他告诉她，一艘船"完全不是一个两端封死的僵硬物体。它是一个非常复杂的结构，包含各种相互冲突的张力，必须根据它特有的弹性模量仔细留意它的结构"。这艘船的工程师也加入了谈话，他向这位青年女子表示，在经过"提纯"之前，一艘刚刚出炉的船在海员眼里还算不上真正的船，而只有在风浪中航行，这艘船才能经历它必须面对的考验。

在将弗雷泽小姐送回格拉斯哥之后不久，这艘船便南下利物浦，并装上了 4 000 吨的货物，然后开始了深海航行。吉卜林描述了这艘负重的船随后是如何发出噪声的："刚一接触开阔的水面，它就自然而然地开始'唠叨不休'。当下一次登上一艘轮船时，如果你把耳朵贴到船舱旁边，你就会听到四面八方传来的成百上千个低低的噪音，它们嗡嗡作响，它们发出砰砰的低语声，它们就像雷暴中的电话那样发出咯咯声、呜咽声和尖叫声。木船发出啸叫声、咆哮声和咕哝声，而铁船则通过它的几百根肋状物和几千根铆钉发出抽动声与颤抖声。"船长解释道，这些噪声是船的各种部件对于天气和与它们相邻的其他部件的"抱怨"。这种喧嚣将持续下去，直到这艘船"找到自我"时才会停止，也就是说，当这些部件知道如何一起工作时才会停止。当汀布拉号进入纽约港时，它"找到了自我"。确实，这种事会在每一艘船的身上发生，因为，当它"找到自我时，各个不同的部件之间的一切谈话都会停止并且融为一个声音，它就是船的灵魂"。

一次在风浪中跨越北大西洋的航行中，我听到了伊丽莎白女王二世号在"说话"。当躺在自己的舱位上时，我听到钢船体"歌唱"着自己过去的航程。一切结构都会发出声音。在这些声音中，有些是正常的"提纯"过程的一部分；其他的可能是对于某些不正常情况的警告。大型悬索桥上的一条典型的主缆绳是由数以万计的钢丝绑在一起的，它们组成了那根沉重的、下垂的、超大型的长绳，长绳悬挂在桥塔之间，桥面就挂在它的下面。特别是当这些钢丝必须受到保护而不致遭受盐水和酸雨的侵袭时，主缆绳会被包裹在一层钢套内并喷上油漆，这才能够让它不受雨水的腐蚀。尽管这种做法通常能够防止腐蚀，但钢套还是会出现裂缝，而且因为缆绳内部被包裹起来了，人们很难检查它们内部是否出现了损坏。然而，有一种监测钢丝状况的非视觉方法，即通过一种叫作声发射传感的技术进行监测。众所周知，正如肌腱断裂时会发出"砰"的一声响一样，钢件断裂时也会发出可以听得见的"啪"的一声响。只要在桥梁的缆绳上装入一个非常小的麦克风，就可以检测并计算内部发生故障的钢丝数量。一旦出现问题的钢丝数量占钢缆内钢丝总数的百分比达到危险程度时，人们就必须做出重大的工程决定。

跨越缅因河的沃尔多汉考克悬索桥上没有安装声发射监控设备，而人们1992 年打开它钢缆上的一部分包套，并检查已有 60 年桥龄的结构状态时发现，在 1 300 多根钢丝中，有 13 根受到了腐蚀并且已经损坏。因为只有不到 1% 的钢丝被损坏，这座桥被允许可以继续通车，但当时预定 10 年后再次进行检查。人们 2002 年再次打开钢缆包套时，发现有 87 根钢丝断裂，超过了钢丝总数的 6%。工程师估计，这时桥梁的安全系数已经从 3 降到了 2.4左右。很明显，这一结构的强度正在加速衰减，因此必须采取强有力的措施。所以这座桥开始限制重型载货汽车的通行，而且人们做出了规划，准备用新的结构代替正在被腐蚀的旧有结构。

由于新桥的设计与施工需要多年时间，如果需要在此期间让旧桥继续安全通车，人们就需要对它进行施工修补。人们采取了不同寻常的措施，就是在结构上添加补充钢缆，以减轻状态日渐恶化的原有钢缆的负荷。现在，尽管取代旧桥的佩诺布斯考特海峡大桥和观景台采用了斜拉桥这一创新设计，但和旧桥一样，它的钢件成分也同样受到了腐蚀性盐水环境的威胁。为了保护新钢缆不受侵袭，人们为它涂上了环氧树脂，并将其包裹在用氮气加压的高密度聚乙烯管道中。氮气不仅隔绝了腐蚀反应必不可少的氧气，而且可以时刻监控管道中的气压，因此，一旦出现任何可能威胁钢缆的氮气泄漏，人们都可以立即进行检测与维修。或许可以说，这种设计让新桥的钢缆系统除了要感受在设计中需要承担的负载，很少感受到其他任何东西。而且，因为采取了创造性的方法安装钢缆，人们可以随时拆下单根钢丝股并加以检查，这就不必安装声发射系统了。这座桥的设计让人可以"看"到力，而不是"听"到力。

或许可以说，结构系统承载的力处于舒适范围内是其正常执行功能的理想条件。也就是说，这些力既不能太大，不至于让系统有发生故障的危险；也不能太小，不至于让系统效率不高。同时，结构正常时也有声学条件。正如每个物体都有自己的固有频率一样，每个结构都有自己的固有声调。例如，当用球棒敲击本垒板时，棒球运动员都期待听到熟悉的声音。如果听到的不是这种熟悉的声音，而是沉闷的重击声，他们就会知道，自己的球棒有了裂缝，于是他们便会换用一根更可靠的球棒。早期铁路的检查员也采取了类似的方法，他们擅长沿着一列停下的火车检查，用锤子敲击车厢的每一个轮子。不和谐的声调就是一个信号，这说明轮子有了裂缝，于是人们便会进行更加细致地检查，或者更换新轮子。

结构的刚度

我在本书中主要关注对于力的感觉，其次是结构的刚度。但刚度只需要用锤子敲击便可以检测，所以，我或许可以很容易地先写结构的声音，而只是偶尔提及所涉及的力。然而，在工程学的真实世界中，人们很难在强度与刚度之间随意做出选择。当工程师负责设计一座跨越河流的桥梁时，他们首先知道的是，这一结构必须足够坚固，能够承受可能作用在它身上的一切力，包括它自己的静止重量，使用这座桥的汽车、火车的重量，通过桥面的行人的重量或者行进的士兵步调一致的行走，冬天可能堆积在桥上的雪和冰的重量，发生风暴时的风力，以及突然发生的地震带来的摇晃。与此同时，这座桥的刚度必须足够大，让桥面在所有这些负载的任何压迫下都不会过分弯曲。桥面的某种弯曲和运动是可以接受的，但不可以太大，比如我们曾经看到的伦敦千禧桥。可以接受多大的弯曲和运动，取决于委托修建这座桥的客户提出的标准、监督这类结构的政府机构规定、使用这座桥的人们的接受程度以及工程师的判断。

在某些情况下，建筑结构的灵活性可能会成为其在设计时的主要限制因素，而足够的刚度则来自非常坚固的设计。这是实验室建筑设计中可能出现的情况：实验室内使用的精密仪器对建筑结构的特性非常敏感，当结构弹性过大或刚度过高时，都会对仪器的性能产生干扰。在极端情况下，如果建筑结构的弹性或刚度问题严重影响了实验室内的精密仪器，那么在需要极高灵敏度来测量和记录微小运动的实验中，这种干扰可能会产生错误的数据。通常采用的解决方法是将那些需要进行产生振动或运动的实验的实验室空间与那些由于实验要求不允许产生振动或运动的实验室空间进行隔离。

一些熟悉的结构独立存在时，可能看起来和感觉上很坚固和刚硬，但当投入实际使用时，它们的表现可能与最初的印象不同。在工程师看来，铝制饮料罐是一种压力容器，其设计的首要目标是确保能够安全储存碳酸饮料而不发生泄漏或爆炸。次要考虑因素是在罐子顶部放置一个不会泄漏但又能轻松打开罐子的装置。另一个需要考虑的因素是，饮料罐应尽量轻，使用最少的材料，以降低制造和运输成本。强度与刚度之间平衡点的确定涉及饮料制造商、制瓶商、零售商和消费者。设计饮料罐结构的工程师应该听取所有利益相关者的意见；如果他们的看法不一致，工程师可能会提出一些巧妙的修改设计，以提供可被接受的折中方案。在不增加罐壁厚度或者牺牲强度的情况下能获得一些刚度的一种方法，是在罐壁上添加多个小褶皱。制造商在多年前便曾尝试过这种做法，但非常规的多面饮料罐太容易被压出凹痕，所以未能在市场上占据主流，或许对于市场销售而言外观比其他因素更重要一些。

像铝制饮料罐这样的结构设计，表面上看起来非常简单，实际上却异常复杂，是工程师一直需要面临的挑战。有时候，即使找到了一个看似令人满意的解决方案，但随后可能又会出现新的挑战。比如把饮料罐的罐壁做得更薄，但这样做成的罐子强度会变低，摸起来就很脆弱，这样的饮料罐更容易爆炸，也很容易被手捏扁。但即使新设计被拒绝，发明家和创意设计师也不会停滞不前，他们会继续思考并尝试寻找替代方案。其中一个替代方案可能是罐壁更薄、更高的饮料罐，这样的饮料罐直径更小，有利于保持一定的强度，但因为罐顶与罐底之间的距离更长而牺牲了刚度。饮料罐易弯曲的问题或许可以通过在罐壁上引入增加刚度的环或者凹槽得到解决，但这会让熟悉了普通饮料罐外观与手感的消费者感到难以接受，拿起新罐子的感觉以及打开它时发出的声音也会让消费者感到陌生。

结构与系统的设计始终涉及科学和艺术的平衡。工程师可以通过材料强度的工程科学计算结构的强度和刚度，但在设计过程中需要对二者进行平衡，如果过于偏重其中一个因素，可能会导致设计在视觉、触感和听觉上都不理想，这时就需要工程师用敏锐的眼睛和灵巧的耳朵进行良好的判断。同时，工程师需要培养对物体所受力的感觉、具备审美的眼光、关注产品在使用过程中的声音，这是避免设计出脆弱、疲软、质量不佳产品的最佳途径，无论这个产品是饮料罐还是其他任何结构。

▶ 第三部分
理解我们力量的边界

- 地震之力有时可以被看作是悄无声息的威胁，但对于非常敏感的声学探测器来说，它们仍然能够探测到微小的地震信号。这些声学探测器被用来在地震仪记录到任何地面运动之前提供预警。就像风可以引发建筑物的振动一样，地震也可以通过在地面上施加力来使建筑物振动。

- 如果结构部件未能得到有效固定，或者它的固有频率与振动的大地的频率过于接近，那么任何结构都无法抵抗地震之力，哪怕宏伟的华盛顿纪念碑也同样如此。

- 太重的负载会造成沉重的负担，长时间扛着过重的负载会感到疲惫，无论是生活中的人还是雕像都是如此。

- 如果不理解作为计算基础的最初假定及该假定的有效标准，在工程力学或者任何其他科学中的计算本身都是毫无意义的。

力，让我们准备好拥抱未来

1665 年伦敦爆发了鼠疫，且历时两年。在此期间，市民仓皇出逃。有些逃到了伦敦以北约 97 千米的剑桥，那里的大学被关闭了。这让一些剑桥居民进一步逃亡，以尽量远离瘟疫中心。

这些逃亡的人中就有 23 岁的牛顿。他刚刚结束了本科学业并留在母校任教，由于鼠疫，他只好逃到了剑桥西北约 80 千米的家乡——科尔斯特沃思教区的小渔村伍尔斯索普，并在那里度过了两年的时光。他当时正处于自己才智的全盛时期，而根据他自己的回忆，那是他最有成就、最富创造力的几年。确实，科学史学家罗伯特·帕尔特（Robert Palter）认为，牛顿正是在林肯郡的时期"发展了微积分学、用实验证实了光的合成性质，同时，他还改进了引力理论，使之达到了相对成熟的程度，能够让他十分满意地通过计算得出结论："正是地球的引力，让月球无法逃离它的轨道"。因为这些大部分发生于 1666 年，学者将这一年称为牛顿的"奇迹年"。帕尔特相信，这一年"肯定会被视为人类思想史上一个决定性转折点的象征"。

类似的，还有一个很可能是杜撰的故事，讲的是牛顿因苹果砸在头上而受到启发后提出了引力理论，虽然这个故事可能是虚构的，但并不能否认，它是一个让人普遍发出"原来如此！"这一惊叹的时刻。有人猜测牛顿实际上并没有被苹果砸中，而只是观察到一颗苹果从树上掉下来。但仍然可以用这个故事来替代更为技术性的解释，这样就不必涉及微积分、光学和计算等技术性解释，政治家也经常采用类似的俗语和比喻，以便用更容易理解和吸引公众的方式传达复杂的概念。谁不能想象一颗苹果掉下来砸到脑袋的情景呢？谁不能想象愤怒地捡起苹果并把它扔得远远的呢？谁不能看到，尽管苹果一直向前飞去，但终究会再次落到地上呢？谁会否认，这样一件事也可能会让自己得到灵感，豁然开朗，瞬间洞悉了月球围绕地球旋转的秘密呢？

在牛顿之前，肯定有人曾观察到过水果从树上掉落或者看到过人们扔石头攻击敌人。他们可能还经历过在错误的时间站在树下或卷入纷争中所带来的后果。但是，观察与感觉只不过是感性认识，它们未必会让人茅塞顿开或成为推开人们心灵中聪颖之窗的黎明曙光。伽利略曾将沿水平方向发射的弹丸与从一座塔上下落的弹丸联系在一起，这已经非常接近引力理论。牛顿展开了进一步的设想，他想象将大炮置于高山之巅，并假定弹丸射出的速度不会让它沿着曲线落地，而是以圆周运动围绕着地球旋转。牛顿在 1675 年写给罗伯特·胡克的信中，写下了"如果我看得更远，那是因为我站在巨人的肩膀上"，这句话常被用来象征科学进步，也体现了形象和比喻在表达普遍概念方面的重要价值。但是，这句经常被人引用的话还有另一种解释。牛顿和胡克都声称自己是引力理论的先驱，并争夺对这一理论的优先权。按照这种说法，牛顿在提到"站在巨人的肩膀上"时，可能是在故意贬低胡克，因为胡克身材矮小，与"巨人"相去甚远。

尤其在机械力的领域中，进步并不需要抛弃过去。我们可以与牛顿有共鸣，这完全是因为，当感受到今天与日常生活相关的力时，我们无法想象，它会与牛顿及其同事在 17 世纪感受到的力有所不同。而且，由此及彼，他们感受力的方式也和他们的祖先完全相同。当圣·奥古斯丁（Saint Augustine）和他的朋友们摇晃一株梨树来偷盗树上的梨子时，他们必定感觉到树干不肯弯曲的抵抗力，这必定与我们今天摇落一株小树的最后几片叶子时感受到的抵抗力完全相同。

本书描述的力永远是这个世界的一部分。也许哲学家需要花费一些时间来阐述这些力及其在引起变化中的作用，但最深刻的思想家未必是最早发现这些力的人。不同文化的人可能会在不同的环境和情境中感知力，我们现在认为力的各种表现形式塑造了我们的世界，并在某种程度上解释了有时令人困惑的行为。

在利用自然之力时，工匠、手工艺者、发明家和工程师不一定要掌握某种理论基础。当发现力在某种情况下有用时，他们就会使用它。人们学会了用较硬的石头捶打较软的物体：古埃及那些工人在创造任何东西的时候都是这样做的，无论他们创造的是石刀的刀刃还是方尖碑。相反文艺复兴时期的雕塑家却用较软的锤子击打较硬的凿子，从而让大块石料变为美丽的事物：在 16 世纪的佛罗伦萨，米开朗琪罗让他的《大卫》从一块大理石中取得自由，并成为有史以来最伟大的雕塑之一。另外，现代的问题解决者用一支硬铅笔在软纸（或许采用了计算机及其输出的形式）上重新塑造世界：工程师在设计每一种事物的时候都是这样做的，无论是跨度为 1.6 千米的桥梁，还是能够到达外行星的星际探测器；或许有一天，当他们设计能够带着航天员到达其他行星的宇宙飞船时也会这样做。人类通过感觉、实践与思考，学会了如何运用力来达到目的，无论这个问题在最开始的时候看上去多么棘手。一代又一代人前仆后继，只为了以更为宏大的规模继续他们的祖先数千年以来一直在做的事情，同时也是今天的孩子们一直在做的事情：用力来工作，与力一起游戏。或许正是因为力在时间与空间中的普遍性，让这些想法得以成为现实。

在牛顿的"奇迹年"之后的 3 个多世纪里，有关力的日常概念极大地帮助了我们，而且可以预期，它还将继续这样帮助我们。尽管爱因斯坦的相对论将引力解释为时空连续的扭曲，而当前的量子力学正在寻求一个能够解释万物的理论，但牛顿的力仍然是日常生活和地面工程的主要支柱，也是那些奇思妙想的支柱，这些奇思妙想认为我们可以达到某个尚未完全确定的世界。

牛顿的"奇迹年"发生在瘟疫横行的时代，这一事实或许能给我们些许安慰，因为这预示着，从长远来说，新冠疫情也不会给艺术、科学和技术进步带来长期的恶劣影响。在今后的几十年间（也可能是几百年间），人们很可能会一再反思这个世界的这几个"悲惨之年"，尽管我们的一些后人将会忘却我们当代的一些经历，或者他们觉得无法想象，但 22 世纪的人们应该能够想象出，戴着设计粗糙的口罩、维持不与人交往的距离、尽量不用手接触脸的人是什么样子。而且，通过感受过去，他们应该能够更好地做好拥抱未来的准备。

在将一个聚焦于我们如何感受力的想法的萌芽，转变为一本在某种程度上有更多人读到的书的过程中，我使用了很多人工、数字、口头、文学、视频和人力资源等方面的资料。通过闲聊、网络和邮件（无论是邮局寄送的还是电子的）令我受益的人实在太多，我不能一一向他们表示谢意。然而，有一些人的帮助如此无私而且发人深省，这让我必须在此提到他们的名字。

我深深地感谢赫瑞－瓦特大学的罗兰德·帕克斯顿教授，他迄今一直在与英国的工程有关的一切事情以及其他事情上帮助我。在回答有关拟人化模型的询问时，他为我提供了福斯桥游客中心信托基金会的有用信息，以及人体悬臂装置已经被移送至南昆斯费里的情况，还有基金会董事们摆拍的照片。伦敦土木工程研究所工程政策与创新部前主任迈克尔·克莱姆斯（Michael Chrimes）帮助我寻找法拉第演讲的一张特定照片。斯基德莫尔、奥文斯和美林公司的结构工程合伙人威廉·贝克（William Baker）是哈利法塔的结构工程师，他帮助我找到了代表该塔使用的支撑概念的拟人图像。普林斯顿大学土木与环境工程学教授玛丽亚·加洛克（Maria Garlock）与地震工程研究大学联盟执行主任罗伯特·里塞曼（Robert Reitherman）一起，帮助我得到了表现金门大桥两个桁架设计的照片。英国奥雅纳工程顾问公司的丹尼尔·伊梅德（Daniel Imade）非常友善地向我提供了一套伦敦千禧桥的照片，并供我自由选择。美国国家建筑博物馆的布劳略·阿格内塞（Braulio Agnese）提议我选用他的伊利诺伊州立大学尔巴纳·尚佩恩分校大礼堂的照片。曼哈顿学院图书馆的威廉·沃尔特斯（William Walters）和埃米·苏拉克（Amy Surak）为我找到了齐亚先生的教名。

我也深深地感谢克里斯·卡勒丁（Chris Calladine）教授邀请我访问剑桥大学，他在那里介绍我认识了塞尔焦·佩莱格里尼（Sergio Pellegrino）教授和他的可变动结构实验室。我在导游的指引下参观了他们的实验室，并与他们就卷尺和一般的可变动结构进行了极为有趣的讨论，这些都让我受益匪浅。注册咨询工程师爱德华兹有关吉萨大金字塔建筑方法的文章让我们就这一主题互通信件进行讨论，他详细论述了他的新想法。尼克·希尔（Nick Hill）让我能够与爱德华兹博士交流。一位不知名的读者在这本书的手稿中发现了一些问题，指出了一些可能误导读者的说法，如有关医用外科口罩的有效性，以及牛顿与胡克之间的关系等，让我有机会在本书付印前予以澄清，我对此感激不尽。

我非常感谢《美国科学家》（American Scientist）的读者，他们对我在该杂志的"工程"专栏上定期发表的文章做出了反馈，并对今后的课题提出了建议。本书中的一些材料以完全不同的形式在《美国科学家》杂志上首次发表。我在《大都会》杂志（*Metropolis*）上第一次表达了我认为本书的一些想法是令人很不舒服的"人工制品"。《上下横跨：电梯、自动扶梯和移动人行道》（*Up Down Across: Elevators, Escalators, and Moving Sidewalks*）是在美国国家建筑博物馆的一次同名展出的附属目录，我在发表于其中的文章中第一次探讨了有关室内交通的一些想法。

我感谢杜克大学，尤其是普拉特工程学院，在我就职于这一学院的 40 年间，它为我提供了一个非常好的环境，让我可以探讨很多工程与技术上的不同内容。它的图书馆为我提供了绝佳的服务，其中的馆员是我宝贵而又耐心的资源，没有他们，我无法在我的一些非传统的写作项目上展开如此广泛的研究。我也感谢杜克大学和普拉特工程学院的领导，他们最近支持我申请休假，用于撰写本书初稿。

安德鲁·斯图尔特（Andrew Stuart）是本书的代理人，他在一份早期草稿中看到了本书出版的可能性，并鼓励我在撰写本书时设立更为宏大的目标。我高兴地接受了他的建议，同时我也感谢他促成了我与耶鲁大学出版社之间的合作。在这家出版社中，我十分感谢编辑琼·汤姆森·布莱克（Jean Thomson Black），她在整个组稿、制作和出版过程中始终保持高度喜爱和热情。事实上，我在最后定稿中加入了一些我们之间活跃的电话谈话中她叙述的有关本书及其主题的轶事。在整个编辑过程中，她的助手伊丽莎白·西尔维娅（Elizabeth Sylvia）和阿曼达·格斯滕费尔德（Amanda Gerstenfeld）总是非常负责地对待我的询问，并乐于提供帮助。在监督本书从接受手稿到印刷装订成为艺术品的整个过程中，制作编辑乔伊丝·伊波利托（Joyce Ippolito）出色地完成了工作。劳拉·琼斯·杜利（Laura Jones Dooley）是一位认真细致的文字编辑。非常高兴能与用心尽力做好本书的每个人一起工作。

如果没有杜克大学医学中心的肿瘤科医生、医学博士迈克尔·R.哈里森（Michael R. Harrison），我或许根本无法完成工作，更不要说完成这本书了。他有一项研究项目，我刚好在基因学上符合成为患者的资格，他便建议我参与这项研究。如果我没有参加这项研究，也没有得到药物，我的状况肯定会持续恶化，也难以坚持写作。我对于哈里森医生和这一项目的赞助者怀有深深的感激之情。我也感谢这一研究项目的协调人，注册护士凯莉·翁严沃克（Kelly Onyenwoke），她在整个研究过程中对我的帮助极大。

最后，如同我的所有书一样，我要毫无保留地感谢我的妻子凯瑟琳，她是我的第一位读者和最公正的批评者。她的编辑协助与校对又一次让我不至于犯下令人尴尬的错漏。这一次，在为本书准备数字图表时，她也充当了我的首席摄影师、录像制作人和图像服务专家的角色。而且，她又一次为我提供了一帧讨人喜欢的照片。我与凯瑟琳一起生活的这些年，让我们最初走到一起的吸引力变得越来越强烈。

未来，属于终身学习者

我们正在亲历前所未有的变革——互联网改变了信息传递的方式，指数级技术快速发展并颠覆商业世界，人工智能正在侵占越来越多的人类领地。

面对这些变化，我们需要问自己：未来需要什么样的人才？

答案是，成为终身学习者。终身学习意味着永不停歇地追求全面的知识结构、强大的逻辑思考能力和敏锐的感知力。这是一种能够在不断变化中随时重建、更新认知体系的能力。阅读，无疑是帮助我们提高这种能力的最佳途径。

在充满不确定性的时代，答案并不总是简单地出现在书本之中。"读万卷书"不仅要亲自阅读、广泛阅读，也需要我们深入探索好书的内部世界，让知识不再局限于书本之中。

湛庐阅读 App: 与最聪明的人共同进化

我们现在推出全新的湛庐阅读 App，它将成为您在书本之外，践行终身学习的场所。

- 不用考虑"读什么"。这里汇集了湛庐所有纸质书、电子书、有声书和各种阅读服务。
- 可以学习"怎么读"。我们提供包括课程、精读班和讲书在内的全方位阅读解决方案。
- 谁来领读？您能最先了解到作者、译者、专家等大咖的前沿洞见，他们是高质量思想的源泉。
- 与谁共读？您将加入优秀的读者和终身学习者的行列，他们对阅读和学习具有持久的热情和源源不断的动力。

在湛庐阅读 App 首页，编辑为您精选了经典书目和优质音视频内容，每天早、中、晚更新，满足您不间断的阅读需求。

【特别专题】【主题书单】【人物特写】等原创专栏，提供专业、深度的解读和选书参考，回应社会议题，是您了解湛庐近千位重要作者思想的独家渠道。

在每本图书的详情页，您将通过深度导读栏目【专家视点】【深度访谈】和【书评】读懂、读透一本好书。

通过这个不设限的学习平台，您在任何时间、任何地点都能获得有价值的思想，并通过阅读实现终身学习。我们邀您共建一个与最聪明的人共同进化的社区，使其成为先进思想交汇的聚集地，这正是我们的使命和价值所在。

CHEERS

湛庐阅读 App
使用指南

读什么
- 纸质书
- 电子书
- 有声书

怎么读
- 课程
- 精读班
- 讲书
- 测一测
- 参考文献
- 图片资料

与谁共读
- 主题书单
- 特别专题
- 人物特写
- 日更专栏
- 编辑推荐

谁来领读
- 专家视点
- 深度访谈
- 书评
- 精彩视频

HERE COMES EVERYBODY

下载湛庐阅读 App
一站获取阅读服务

FORCE: What It Means to Push and Pull, Slip and Grip, Start and Stop

Copyright ©2022 by Henry Petroski

Published by arrangement with The Stuart Agency, through The Grayhawk Agency Ltd.

All rights reserved.

浙江省版权局图字：11-2023-466

图书在版编目（CIP）数据

改变世界的 6 种力 /（美）亨利·波卓斯基著；李永学译 . — 杭州：浙江科学技术出版社，2024.4

ISBN 978-7-5739-1092-9

Ⅰ.①改… Ⅱ.①亨… ②李… Ⅲ.①力学—普及读物 Ⅳ.①O3-49

中国国家版本馆 CIP 数据核字（2024）第 014911 号

书　　名	改变世界的6种力		
著　　者	[美] 亨利·波卓斯基		
译　　者	李永学		

出版发行　浙江科学技术出版社

地址：杭州市体育场路 347 号　邮政编码：310006

办公室电话：0571-85176593

销售部电话：0571-85062597

E-mail:zkpress@zkpress.com

印　　刷　唐山富达印务有限公司

开　　本	710mm×965mm　1/16	印　　张	21.75
字　　数	310 千字	插　　页	1
版　　次	2024 年 4 月第 1 版	印　　次	2024 年 4 月第 1 次印刷
书　　号	ISBN 978-7-5739-1092-9	定　　价	119.90 元

责任编辑　柳丽敏	责任美编　金　晖
责任校对　张　宁	责任印务　田　文